KB149589

시간을 걷다, 모던 서울

식민, 분단, 이산의 기억과 치유

건국대학교 통일인문학연구단 지음

시간을 걷다, 모던 서울

초판 1쇄 펴낸날 | 2024년 8월 15일

지은이 | 건국대학교 통일인문학연구단
펴낸이 | 고성환
펴낸곳 | (사)한국방송통신대학교출판문화원
주소 서울특별시 종로구 이화장길 54 (03088)
전화 1644-1232
팩스 (02) 741-4570
홈페이지 https://press.knou.ac.kr
출판등록 1982년 6월 7일 제1-491호

출판위원장 | 박지호
책 임 편 집 | 신경진
편집·디자인 | 오하라

ISBN 978-89-20-05102-9 03980
값 23,000원

• 표지 이미지 출처: '조선은행 앞 광장 일대의 시가지 전경', 서울역사아카이브
• 본 연구와 집필은 2019년 대한민국 교육부와 한국연구재단의 지원을 받았습니다.
(NRF-2019S1A6A3A01102841)

모던 서울

시간을 걷다

식민, 분단, 이산의 기억과 치유

건국대학교 통일인문학연구단 지음

지식의날개

이 책에서 걷는 '모던 서울'의 장소들

평화문화진지
도봉구
김수영문학관
강북구
노원구
국립통일교육원
통일의 집
한신대학교 신학대학원
연촌초등학교
서울과학기술대학교
육군사관학교
서울생활사박물관
박경리 가옥
성북구립 최만린미술관
성북구
중랑구
승설암
길상사
수연산방
신동엽 집터
노시산방
권진규 아틀리에
유진상가
심우장
이쾌대의 성북회화연구소(현 태화장 모텔)
종로구
동대문구
국립 대한민국임시정부 기념관
서대문형무소 역사관
종로구·중구의 장소들은
6~7쪽에 있습니다.
독립문
중구
성동구
광진구
겨레말큰사전 남북공동편찬사업회
한겨레신문
10.28민주항쟁 기림상(건국대학교)
강동구
민주화운동기념관
자양동 양꼬치거리
용산구
전쟁기념관
용산역
철도정비창 부지(옛 철도공장)
용산역사박물관(옛 철도병원)
옛 철도관사 단지
강남구
동작구
송파구
통일부 북한자료센터
서초구

종로구·중구의 장소들

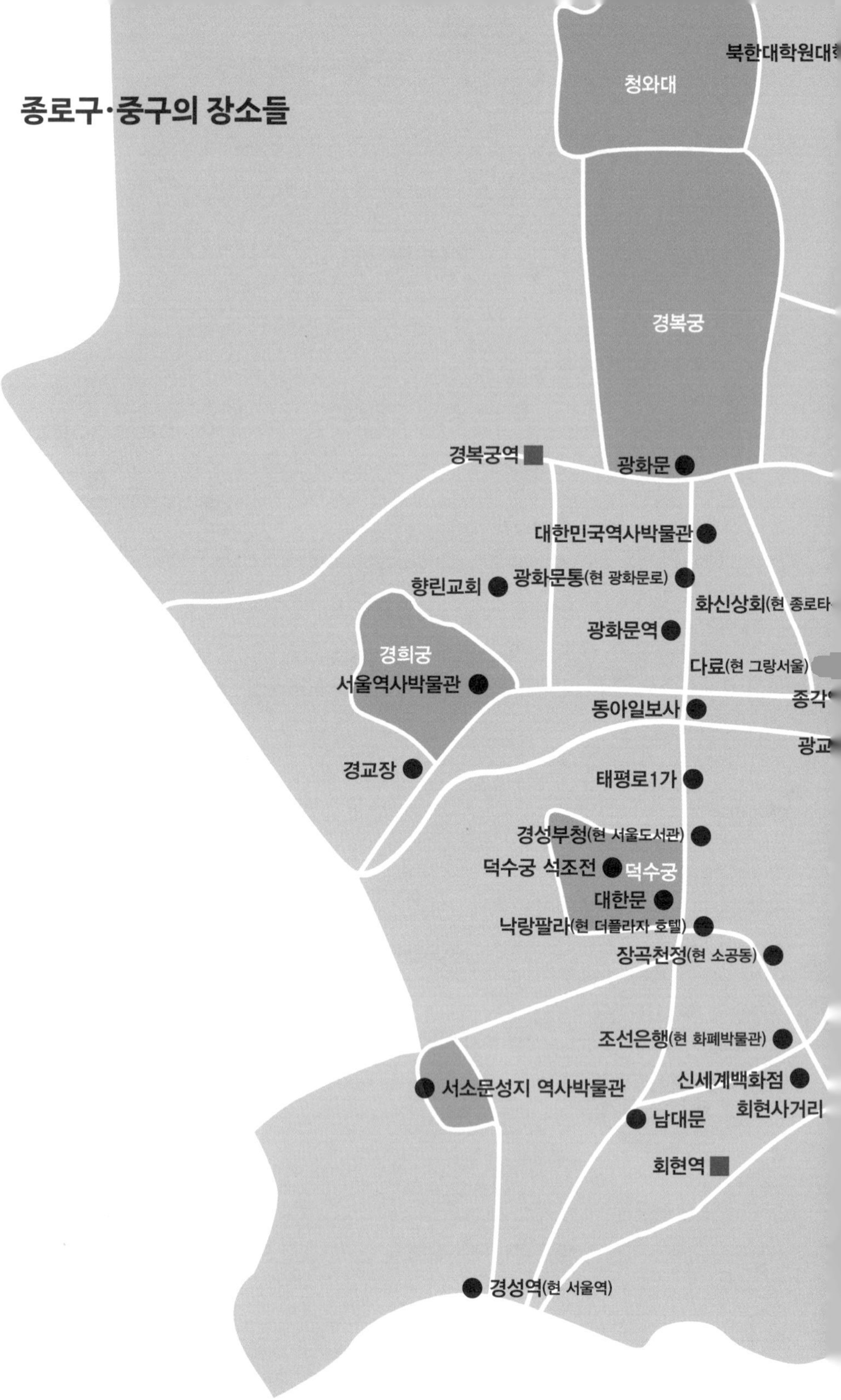

청와대
경복궁
경복궁역
광화문
대한민국역사박물관
향린교회
광화문통(현 광화문로)
광화문역
경희궁
서울역사박물관
다료(현 그랑서울)
동아일보사
경교장
태평로1가
경성부청(현 서울도서관)
덕수궁 석조전
덕수궁
대한문
낙랑팔라(현 더플라자 호텔)
장곡천정(현 소공동)
조선은행(현 화폐박물관)
신세계백화점
서소문성지 역사박물관
회현사거리
남대문
회현역
경성역(현 서울역)

통일부 남북회담본부
몽양 여운형 서거지
창덕궁
혜화역
대학로 학림다방
극단 학전
낙산
여운형의 집(현 안동칼국수 계동점)
조선건국준비위원회(현 보현빌딩)
창경궁
마로니에공원
천도교중앙대교당
인사동 거리
서북회관 터
그림마당 민
종묘
창신동 봉제 거리
한국기독교교회협의회
태화관 터
탑골공원
종로3가역
동대문역
종로5가역
조선인민보편집실(현 YMCA회관)
창신동 430 일대
김수영 생가 터
전태일 동상
평화시장
전태일기념관
옛 사상계 터
동대문운동장기념관
동대문역사문화공원(옛 서울운동장)
을지로3가역
옛 유림빌딩 터
동대문역사문화공원역
경동교회
남북교류협력지원협회
충무로역
기억6
삼일대로
소방재난본부
서울종합방재센터
문학의 집·서울
서울유스호스텔
장충단공원(옛 장충단 수용소)
소릿길
서울시청 남산별관
남산공원

모던 서울, 걷기를 시작하며

서울이 품고 있는
시간에 대하여

시간은 공간 속에 쌓인다. 지나간 시대는 각 공간의 퇴적물이 되어 하나의 층위에 그 흔적을 남긴다. 하지만 세월의 무게만큼 겹겹이 쌓인 퇴적층에 덮여 우리가 가시적으로, 감각적으로 그것이 간직한 기억을 인지하지 못할 뿐이다. 그렇기 때문에 어떤 공간을 역사적 기억을 통해 걸어 본다는 것은, 지금 우리 눈에 보이는 겉모습 그 이상의 것을 읽고 느끼는 과정일 수밖에 없다.

또한 그것은 특정 건물, 거리, 터와 같은 물리적인 어떤 실체가 지나온 시간을 읽는 것을 넘어서는 일이기도 하다. 공간이 지나온 시간에는 각 시대의 사회적 특징에 따른 차이가 층층이 배어 있기 때문이다. 같은 자리에 있는 건물과 도로라고 할지라도 사회가 변화하면 그 쓰임과 의미가 달라진다. 사회가 변화하면 공간도 변화하고 그 공간에서 생활하는 사람들의 움직임은 공간에 의해 규정되면서도 사회적 실천을 통해 공간을 바꿈으로써 사회를 바꾸기도 한다. 그것을 공간의 사회적 생산이라고 한다.

우리는 서울이라는 공간을 이런 시선에서 읽고 걸을 것이다. 이는 지금 우리의 눈으로 보이는 표면 너머에 존재하는 서울의 시간과 기억의 복잡성을 불러옴으로써 이전과는 다른 시선과 맥락으로 끌어오는 것이다. 서울이라는 도시는 오랜 세월 한반도의 중심이었다. 무엇보다 서울은 조선과 대한민국의 수도이기 때문에 그 외의 도시와는 다른 특징을 품고 있는 곳이기도 하다. 국가권력의 중심지로서 국가가 만들고 싶은 특유의 가치와 이념, 정체성을 구현한 공간이다.

하지만 국가권력이 만든 이념과 정체성이 항상 규정적인 것은 아니다. 그곳에 사는 사람들은 이념이나 가치, 정서를 수용하기도 하지만 이에 저항하고 때론 뒤집어엎거나 타협적으로 수용해 새로운 변형체들을 만들어 내기도 한다. 그래서 우리는 서울의 특정 공간들을 통해 우리 사회가 지금 스스로를 어떤 방식으로 쓰고 보여 줌으로써 어떤 기억을, 어

도심 속 빌딩 내부에 위치한 공평도시유적전시관.

떻게 전승하려고 하는지를 체험적으로 확인할 수 있다.

오랜 시간 한반도의 중심 도시로서 역할을 해 온 서울은 시대를 거듭하며 그 모습을 달리해 왔다. 특히 현대에 이르러 한국전쟁을 겪으면서 많은 곳이 파괴됐던 서울은 전후 급속한 산업화를 거치며 외형적 변화를 많이 겪었다. 그렇지만 과거에도 지금도, 서울의 옛 중심거리는 여전히 핵심적인 공간 중 하나다. 바로 그곳, 종로에는 서울이 어떤 세월을 축적하고 있는 공간인가를 직접 보기에 좋은 곳이 있다. 바로 2018년 9월에 개관한 공평도시유적전시관이다.

공평도시유적전시관은 종각역 인근에 있다. 종각역 3-1번 출구에서 대로변을 등지고 서면 종로타워와 하나은행 빌딩을 지나 조계사 쪽으로 이어지는 우정국로가 보인다. 그리고 조계사 앞 사거리까지 걸어 하나은행 빌딩의 모퉁이에 다다르면 공평도시유적전시관이라는 표지석이 나타난다. 많은 전시관과 달리 이곳은 별도의 독립된 건물이 아니라 거대한 빌딩 안에 함께 위치한 도심 속의 유적 전시관이다. 높은 빌딩의 출입구 지하로 내려가면서 만나는 전시관의 첫 느낌은 제법 이색적이다. 유리문으로 된 출입문을 열면 곧 넓은 공간이 펼쳐진다. 그중에서도 가장 시선을 사로잡는 것은 전체 실내 공간에 드러나 펼쳐져 있는, 돌과 흙으로 이뤄진 옛 조선 거리의 잔해들이다.

전시관에서 소개하고 있는 공평동 일대는 조선시대 한양의 중심부에 해당하는 곳이었다. 현재 종로1가·2가, 견지동, 공평동, 인사동, 청진동 일대가 모두 거기에 해당했다. 조선시대 행정구역으로 치면 이곳은 중부(中部) 견평방(堅平坊)에 속하는 곳이다. 견평방은 당시 최고의 번화가로, 서쪽으로는 궁궐과 가까워 왕족의 사가가 다수 있었으며 주요 관청이 소재한 육조거리와도 가까운 곳이었다. 또한 사법기관인 의금부, 의료와 약재를 관장하던 전의감의 관청이 견평방에 있었다. 그렇기에 이곳은 평민과 왕족은 물론 다양한 계층이 어우러지며 살아왔던 흔적을 간직하고 있다.

공평1·2·4 지구에 대한 도시환경 정비사업이 진행되던 2015년, 조선시대부터 근대에 이르는 서울의 옛 골목길과 건물터가 거의 온전하게 발굴됐다. 그것을 계기로 서울 아래 잠겨 있던 한양과 경성이 제 얼굴을 드러낼 기회를 얻을 수 있었다. 서울시는 역사도시 서울의 도시유적과 기억을 바로 그 자리에 보존하는 방식을 도입해 이 전시관을 조성했다.

공평동 일대에서 발굴된 골목길은 조선 전기부터 현대에 이르기까지 기본적인 축과 그 규모가 거의 바뀌지 않았다. 건물 역시 파괴된 그 자리 위에 새로 지어 올렸기 때문에 길의 축과 건물지의 틀이 크게 달라지지 않을 수 있었다. 그래서 대부분의 유구(遺構)가 종로와 공평 지구 곳곳을 걸으면서 볼 수 있게 보존됐고 빌딩 숲 사이사이로 난 길을 걷다가 조금만 시선을 돌리면 유리 바닥 아래로 정비된 옛터의 흔적을 발견할 수 있다.

전시관 안에는 2년여에 걸쳐 발굴된 108개 동의 건물지·중로·골목길 등의 유구 중에서도 보존 상태가 가장 좋은 16~17세기 Ⅳ문화층 유구가 옮겨져 복원돼 있다. 그중에서도 전동 큰 집, 골목길 미음(ㅁ)자집, 이문안길 작은 집 등 세 개의 건물지가 핵심 콘텐츠로 채택돼 다양한 전시 기법을 통해 16~17세기 한양의 모습을 보여 주고 있다.

전시관에서는 조선 한양의 공평동 이외의 모습도 볼 수 있다. 일제강점기, 종로는 3.1운동과 그 이후 벌어진 사회운동의 중심지였다. 그 당시에 일어났던 일들은 한양 시절 유구 상층부에 설치된 스크린에 애니메이션, 사진 자료 등을 결합한 영상으로 재현되고 있다. 옛 한양 터를 걷는 듯했던 관람자는 영상을 보면서 역사적 변천과 더불어 이곳 서울에서의 삶도 변해 왔다는 것을 직접적으로 체험할 수 있다. 한양은 경성이

조선시대의 층, 그 위에서 진행됐던 일제강점기의 활동을 보여 주는 전시.

되고, 견평방이 공평동이 되면서 봉건사회가 근대적 변화와 더불어 식민의 삶을 맞이하게 됐다는 것을 텍스트화된 해설 패널이 아니라 복원된 옛터의 자리에서 감각적으로 받아들이게 되는 것이다.

공평도시유적전시관은 이처럼 공간이 퇴적하고 있는 시간의 층, 역사도시 서울의 문화층을 보여 준다. 게다가 그것은 땅에 묻힌 유물에만 존재하는 것이 아니라 이미 사라진 건물의 자리를 대신해 전혀 다른 모습으로 그 자리를 차지하고 있는 건물을 통해서도 존재한다는 것을 보여 주기도 한다. 종각역 3번 출구와 연결된 종로타워는 일제강점기 화신백화점이 자리했던 곳이었다. 이곳에서 화신백화점은 한양의 유구처럼 옛 모습을 복원해 재현되고 있지는 않지만 사진의 전환 기법을 적용한 전시물을 통해 장소가 지나온 시간을 불러와 우리의 눈앞에 드러난다.

공평도시유적전시관의 이러한 전시는 하나의 물리적 공간에 체현되는 시간과 기억은 단일하거나 연속적이지 않으며 공간은 다양한 기억과 시간이 교차하는 복합적인 것임을 보여 준다. 그처럼 한 공간에 겹겹이 퇴적된 층은 각 시대의 기억과 시대상을 우리 앞에 불러오는 저장소이기도 하다. 따라서 그 층들은 특정 시대가 지나 완전히 사라지거나 묻혀 버린 것이 아니라 여전히 그 자리에서 중층적인 겹을 형성하며 현재의 공간을 만들어 낸다는 것을, 그리고 도시와 사람을 연결하려는 새로운 시선에 따라 이전과 다른 방식으로 다시 드러나기도 한다는 것을 알려 준다.

그런 의미에서 공평도시유적전시관은 서울이라는 도시를 읽고, 걷기 이전에 서울을 걷고 있는 우리 자신의 걷기가 가진 체험적 소통의 의미를 환기하는 곳이기도 하다. 지금 우리가 서울을 걸으며 만나는 곳곳은 서울이라는 공간 전체를 의미하지 않는다. 공간의 의미는 항상 그곳을 마주하는 우리 자신이 가진 현재의 문제들을 통해 특정 시대의 기억을 불러오는 실천적인 관계에 놓여 있다. 그것은 현재 나 자신을 통해 과거의 삶과 대화를 나누는 현재와 과거의 끊임없는 대화이며, 그 과거와의 대화를 특정한 방식으로만 강요하는 권력화된 담론장을 공간이 가진 다양한 층의 복잡성을 통해 해체하는 다성적 대화의 과정을 의미한다. 그 실천적인 대화의 과정은 곧 공간을 마주하고 걷는 우리의 삶에 맞닿으며 존재론적인 체험으로 전화(轉化)된다.

그렇기에 걷기의 의미는 다시 쓰일 수 있다. 같은 장소, 같은 경로를

공간에 켜켜이 쌓여 있는 시대별 문화층과 과거의 건물과 현재의 건물을 교차하는 공평동.

걷는다고 하더라도 그것을 어떤 기억의 서사를 통해서 걸어가는가에 따라 과거는 지금 우리에게 다른 의미로 와닿는다. 그것은 지금 이곳을 살아가고 있는 우리라는 현재에서 공간이 품고 있는 과거의 어떤 기억들을 부르며 대화하는 과정인 것이다. 그래서 그것은 하나의 기억의 정치이기도 하며 더 나아가 지금의 삶을 사회적으로 만들어 가는 우리 자신의 실천이기도 하다. 공간에 남은 기억의 흔적들을 통해 우리는 과거 그들의 삶을 상상적으로 재현하고 현재 우리의 삶을 성찰할 수 있다. 그렇게 되었을 때 걷기는 지금의 우리가 어떤 현재를 살아가고 어떤 미래를 기획해야 할 것인지, 우리 모두의 집합적인 감각과 의미를 만드는 일종의 사회적 기억의 테두리를 만드는 과정이 된다.

익숙하면서도 낯선 서울의 시간
역사적 트라우마의 기억을 따라 걷기

선사시대부터 현대에 이르기까지, 서울이 품은 시간의 층은 무수하다고 이를 수 있을 정도로 많다. 그렇기에 그것을 모두 이 책에 담을 수는 없다. 겹겹이 쌓인 서울이라는 공간의 지층을 파헤치면서 이 책을 통해 걸으려는 서울은 바로 모던의 서울이다. 모던(modern)은 우리말의 근/현대를 통칭하는 개념이다. 우리는 근/현대를 구분하지만 영어는 그렇지 않다. 근대와 현대가 역사적으로 같은 정신과 가치를 가진 같은 시간대에 속하기 때문이다.

모던의 시간으로 진입하면서 오랜 세월 신분제와 농경에 바탕을 두고 살아왔던 사람들의 삶의 방식이 이전과는 다른 방식으로 전환됐다. 이성적 사고에 기초한 합리화가 진행됐고, 자본주의가 발전하면서 시장

경제의 전면화와 더불어 도시화와 산업화가 급속히 진행됐다. 하지만 우리에게 모던은 서구의 모던과 달랐다.

코리언에게 모던은 제국주의의 침탈과 식민이라는 역사적 상처의 경험과 함께 시작됐다. 현재 서울의 공간적 구획과 길의 편재에 남은 흔적이 바로 그런 역사를 상징적으로 보여 준다. 근대는 시공간을 씨줄과 날줄로 격자화하고 양화(量化)한다. 그러한 근대의 상징인 철로와 도로는 최대한의 효율성을 따라 구획된다. 그러나 서울에 기찻길과 찻길이 놓이는 과정은 모두 제국주의의 팽창과 침탈 과정에 연결돼 있었으며 그 길들은 청일전쟁, 러일전쟁, 중일전쟁, 아시아-태평양전쟁 등의 전쟁 수행을 위한 후방의 병참기지로서 서울이 질적으로 변화하는 과정 그 자체를 의미하기도 했다. 길이 놓이는 자리에 살던 사람들은 삶의 터전에서 내쫓기고 길을 놓기 위한 노동에 강제로 동원됐다. 그렇게 그들은 스스로의 삶을 모던적으로 변형시켰다.

이런 모던적 전환은 계속해서 새로운 공간적 재편으로 이어졌고 우리는 재편들이 중첩된 지층 위에서 오늘을 살아가고 있다. 하지만 그런 지층은 과거가 남긴 유물이 아니라 바로 그 당시의 사회적 관계와 삶의 양식, 즉 봉건적인 사회와는 질적으로 다른 근대 국민국가 체제를 의미하고 또한 그 체제와 함께 삶의 작동 방식이 된 산업화와 자본화를 의미한다. 그리고 지금까지 이어지고 있는 연속적인 시간은 우리에게 개항, 식민, 분단, 전쟁, 산업화, 민주화 등의 다소 단정적인 구분법을 통해 인식되고 있다.

하지만 사실 모든 사건은 서로 연결돼 있다. 시간과 공간, 삶의 변화는 연표라는 직선에 뚝뚝 끊겨 찍힌 점처럼 단절되면서 일어나지 않는다. 게다가 공간의 중첩성이 보여 주듯이 그들 각각은 서로 다르며 때로는 서로 충돌하기도 한다. 하지만 그 각각은 하나의 흐름을 만들고 하나의 역사를 만들어 가며 오늘날의 세계를 만들어 왔다. 하지만 공식화된 역사의 서술은 그런 중첩적인 다자(多者)의 세계를 단일한 하나의 세계로 만든다. 그것도 지배적인 힘을 가진 권력의 시선과 관점을 따라 특정한 기억과 장소를 불러오며 특정한 서사로 그들의 기억을 엮는다.

그 바람에 서울의 시간 역시 전형적인 이미지와 특정한 장소의 변천을 통해서만 기억되는 경향이 생기고 말았다. 식민과 전쟁이라는 어두운 과거를 털어 버리고 화려하고 세련된 성공을 만들어 온 도시 서울이 마치 서울의 전부인 것처럼 말이다. 그러나 그 변화의 이면에는 미처 얼굴을 다 드러내지 못한 채 가라앉아 있는 기억이 있으며, 때론 지배 권력에 대항해 싸우면서 충돌했던 기억까지 포함해 억압되거나 망각된 기억도 있다. 그들 모두가 보여 주는 것은 이 땅을 만들어 온 것은 바로 자신들이라는 점이다.

하지만 그런 충돌이나 저항은 권력의 입장에서 공포이기 때문에 망각 또는 억압돼야 하며 대부분의 이런 사건들은 승리보다 패배로 귀결되는 경우가 많았다. 그렇기에 그것은 기억하고 싶지만 기억해서는 안 되며, 말해져서는 안 되지만 말하고 싶은 트라우마적 기억이다. 우리가 걸으려는 서울은 바로 이 트라우마적인 기억과 관련된 장소들이다. 식민, 분단, 전쟁 등으로 익숙하게 알고 있는 그 시간의 흐름 속에서 미처 우리가 알아차리지 못했던, 혹은 볼 수 없었던, 그렇지만 그것이 과거에서 현재로 여전히 이어지며 우리의 삶의 공간으로 존재하는 곳이 이 책에서 걸으려는 서울이다. 걷기를 통해 서울 곳곳에 흔적을 간직하고 있는 '식민—이산—분단'이라는 코리언의 역사적 트라우마와 관련된 기억을 우리 앞에 다시 불러와 마주하는 공간 읽기를 하는 것이다.

트라우마적 기억은 '기억 자체와 마주하고—상실과 고통을 빚어낸 과거의 아픔을 애도하며—다시 그 트라우마가 반복되지 않는 구조와 관계를 만들어 나가는 연결하기'의 작업을 통해 치유될 수 있다. 역사적 트라우마의 치유 작업도 이와 같다. 제국주의와 국가주의의 폭력 속에서 대면조차 하지 못하고 보이지 않는 층으로 은폐되거나 밀려나 버렸던 아픈 상처의 기억을 불러와 '마주하고—애도하며—성찰적으로 극복하기'를 수행할 때 비로소 치유로 나아갈 수 있다. 이 책을 통해 우리는 서울이 품은 역사적 트라우마의 기억을 빼내어 엮은 길을 걸음으로써 '상처들과 마주하고—그것의 상실과 아픔에 공감하고 애도하며—상처를 반복적으로 생산하지 않도록 성찰적인 기억으로 재편하고 공간의 변화를 이끄는 치유하기'를 시도한다.

'충돌하는 기억 드러내기'에서 '연대와 삶의 기억으로 가져오기'까지

다른 방식으로 서울을 걷기 위해 여기에서는 네 가지의 기억 방식으로 공간을 엮는 이야기를 구성했다. 첫 번째는 '충돌하는 기억 드러내기: 제국, 자본, 국가'다. 코리언의 모던은 제국주의의 침탈이라는 식민에서 시작됐다. 그것은 자본주의의 팽창과 연결돼 있으며 독립 이후에도 분단된 국가의 발전주의와 연결되면서 서울이라는 공간의 변형과 삶의 변화를 만들었다. 그렇게 삶의 양태가 달라지는 과정은 사람들의 기존 일상을 강제적으로 바꾸는 것을 의미했고 그렇기에 그에 대항하는 움직임 또한 일어났다. 서울은 그 양쪽의 힘이 충돌하는 과정을 통해 오늘에 이르렀다. 그렇기에 1부에서는 황국신민이기를 강제하는 제국과 분단국가의 국민이기를 강제하는 국가, 그 모두를 관통하며 산업 역군이자 소비자로서만 존재하기를 강제하는 자본의 폭력을 온전히 받아들이기만

할 수 없었던 사람들의 기억을 따라 걷는다.

두 번째는 '트라우마적 기억 마주하기: 식민과 분단 그리고 저항'이다. 1부가 권력에 온전히 포획되지 않으려 저항하거나 거기에 맞서 싸우면서 투쟁했던 사람들의 기억을 되살려 내면서 오늘날 우리가 사는 서울이라는 공간 자체가 투쟁과 경합, 실천적 장이었음을 보여 주는 것이라면, 2부는 그런 갈등이 유발하는 폭력 속에서 억압되거나 망각된 기억, 특히 상처로 구멍 나고 얼룩진 트라우마적 기억을 불러와 이에 직면하는 작업이라고 할 수 있다. 식민과 분단은 독립이라는 사건으로 분리돼 있지만, 이들은 독립적인 사건이 아니며 한반도라는 공간 속에서 상호 영향을 주고받으면서 전개됐다. 따라서 권력의 장 속에서 식민과 분단이라는 구조적 폭력은 지속적으로 사회적인 고통과 상처를 낳았고, 또 이것을 정당화하거나 감추는 문화적 폭력을 생산했다. 특히 분단 체제는 반공적인 국가 이데올로기의 틀에서, 그 정당성을 위협하는 치부들을 철저히 탄압하는 방식으로 역사를 서술하고 공간을 재편해 왔고 거기에는 식민의 공간도 포함돼 있다. 2부의 길들은 바로 이런 장소를 엮어 기억함의 실천성을 환기하는 곳들로 엮였다.

세 번째는 '배제된 기억 불러오기: 식민-이산, 독립-건국, 분단-전쟁'이다. 코리언의 역사적 트라우마는 봉건을 벗어나 근대 국민국가를 세우려 했던 당대 코리언들의 집단적 열망의 좌절과 연결돼 있다. 그 좌절은 국권의 상실인 식민, 수탈과 강제 동원 속에서 모국 땅을 떠나야 했던 이산으로 경험됐고 독립 이후에 식민으로 인해 좌절됐던 건국의 열망으로 연장됐다. 그러나 식민은 식민 트라우마적 반일로 환원되면서 이산의 아픔을 제거했고, 독립은 분단의 아픔을 대한민국이라는 건국의 서사로 환원해 국가주의화하는 서사를 낳았으며, 분단은 한국전쟁으로 축소해 분단 트라우마를 전쟁 트라우마로 환원했다.

하지만 삶은 지속되며 생명은 강인하다. 사람들은 실패와 좌절 속에서도 다시 일어서기를 반복한다. 그렇기에 우리 또한 과거의 기억이 남은 장소들과 체험적 관계의 반복을 통해서 다시 새로운 삶을 만들어 가는 실천을 반복할 수밖에 없다. 그래서 마지막으로 엮인 길들은 '연대와 삶의 기억으로 가져오기: 성찰적 극복하기와 사회적 치유'의 시선으로 짜였다. 우리가 서울 곳곳에 밴 과거의 상처를 지금으로 불러와 마주하는 걷기를 하는 것은 단지 모르는 것을 알아가는 것에 의의를 두기 위해서가 아니다. 상처 입은 기억은 과거이지만, 그 과거와는 어떻게 다른 오늘과 내일을 이어 갈 것인지에 대한 실천적이고 성찰적 고민을 던지는 물음이라는 점에서 현재이기 때문이다. 트라우마가 유발하는 장애는 우리를 과거에 고착시킨다. 따라서 우리는 거리 두기를 통해서 과거를 성찰적으로 떠나보내야 한다. 그리고 그것을 통해 과거의 아픈 상처들과의 공감에 기초한 연대를 꿈꾸며 새로운 삶 찾기에 나서야 한다.

이렇듯 이 책은 서울의 각 공간을 그 공간이 품고 있는 굵직한 사건과 이야기, 인물과 역사, 예술과 문학 등이 서로 교차하는 열일곱 편의 이야기로 연결했다. 서울을 걷는다는 것, 그중에서도 모던 서울을 걷는다는 것은 결코 편안하거나 유쾌한 과정이기만 한 것은 아니다. 우리 삶의 대부분은 고통 속에 있다. 하지만 거기에서도 우리는 우리 자신의 가치와 의미, 더 나아가 삶의 즐거움과 행복을 느낄 수 있다. 밝은 곳이 아니라 어두운 곳을 찾아 떠나는 모던 서울도 마찬가지다. 비록 그곳에는 화려한 네온사인과 소문난 먹거리는 없지만 우리 자신을 찾아가는 모험적 독특함이 있다. 그 모험은 때론 긴장감과 당혹감, 분노와 슬픔을 줄 수도 있다. 하지만 그런 모험을 수행해 가면서 새장 속에 갇힌 내가 아니라 위험에 대처하는 나 자신, 그리하여 좀 더 강해진 우리와 보다 위대해진 우리의 삶을 발견하게 될 것이다.

차례

3부

배제된 기억 불러오기: 식민-이산, 독립-건국, 분단-전쟁

4부

연대와 삶의 기억으로 가져오기: 성찰적 극복하기와 사회적 치유

충돌하는 기억 드러내기:
제국, 자본, 국가

『소설가 구보 씨의 일일』, 식민지 수도 경성이 가졌던 환상(幻想)과 진상(眞相)의 혼종

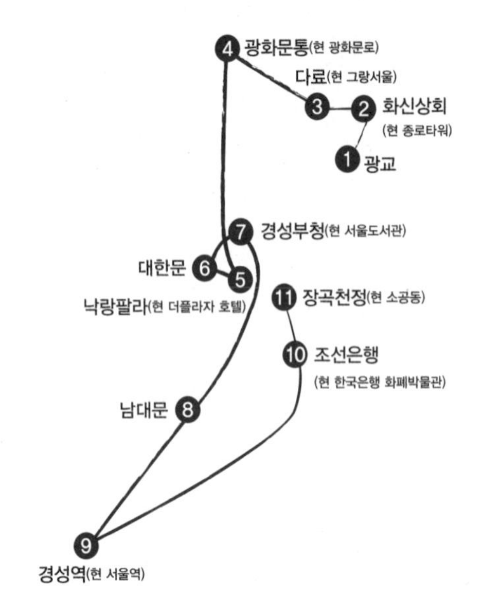

이의진

2023년에 연재 90주년을 맞이한 『소설가 구보 씨의 일일』은 박태원(朴泰遠, 1910~1986)이 「조선중앙일보」에 1934년 8월 1일부터 9월 19일까지 연재한 중편소설이다. 작품명에서 유추할 수 있듯이 소설가 구보의 어느 하루 일상을 통해 근대적 일상성을 보여 준다.

박태원은 1929년 경성제일고등보통학교를 졸업한 후, 일본 호세이대학(法政大学) 예과를 2년 만에 중퇴하고 이상, 정지용, 김유정, 김기림 등과 함께 구인회(九人會) 멤버로 활동했다. 그는 일찌감치 학업보다는 문학에 관심이 많은 문학소년이었으며 『소설가 구보 씨의 일일』 전후에도 『적멸』(1930년), 『천변풍경』(1938년) 등 단편소설, 중·장편소설, 수필, 시에 이르기까지 장르를 막론하고 왕성하게 활동했다.

'박○원'이나 '박태×'으로 표기할 수밖에 없었던 구보(仇甫 또는 丘甫) 박태원의 화려한 저작 이력에도 불구하고 그동안 마음 놓고 그의 작품

연구를 할 수 없던 시기가 있었다. 그가 한국전쟁 중 월북한 후, 1988년 월북 및 납북 작가에 대한 해금 조치 단행 이전까지 그의 이름이 금기시됐기 때문이다. 1980년대 후반에 이르러서야 그의 작품에 대한 연구가 이뤄지기 시작했다. 그의 월북 동기나 과정에 대해서는 친구 이태준(李泰俊, 1904~1978)을 만나러 간다는 말만 남겼다는 것 이외에 현재까지 뚜렷하게 밝혀진 바가 없다.

박태원은 강제병합으로 국권을 상실한 1910년 1월, 아버지 박용환이 운영하는 공애당 약방 다옥정(茶屋町, 현 중구 다동) 7번지, 청계천 남쪽에서 태어났다. 그의 호인 구보를 주인공으로 한 작품 속 '구보'의 하루는 특별한 사건 없이 과거와 현재를 자유롭게 오고 가는 구보의 의식을 따른다. 작품 속에서 구보 역시 본인의 글쓰기 방법론으로서 모데르놀로지(modernology)를 언급하고 있다. 우리말로 고현학이라고 불리는 '모데르놀로지'는 현대(modern)와 고고학(archeology)의 합성어로, 사람들과 도시의 모습을 기록하고 조사해 현대의 세태를 이해하려는 시도라 하겠다.

작품 속 경로를 살펴보자면, 구보는 1934년 어느 날 정오 무렵부터 다음날 새벽 2시까지 식민지 수도 경성 거리를 걷고 전차를 타고 벗을 만나기도 한다. 열네 시간 동안의 여정이므로 구보가 거쳐 간 곳은 적지 않다.

〈구보가 걸었던 경성〉

구보 씨 집—광교—화신상회—전차로 이동(종로2정목[현 종로2가]—빠고다공원—종묘 앞—종로4정목[현 종로4가]—종로5정목[현 종로5가]—동대문—훈련원)—조선은행 하차—낙랑팔라—태평통—우고당—남대문—경성역—남대문—조선은행—낙랑팔라—다료(제비다방으로 알려짐)—대창옥—광화문통—경성부청—낙랑팔라—남대문로 방향—종로네거리—낙원정 카페—다옥정 7번지(구보 씨 집)

구보는 오늘날 더플라자 호텔 자리에 있던 낙랑팔라를 하루에 세 번, 남대문과 조선은행(현 한국은행 화폐박물관)을 두 번씩 들르기도 한다. 따라서 중복되는 장소와 겹치는 동선 등을 고려해 크게 네 가지 영역으로 구분해 구보의 발걸음을 따르기로 했다. 화신상회를 비롯해 조선인의 중심지였던 북촌인 종로(①), 관청가인 광화문통(光化門通, 현 광화문로)(②), 경성부청과 대한문의 대비를 보이는 태평통(太平通, 현 태평로)(③), 경성역—남대문—조선은행으로 이어지는 남대문통(南大門通, 현 남대문로)(④)이다(참고로, 구보가 전하는 전차의 감상을 느껴 보고 싶다면 종로2가 버스정류장에서 지선 7212번 탑승 후, 동대문역사문화공원 정류장에서 하차해 간선 261번으로 환승 후, 롯데백화점 또는 북창동.남대문시장에서 하차하면 된다. 2024년 4월 기준).

광교, 식민지 경성의 북촌과 남촌을 연결하는 다리

거대 도시 서울이 식민지 수도 경성이었던 1934년 어느 날 정오, 구보가 다옥정 7번지 집에서 출발해 가장 먼저 멈춰 선 곳은 조선 도성에서 가장 큰 다리인 광교(廣橋)다. 정식 명칭은 광통교(大廣通橋)다. 예로부터 광통교는 경복궁부터 숭례문까지 도성을 남북으로 연결하는 중심 통로에 자리 잡고 있어 사람의 왕래가 가장 많은 곳이었다.

궁궐과 관청이 밀집돼 있었던 북촌은 오랜 시간 동안 한양의 중심지로 조선인 외에 외국인은 좀처럼 보기 힘든 동네였다. 그런데 청, 일본과의 통상조약을 강제로 맺자 1880년대 이후부터 청나라 상인과 일본인 상인이 종종 이곳에서 상권 다툼을 벌이곤 했다. 이에 삼국은 외국인 거류지를 제한하는 협정을 맺었고 개천 남쪽에서부터 진고개 주변인 남촌을 일본인 거류지로 지정했다. 그 후 광통교는 조선인 동네 북촌과 일본인 거류지 남촌과의 경계이자 둘을 연결하는 다리 역할도 수행했다.

90년 전에 구보가 건넜던 다리와 도로는 청계천 복원 사업으로 묻혔다. 현재는 150미터 옆으로 옮겨져 복원됐고 새로 만든 돌기둥에는 3개 국어로 '광교/廣橋/GWANGGYO'가 병기돼 있다.

소설 속 구보는 바로 그곳 광교 모퉁이에서 경적을 울리며 다가오는 자전거를 재빠르게 피하지 못하고 오랜 시간 동안 앓고 있던 귓병에 대해 생각한다. 그러고 나서는 별다른 목적 없이 화신상회 쪽으로 발걸음을 옮긴다. 병원에서는 그에게 아무 이상이 없다고 했지만, 구보는 스스로 중이가답아(中耳加答兒, 가답아는 염증의 일종인 카타르[catarrh]를 음차한 말로, 중이염을 뜻함)에 '틀림없이' 걸렸다고 생각했다. 움직이는 사람과 차들을 피하느라 가만히 서 있는 것이 어울리지 않은 이곳에서 나도 90년 전 구보가 그랬던 것처럼 '바른발을 왼쪽으로' 옮겨 봤다.

오른편에 보이는 건물(현 한국관광공사) 부근이 박태원이 태어난 다옥정 7번지였다.

현재 종로1가사거리에는 일명 서울 종로의 랜드마크라고 불리는 거대한 규모의 33층 건물이 솟아 있다. 현재 세 개의 기둥이 스카이라운지를 떠받들어 모시고 있는 듯한 기괴한 느낌을 발산하는 종로타워 자리에는 구보가 광교를 건너 전차 선로를 두 번 횡단해 들어간 '화신'이 있었다. 영풍문고가 있는 건물 앞에서 보신각 방향으로 한 번, 보신각 앞에서 또 한 번 더 건너면 종로타워이며, 광교에서 도보로 3분 정도밖에 걸리지 않는 아주 짧은 거리다. 화신은 화신상회에서 화신백화점으로 '업그레이드'된 종로의 랜드마크로서 일제강점기 당시 경성 사람들에게 선망의 공간이었다.

> "개관 첫날 이른 아침부터 귀부인, 유한마담에서부터 룸펜에 이르기까지 장안 사람들은 물밀듯이 화신 문전에로 몰려들어 온다."
>
> —「삼천리」 1935년 9월호

일제강점기에 조선인들은 강제적이고 갑작스러웠던 근대화 물결 속으로 속절없이 빨려 들어갔다. 매일매일 눈을 뜨면 달라져 있는 경성의 모습에 적응하기 힘들었지만, 이 새로운 물결은 식민지 통치와 연결돼 있어 적응하지 않고서는 버틸 수 없는 그야말로 압도적인 힘을 가지고 있었다. 그렇게 서서히 식민지 규율에 사로잡힌 조선인(경성사람)은 그 물결에 함께 유유히 흘러가는 소망을 점점 가지게 된다. 실로 비극적 삶이다.

그도 그럴 것이, 당시 인구 30만 명 정도 되는 경성에 백화점이 다섯 군데나 세워졌다. 일본인의 주거지역이자 상업지구였던 남촌 본정(本町, 현 충무로) 등지에 일본 자본의 미쓰코시(三越), 조지야(丁子屋), 미나카이(三

종로네거리 화신백화점 주변의 거리 풍경. [출처: 서울역사아카이브]

中井), 히라다(平田)가, 조선인의 공간이었던 북촌에는 조선인이 민족자본으로 최초로 만든 화신백화점이 들어섰다. 자연스럽게 화신백화점은 일본인보다 조선인 상류층의 공간으로 자리 잡았다.

평안남도 용강군 지주였던 박흥식(朴興植, 1903~1994)은 1931년에 목조 건물이었던 화신상회를 인수, 콘크리트 건물로 증개축해 직원 150명 규모로 재개점했다. 그러고 나서 화신상회 바로 옆에 생긴 최남(崔楠, 1865~?)의 동아백화점도 인수해 두 건물을 육교로 연결했다. 명실공히 화신상회는 북촌 종로의 '핫플'로 자리 잡았다. 이후 서관이 화재로 전소하고 육교로 연결된 화신상회 동관(옛 동아백화점)까지 화재를 입었지만, 화신은 사라지지 않았다. 박흥식은 화신을 새롭게 단장해 1937년 11월 화신백화점으로 승격시켰다.

이처럼 일제강점기 잘나가는 기업인이었던 박흥식은 조선총독부로부터 항공기 제조 사업 허가를 받아 일본의 전투기 지원을 위한 조선비행기공업주식회사를 설립하기도 했다. 그로 인해 해방 이후 반민족행위 특별조사위원회 제1호로 체포됐으며, 2009년에 발표한 친일반민족행위 705인 명단에도 포함됐다.

화신백화점은 해방과 전쟁 이후 쇠락의 길을 걷다 1967년에 ㈜신생에 인수되고 1980년 모기업인 화신산업이 부도 처리 됐다. 하지만 1983년 「중앙일보」 신문기사에서도 택시 정류장을 '화신' 앞으로 옮긴다는 내용이 실릴 만큼 사람들은 여전히 이 건물을 화신이라 불렀다고 한다. 이처럼 당시 화신은 소위 자본의 판타지로서 군림했다.

한때 화려했던 화신백화점의 건물도 그간 주인이 여러 번 바뀐 끝에 사라졌다. 하지만 자본이 선사하는 소비 욕망에 대한 판타지는 끝나지 않았다. 이상의 『날개』에서 주인공이 자본과 욕망이 들끓는 경성 시내를 내려다보는 장소인 미쓰코시백화점 '옥상정원'이 백화점 이용자들의 인기를 끌었던 공간이었던 것처럼, 종로타워 33층의 '탑클라우드'도 프러포즈 명소로 자리 잡아 당시 젊은이들에게 환상을 심어 주던 때가 있었다.

소비 심리와 욕망을 극대화시키는 최고층의 파노라믹 장에서 감각화된 몸은 환상을 좇기 마련이다. 룸펜 인텔리겐치아(lumpen intelligentsia) 소설가 구보는 작품 속에서 끊임없이 이러한 근대도시의 스펙터클한 환등상(phantasmagoria)을 경험하는 존재로 그려진다. 2018년 이후 탑클라우드는 폐점하고 현재는 공유 오피스로 바뀌었다.

구보는 하루 여정 중 첫 방문지였던 화신에서 너덧 살 돼 보이는 아이와 함께 승강기를 기다리는 젊은 부부를 잠시 부러워하다가 행복을 찾아 이내 밖으로 나오고야 만다. 근대화 물결 속을 유영하는 경성 사람들이 가득한 화신 안에서는 행복을 찾을 수 없음을 구보 자신이 너무나도 잘 알고 있었을 것이다. 박태원도 화신상회에 대해 고작 열다섯 줄을 할애했을 뿐이다.

종로1가사거리
종로타워(2023년).

식민지 경성의 전차, 행복을 좇는 사람들

행복을 찾아 화신상회에서 밖으로 나온 구보는 도보로 10분이면 곧바로 장곡천정(長谷川町, 현 소공동)에 갈 수 있지만, 동대문행 전차를 타고 종로2정목(현 종로2가)—빠고다공원(현 파고다공원)—종묘 앞—종로4정목(현 종로4가)—종로5정목(현 종로5가)—동대문—훈련원을 거쳐 조선은행에서 하차한다. 작품에 등장하는 종로2정목, 종로5정목 등은 일제강점기 지명으로, 1946년 일제강점기 이후 동명을 우리식으로 바꿀 때 각각 종로2가, 종로5가 등으로 바뀌었다.

작품에서도 언급하고 있듯이, 당시 경성에는 다양한 전차 노선이 이미 개통돼 운행하고 있었다. 1931년 12월 말 노선의 수는 총 13개, 전차 대수는 143대였으며, 1934년 말 기준 평균 수송 연인원은 약 13만 명으로 버스보다 일곱 배 정도 많은 수치다.

일제는 한일강제병합 직후인 1912년부터 경성시구개수(안)를 시행해 육조거리(현 광화문로)부터 경성역(옛 서울역사)까지 직선대로를 개발하고, 바둑판 도로 29개를 신설했다. 이는 통치의 효율성을 높이기 위한 공간 구조 변화 시도였다. 그 과정에서 조선인의 공간인 종로 중심을 동서로 운행하던 전차는 점점 일본인 거주 지역인 남촌과 연결하는 노선으로 점차 확장돼 갔다. 그 결과 자연 지형에 따라, 언덕 따라, 골 따라 형성된 사람들의 공간이 일제의 방식으로 변형되고 점차 일제에 점령돼 갔다.

구보의 전차 이용 경로를 따라가다 보면 식민지 지식인의 고뇌와 어디 하나 갈 곳 없음이 여실히 드러난다. 이는 특히 그가 전차에 탑승하는 모습에서 가장 잘 드러난다. 구보는 자기와 함께 전차를 기다리던 사람들이 모두 전차에 오른 것을 보고 저 혼자 그곳에 남아 있는 것이 '외롭고' '애달파' 전차에 뛰어오른다. 전차를 탄 후에도 마찬가지다. 동대문과 서대문을 오가는 종로선과 남대문통과 안국동을 오가는 선로가 만나는 화신상회 맞은편 보신각 앞 정거장에서, 다시 말해 전차를 기다리는 사람이 가장 많았을 종로 부근에서 동대문행 전차에 뛰어올랐던 구보는 애초에 목적지가 없었기에 자신이 기다리고 있는 '행복'에 대해 다시 생각해 볼 뿐이다. 동경 유학을 다녀온 지식인 구보는 이 암울한 현실을 어찌하지 못한 채 행복하지 않은 자신과 행복을 찾아서 헤매는 자신 그 어딘가에서 표류하고 있다.

창경원에 갈지, 대학병원에 들를지 이리저리 생각하던 구보는 동대문에서 한강교 방향 전차로 갈아타고 훈련원을 지나 조선은행에서 하차한다. 조선은행에서 하차한 이유는 '역시나' 행복을 찾지 못한 구보가 끽다점(喫茶店) 낙랑팔라에서 벗을 만나고 싶었기 때문일 것이다.

이상(李箱)의 다료, 벗을 만나고 이야기 나누는 곳

구보의 전차 여행과 다른 코스를 밟는 이번 여정에서는 이쯤에서 종로타워 근처에 있는 다료(茶寮)로 방향을 틀기로 했다. 구보가 하루 내내 만나고 싶어 했던 벗이 있는(있기를 기대하는) 다료다. 작품 속에서 하얗고 납작한 조그만 다료로 표현한 이곳은 이상이 운영한 제비다방으로 알려져 있다. 밖이 황혼으로 물들 무렵, 구보는 두 번째 들른 끽다점 낙랑팔라에서 만난 벗 한 명과 또 다른 벗을 만나기 위해 다른 찻집에 들르는데, 그곳이 바로 제비다방이다. 끽다점은 일본어로 찻집을 의미하는 깃사텐(喫茶店, きっさてん)을 한자 그대로 읽은 것이다. 제비다방은 청진동 골목 첫 번째 자리에 있었는데, 현재의 흔적은 '골목'뿐이다.

구보는 이날 하루 동안 벗을 쉽게 만날 수 없었다. 그럼에도 그는 끊임없이 벗을 만나길 고대한다. 그만큼 구보에게 벗을 만나고 이야기 나누는 시간과 장소는 우울한 자신을 위로해 주는 것 이상의 의미를 지닌다. 비록 작품에서 벗의 이름이 직접적으로 언급되진 않지만, 박태원의 자전적 소설인 만큼 두 명의 벗은 김기림(金起林, 1908~?)과 이상(李箱, 1910~1937)으로 알려져 있다.

제비다방 터. 길 건너 오른쪽에 있는 그랑서울 건물 자리다.

광화문통, 역사가 지워진 육조거리에는 광화문이 없다

반가웠던 벗 이상이 잊은 약속이 있노라며 멀어지자 구보는 다시 외로움을 느끼며 이제 광화문통으로 발걸음을 옮긴다. 광화문통은 조선의 육조(六曹)거리, 현재의 세종로를 지칭하며 조선 이래 국가의 행정을 담당하는 주요 행정기관이 모여 있던 곳이다.

하지만 조선의 육조거리였던 광화문통은 이제 그 거리가 아니다. 조선총독부 앞에 있었던 광화문은 1927년 9월 경복궁 동쪽(현 국립민속박물관 입구)으로 이전했다. 철거가 아닌 이전이라는 결정은 아이러니하게도 일본의 미술학자 야나기 무네요시(柳宗悅, 1889~1961)가 기고한 글 때문이었다. 야나기가 잡지 「개조」에 〈사라져 가는 조선 건축을 위해〉를 발표한 후, 일본 내부에서도 광화문 철거를 반대하는 여론이 일어나자 총독부는 철거 계획을 변경해 이전하기로 한 것이다.

구보는 '멋없이 넓고' '쓸쓸한' 길, '황톳마루' 네거리를 아무렇게나 걸어가며 문득 자기는 위선자가 아니었나 하는 생각을 한다. 경성이 한양이었던 시절에는 두 개의 도로가 서로 교차하며 만들어지는 사거리가 거의 없었다. 조선시대 육조거리 끝도 황톳마루로 막혀 있었으나 1912년 조선총독부가 광화문에서 남대문까지 직선으로 연결하는 태평로 도로를 만들면서 누런 흙 언덕 황톳마루는 사라졌다. 황톳마루 없는 황톳마루 네거리, 광화문 없는 광화문통이 바로 제 살 곳 빼앗긴 조선인의 현실

1930년 높은 곳에서 내려다본 광화문 앞 세종로.
육조를 밀어내고 들어선 일본 통치기관들과 조선총독부가 보인다. [출처: 서울역사아카이브]

1929년 조선박람회 당시 광화문통의 모습으로, 양쪽에 '조선박람회(朝鮮博覽會)'가 적힌 환영탑과 기둥이 늘어서 있다. 1927년에 옮겨진 광화문도, 사진 아래쯤에 있었을 황톳마루도 깍여 매끈한 도로만 있을 뿐이다. [출처: 서울역사아카이브]

이었다.

이러한 도시 정비 사업은 일제 시기에 특별히 일어난 것이 아니다. 요즘도 도시 재생 또는 복원 사업이라는 명목으로 지자체들이 경쟁이라도 하듯이 도시 면면을 바꿔 놓고 있다. 가까운 예로 2018년에 일제강점기 전차 선로가 발견돼 떠들썩했다. 문화재청·서울시가 공동으로 추진한 '광화문 월대 복원 및 주변 정비사업' 진행 중, 일제가 광화문 월대(月臺, 궁궐의 각종 의식 등에 이용된 넓은 대로서, 터보다 높게 쌓은 단)와 삼군부(三軍府, 흥선대원군 집권기에 설치되었던 최고 군령 기구)를 훼손하고 설치한 일제강점기 전차 선로가 발견됐기 때문이다. 기사 속 사진에는 Y자로 교차하고 있는 전차 선로가 선명하게 드러나 있었다. 광화문 앞에서 Y자로 교차하고 있는 노선은 서쪽으로는 통의동 방향으로, 동쪽으로는 안국동 방향으로 향하고 있었다. 안국동 방향 선로의 시작은 1923년 9월에 개설된 종로네거리—안국동 별궁 앞 노선으로, 별궁 서쪽 옆에 들어선 식산은행 관사 직원들의 통근 편의를 위한 것이었다. 1929년에 조선총독부까지 노선이 연장됐고 오늘날 광화문 앞에서 그 흔적을 드러낸 것이다.

광화문 앞 전차 선로는 2023년 3월에 3일 동안 시민들에게 공개가 됐다가 이후 월대 복원을 위해 철거돼 의왕시 소재 철도박물관 야외전시장으로 옮겨졌다. 2045년까지 진행 예정인 경복궁 복원 사업 중 하나인 광화문 월대 복원은 현재 완료된 상태다. 월대 복원 행사가 진행된 2023년 10월 15일에는 광화문 앞 도로를 모조리 통행금지시켰고 이후 복원된 월대 공간은 점점 사진 찍기 명소로 부상 중인 듯하다. 앞서 문화재청은 덕수궁 대한문 앞 월대를 축소 재현했고 서울시와 협업해 창덕궁 돈화문 앞 월대 개선 공사도 진행했다.

낙랑팔라, 지식인들의 고뇌로 물든 곳

전차 여행을 마친 구보는 조선은행에서 하차한다. 그가 하루 동안 세 번이나 들른 끽다점 낙랑팔라(樂浪 parlour)에 가기 위함이다. 이탈리아 테너 티토 스키파(Tito Schipa)가 부른「Ay Ay Ay!」와 바이올리니스트 미샤 엘만이 연주한 슈베르트의 피아노곡「Valses Sentimentales」등 '모던'한 음악이 축음기를 통해 들리는 1930년대 낙랑팔라는 젊은 룸펜들의 아지트였다고 한다.

20세기 초에 유행한 단어 룸펜은 룸펜 프롤레타리아(lumpen proletarian)에서 유래했다. 1930년대 경제대공황으로 식민지 조선에서는 일자리 양극화가 심화됐다. 변화하는 시대에 적응하지 못해 무력함과 좌절감에 빠진 지식인들은 실업자군에 속하게 됐다. 이들이 바로 '룸펜 인텔리겐치

'하융'이 삽화로 그린 낙랑팔라. 1930년대 가장 유명한 다방이었던 낙랑팔라는 동경미술대학 출신 화가 이순석이 운영한 곳으로, 명곡연주회, 문학의 밤 등 행사가 자주 열리는 예술적 장소였다고 한다(「조선중앙일보」. 1934. 8. 14.). [출처: 국립중앙도서관]

아'들이다. 작품 속에서도 이들은 '일거리 없이 등의자에 앉아서 차를 마시고 담배를 피우며, 음악을 듣는 젊은이'로 묘사된다. 젊음에도 불구하고 자신들의 인생을 '피로하게' 느끼며 제각각 '고달픔과 우울을 하소연'하는 존재다.

박태원이 연재한 『소설가 구보 씨의 일일』에 삽화를 그려 넣었던 하융의 그림으로 낙랑팔라 내부 분위기를 연상해 볼 수 있다. 밖은 어둡고 음산한 일제 경성이지만 낙랑팔라 안은 경쾌한 음악이 흐르고 서양식 의자에 앉아 차를 마실 수 있는 '비현실적' 공간, 즉 현실을 잊을 수 있는 공간이었다. 참고로 하융은 우리에게 잘 알려진 시인 이상의 다른 이름이며, 본명은 김해경(金海卿)이다. 이상은 경성고등공업학교에서 건축학을 전공하고 조선총독부 건축기사로도 오래 일한 바 있으며, 그의 타고난 예술적 재능으로 어두운 시대에 저항했다.

구보는 벗을 만나기 위해 낙랑팔라에 들르곤 하는데, 처음에는 아무도 만나지 못한다. 두 번째로 낙랑팔라에 들렀을 때 드디어 벗을 만나는데, 앞에서도 언급한 김기림으로 알려져 있다. 박태원이 속했던 구인회의 멤버였던 시인 김기림은 당시 「조선일보」 사회부 기자로도 활동했다. '도청, 체신국, 종로서를 드나들며' 사건 사고 기사를 쓸 수밖에 없었던 김기림에게 문인의 아이덴티티를 일깨워 주는 곳이 바로 낙랑팔라였을 것이다. 구보는 그런 벗을 보며 애달파한다.

경성부청과 대한문, 모던 발전과 식민지 우울의 이중성

첫 번째 방문에서 벗을 만나지 못한 구보는 태평통 방향으로 나와 부청(府廳) 쪽을 향해 걷는다. 부청은 경성부청으로 오늘날 서울시청이다. 경복궁을 밀어내고 조선총독부가 들어선 광화문통과 같은 방식으로 1926년에 태평통 덕수궁 앞에 경성부청이 신축 건물로 들어섰다. 경성부청으로 가던 중 구보는 넓은 마당 건너 대한문을 바라보게 된다. 고종이 아관파천 이후 돌아와 거처했던 경운궁(1907년 고종이 퇴위하면서 고종의 장수를 빈다는 의미에서 덕수궁[德壽宮]으로 개칭)의 정문인 대한문은 경성부청에 비하면 '너무나 빈약한 옛 궁전'의 정문이다. 점차 세련되게 발전해 나가는 일제에 대한 동경과 함께 그 일제가 우리 조선을 지배한다는 반발심이 교차하며 양면적 감정이 드러나는 지점이기도 하다. 태어나면서부터 경성 중심지를 숱하게 지나다녔을 구보에게 그 풍경은 하루아침에 일어난 사고가 아닌, 차곡차곡 몸에 쌓인 좌절과 우울감의 총체일 것이다.

당시 태평통은 고물상 거리였다고 한다. 1936년 「조선일보」에 연재된 〈팽창경성가두변천기〉 '태평로 편'에서는 "태평통 이정목에만 발을 디디게 되면 좌편 우편으로 게딱지 같은 나지막한 집들이 부끄러운 줄도

옛「경성일보」자리에 들어선 경성부청 전경이다. 왼쪽 아래 전차 선로는 남대문에서 덕수궁 대한문 앞을 경유해 광화문에 이르는 태평통선으로 1928년 11월 1일 개통됐다. [출처: 서울역사아카이브]

모르고 그냥 난쟁이 같이 앉아 있는데 거기다가 벌여 논 상점들은 케케묵은 고물들뿐이다"라고 묘사하고 있을 정도로 일대가 어수선했던 모양이다. 구보 역시 태평통로를 걸으며 '불결한 고물상들을 이 거리에서 어떻게 쫓아낼 것인가'를 생각한다. 그뿐만 아니라 구보는 길에서 만나는 구두 닦는 소년을 멸시하기도 한다. 그렇다. 식민지 지식인 구보도 모던적으로 발전하는 경성에서 살아가는 경성 사람, 그중에서도 지식인의 신분을 충분히 누리기도 했던 것이다.

(왼쪽) 구보가 바라보았을 대한문. 마차나 자동차의 통행에 편리하도록 월대를 없애고 완만한 도로로 만들었다. (오른쪽) 현재의 대한문 위치는 구보가 바라보던 때와 다르다. 태평로 중앙에 있던 대한문은 도로 확장으로 1970년 33미터 뒤로 옮겨져 현재의 위치로 이전했다. 2023년 월대 재현 공사는 완료됐다. [출처: 국가유산청 궁능유적본부]

남대문통, 일본 거류민이 장악한 한양의 상업 지구는 식민지 수탈 기구 단지가 되었다

(남대문—경성역—조선은행—장곡천정)

이제 구보는 그의 마음을 어둡게 만든 태평통로를 벗어나 남대문으로 향한다. 작품에서는 남대문 안에서 밖으로 나가 봐도 아무 일도 벌어지지 않게 된 상황을 통해 몰락한 왕조의 현실을 보여 주고 있다. 아무나 성 안에 들어올 수 없도록 가로막고 조선의 왕을 탄탄하게 보호하는 역할을 다하던 성벽은 이제 '바람도 없이 웅숭그리고 앉아 있는 서너 명의 지게꾼'들의 대기 장소로서 역할을 할 뿐이다. '춥거나 두려워 몸을 궁상맞게 몹시 웅그리다'라는 의미를 품고 있는 '웅숭그리다'라는 단어에서 알 수 있듯이 구보가 경성 거리를 걷고 있는 8월이라는 시간적 배경 속에서 웅숭그리고 있는 지게꾼들은 삶의 애달픔을 고스란히 드러낸다.

현재로 훌쩍 건너와 남대문을 바라보면 자유롭게 왕래하는 시민을 커다란 마음으로 품고 있는 모습이다. 남대문은 일제강점기에 성곽이 헐렸다. 이후 그 아래로 지나다니는 전차가 생기고 전쟁 중에 수모를 겪으면서 굵은 나이테가 제법 새겨졌을 것이다. 그 후로도 남대문은 한참 동안 기능을 회복하지 못하고 거대한 도로 속에 파묻혀 박제된 섬처럼 지냈다. 2006년에 드디어 개방됐지만 2년이 채 되기 전에 방화로 또 한 번 몸살을 심히 앓았다. 2021년 6월에 이르러서야 복원을 모두 마치고 남대문의 정문과 후문이 모두 개방됐다.

남대문 밖에는 경성역이 자리를 잡고 있었다. 1899년 한반도 최초의 철도인 경인선(노량진—인천)이 개통된 후, 1900년에 서대문역까지 연장될 때까지 경성역은 줄곧 남대문역 또는 남대문 정거장으로 불리다가

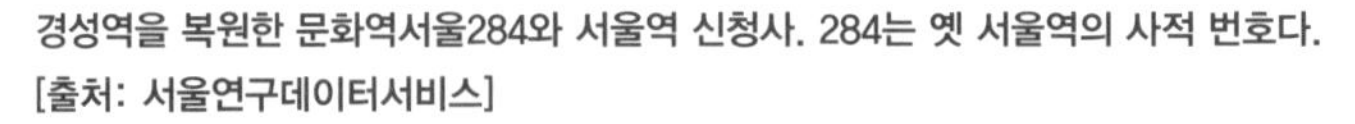

경성역을 복원한 문화역서울284와 서울역 신청사. 284는 옛 서울역의 사적 번호다.
[출처: 서울연구데이터서비스]

1923년에는 경성역으로 개칭되고 1925년에는 서양식 건물로 준공됐다.

이후 일제는 시모노세키부터 신의주를 잇는 종단 철도 노선을 완성해 조선에서 수탈한 곡식과 물자를 일본으로 반출했다. 1926년에는 부산발 모스크바행 열차 노선까지 건설하며 시베리아와 만주 대륙까지 진출하려는 야욕을 드러낸다. 이러한 철도와 역사 건설에 수없이 많은 조선인이 동원되고 토지와 집까지 몰수당했다.

구보는 '도회의 항구' 경성역에 들어가서 대학 노트를 펴든다. 그는 다양한 인간 군상이 정당하게 모여들 수 있는 경성역에서 근대도시를 구성하고 있는 다양한 계층의 사람들을 묘사하고자 했다. 하지만 경성역 내부 공간은 오히려 계급 질서를 철저히 따르도록 설계됐다. 당시 경성역은 층고가 매우 높은 중앙홀을 중심으로 삼등 대합실과 일·이등 대합실이 좌우로 분리돼 있었다.

일·이등 대합실 옆에는 귀빈 예비실과 부인 대합실이 있었다. 이 구역들은 역장이 직접 접대하게 배치돼 있었던 만큼 아무나 드나들 수 없었다. 일·이등 대합실의 한편에는 이상의 소설 『날개』에서도 등장하는 '티룸'인 끽다점이, 2층에는 양식당 '그릴'도 있었다. 끽다점은 1925년 준공 당시에 마련된 부인 대합실 자리에서 1932년에 개점·운영되다가 1940년 일·이등 열차 승객을 위한 매표소로 용도가 바뀌면서 폐점했다.

경성역 1층 공간 안내도. [출처: 문화서울역284 홈페이지]

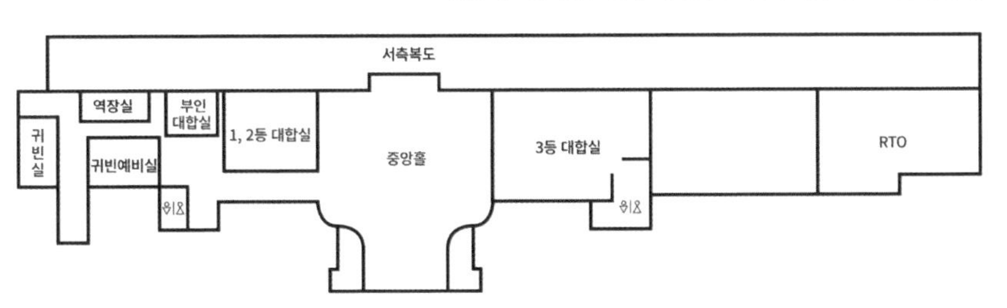

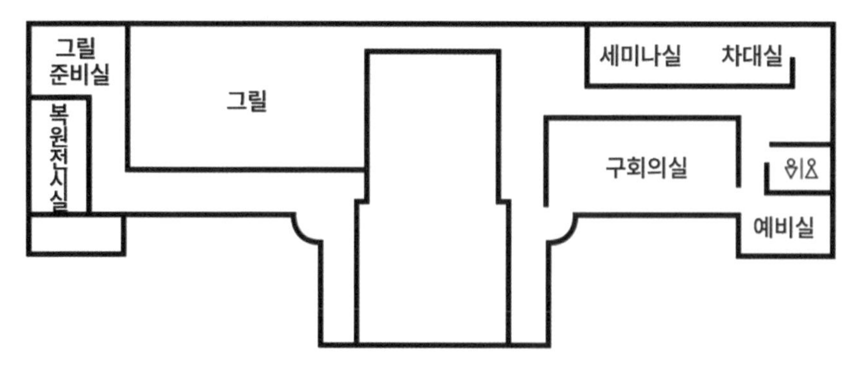

경성역 2층 공간 안내도. 그릴 준비실에는 음식 운반 엘리베이터가 그대로 남아 있다. 복원전시실은 이발소였다고 한다. [출처: 문화서울역284 홈페이지]

구보는 경성역 중에서도 삼등 대합실에서 오랜 시간 동안 머물며 사람들을 관찰한다. '남을 결코 믿지 않아 짐 부탁조차 않는 사람들, 남의 집 살이로 노쇠한 노파, 중년의 시골 신사, 바세도우씨 병(갑상선 기능 항진증)을 앓는 노동자, 아이 업은 젊은 아낙네 그리고 린네르 쓰메에리 양복을 입은 사내'까지. 쓰메에리 양복을 입은 사내는 일본 순사 등이다.

구보는 순사를 발견한 후 다시 우울해져 삼등 대합실을 떠나 개찰구 쪽으로 향한다. 사실 구보가 산책하는 식민지 수도 경성의 그 어느 공간도 우울하지 않은 곳이 없다. 박태원은 우울과 행복이라는 단어를 반복적으로 대비해 사용함으로써 식민지 조선 경성의 이중성을 틈새 없이 각인시키고 있다. 물론 구보가 느끼는 감정뿐만 아니라 그가 만나는 사람들, 그들이 모이는 장소 등 모든 것이 식민지 조선 경성의 이중성을 가지고 있었다.

경성역을 복원해 2011년에 개관한 문화역서울284에는 경성역에서 서울역으로 바뀐 역사(驛舍)의 켜켜이 쌓인 역사(歷史)를 드러내 보인다. 현재 문화역서울284에는 미군장병안내소인 RTO(Railroad Transportation Office)가 복원돼 있다. 그곳은 수화물취급소로 운용되다가 미국수송부대의

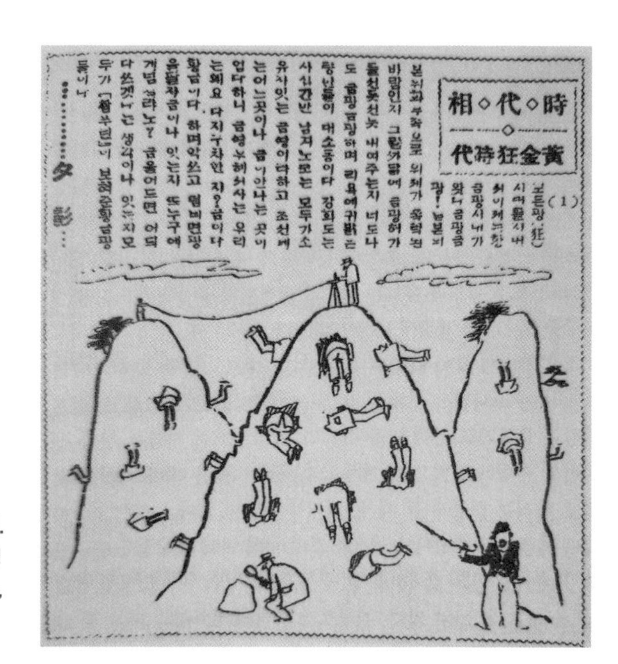

「조선일보」에 실린 만문만화. [출처: 신명직, 『모던뽀이 경성을 거닐다』, 현실문화연구, 2003.]

미군 대합실로 사용되던 공간이다. 현재는 소규모 복합 문화 공간으로 활용되고 있다.

구보가 우울을 피해 간 개찰구 앞 대합실 안팎은 금광 브로커들의 공간이기도 했다. 1930년대는 소위 황금광 시대였다. 1932년 「조선일보」 만문문화(漫文漫畵)에서도 당시의 세태를 엿볼 수 있다. 만문만화는 일본의 언론 탄압을 피하려고 우회적이고 은유적인 방식으로 식민지 조선의 사회상을 묘사한 만화의 한 장르다.

> 광! (…) 금(今)본의 본위화부족으로 위체가 폭락된 바람인지 그런 까닭에 금광허가를 선듯선듯 내여 주는지 너도 나도 금광 금광하며 리욕에 귀 밝은 량인들이 대소동이다. 강화도는 사십간만 남겨 노코는 모두가 소유가 잇는 금땅이라 하고 조선에는 어느 곳이나 금이 안 나는 곳이 업다 하니 금땅 우헤서 사는 우리는 왜

요다지도 구차한지? (…)

—「조선일보」, 시대상(時代相) (1) 〈황금광시대(黃金狂時代)〉, 1932. 11. 29.

황금광 시대는 평론가와 문인들도 피해 가지 못했다. '시내에는 광무소가 무수하고, 열람비는 5원, 수수료가 10원, 출원 등록된 광구는 조선 전토의 7할'이라며, 구보는 서정시인조차 금광으로 나서는 세태를 한탄하고 있다. 당시 전차 시내 구간 요금이 5전, 생활수준이 가장 높았다던 「동아일보」 기자 월급이 50~60원 정도였다고 하니 실로 자본의 세계에 잠식됐던 경성의 민낯이 아닐 수 없다. 금시계를 찬 졸부 동창생을 따라 들어간 끽다점에서도 구보는 황금에서 행복을 찾고 재력을 가진 남자에게서 행복을 찾는 여자를 괴이하게 여기기도 한다. 하지만 그 순간 잠시나마 그 재력을 탐내 하는 자신을 발견하고는 단장(短杖) 끝으로 구두코를 탁 치며 빠르게 발걸음을 옮긴다.

경성역에서 나온 구보는 남대문을 지나 이번에는 조선은행을 거쳐 낙랑팔라로 돌아간다. 경성역을 갈 때와는 다른 경로다. 옛 조선은행은 크기가 실로 어마어마하다. 옛 경성역만큼이나 눈에 띄는 건물 양식으로 명동 앞을 지나갈 때마다 꼭 한 번씩은 쳐다보기는 했지만, 실제로 그 크기에 대해 깊이 생각해 본 적은 없었던 것 같다.

조선은행은 건축가 다쓰노 긴고(辰野金吾, 1854~1919)가 일본은행 본점을 바탕으로 1912년에 완성한 식민지 중앙은행으로 조선의 경제를 수탈하기 위해 세워졌다. 어느 정도의 부귀영화를 꿈꿨는지 몰라도 르네상스 양식을 따른 건물의 외벽을 꾸미기 위해 동대문 밖 창신동 채석장에서 화강석을 끌어왔고, 철재는 미국 카네기 철강회사를 비롯해 영국과 일본에서 수입해 썼다고 전해진다. 같은 르네상스 양식인 경성역도 다쓰노 긴고가 설계했다고 한다.

조선은행이었던 한국은행 화폐박물관(도로 맞은편)과 리모델링 예정인 옛 제일은행 본점(사진 왼쪽).

구보는 경성역 다음으로 방문한 낙랑팔라에서 김기림을 만났고, 늦은 밤 세 번째 낙랑팔라에서 벗 이상과 재회한다. 이후 구보는 경성우편국이 자리한 황금정(黃金町, 현 을지로) 방향으로 내려오다 이내 북쪽으로 몸을 돌려 종로네거리로 향한다. 소설에서 말하는 경성우편국은 신세계백화점 맞은편에 자리한 서울중앙우체국으로, 현재는 신축 건물로 탈바꿈했다. 실제로 박태원과 이상은 본정에서 자주 어울리며 시간을 보냈다고 한다. 그런데 구보는 무슨 이유로 화려한 불빛으로 일렁이는 본정이 아니라 식민지 조선 금융 자본의 핵이었던 황금정으로 갔던 것일까.

남대문통1·2정목(南大門通1·2丁目, 현 남대문로1가와 2가)과 황금정은 당시 조선 최고의 금융가였다. 식산은행과 동양척식주식회사 사이의 여러 은행, 보험·토지 회사, 명치정(明治町, 현 명동) 증권가는 식민지 조선 금융 자본의 핵으로서 수탈의 첨병이었다. 조선은행—경성우편국—미쓰코시백화점이 삼각주를 이루며 형성한 자본의 거대 물길이 흘러 남대문통까지 이어진 형국이다.

현재는 롯데가 식산은행(1954년 이후부터는 산업은행) 건물을 매입해 그 자리에 롯데백화점 신관을 세우고, 조지야백화점이 있던 자리에는 롯데백화점 영플라자가 들어섰다. 자본의 트라이앵글이 남대문통, 황금정까지 흘러 형성된 식민지 시기 거리의 모습과 현재의 그것은 다를 게 없나 보다.

삼성은 해방 후 동화백화점으로 영업 중이던 미쓰코시백화점을 인수해 신세계백화점으로 바꿔 그 명맥을 이어가고 있다. 또한 신세계는 바로 옆의 서울특별시 시도형 문화재로 지정된 옛 제일은행 본점을 매각해 명품 브랜드 매장 등이 있는 복합 문화 상업 공간으로 탈바꿈할 계획이라고 한다.

시도형 문화재를 굳이 어려운 방식으로 '복합' '문화' '상업' 공간으로 바꾸려는 신세계도, 시도형 문화재임에도 문화재 위원회까지 꾸려 신세계의 계획을 지지하는 서울시도 의아할 뿐이다. 참고로 화신상회 자리에 들어선 종로타워도 삼성이 소유하고 있다. 일그러진 경제 권력의 지형은 지금도 그대로다.

이제 구보의 하루가 마무리될 시간이다. 구보와 이상은 새벽 2시가 돼서야 헤어졌다. 구보는 다옥정 7번지 집으로 돌아온다. 벗 이상은 구보에게 "좋은 소설을 쓰시오"라고 진정으로 말하고, 이후 구보는 한 개의 생활을 가지려, 즉 '행복'을 찾기 위해 소설 쓰기에 매진하는 것으로 소설은 끝난다.

열네 시간 동안 구보가 관찰한 식민지 수도 경성은 어딜 가나 두통과 우울을 불러오는 공간이다. 근대적 도시와 전근대 공간이 무자비하게 충돌하는 중층적 공간에서 전근대와 근대의 생활방식은 혼종된 채 표류하는 모습이다. 이후 구보가 창작한 소설이 바로 박태원의 『소설가 구보 씨의 일일』이 아닐까. 소설을 통해 도시 산책자 박태원은 경성의 민낯과 경성 사람들을 교묘하게 고발하고 있었다. 물론 자신도 그들 중 하나로 포함된 채 말이다.

1930년대 경성의 모습과 지금은 너무나도 닮아 있다. 일확천금을 바라며 실체가 없는 화폐를 찾아 헤매고, 하늘이 목적지인 듯 더 높이높이 올라가는 건물들, 개발의 끝은 어디인가 싶게 쉴 틈 없이 지어지는 주상복합 아파트, 소비 공간의 끝을 보여 주는 어지러운 대형 몰들, 부지런히 지하철 노선을 증설해 전방위로 뻗어 나가 주변을 포획하는 권력 도시 서울. 바로 식민지 수도 경성의 모습과 다를 바 없다.

구보가 식민지 수도 경성의 삶이라는 현실을 거부할 순 없어도 글쓰기를 통해 자기 삶을 돌아보고 현실을 고발한 것처럼, 우리도 우리의 삶과 욕망을 들여다봄으로써 암울한 여기에서 벗어나는 하나의 빛줄기를 품을 날을 기대해 본다.

분단 체제에 항거한 교회와 민주화 운동

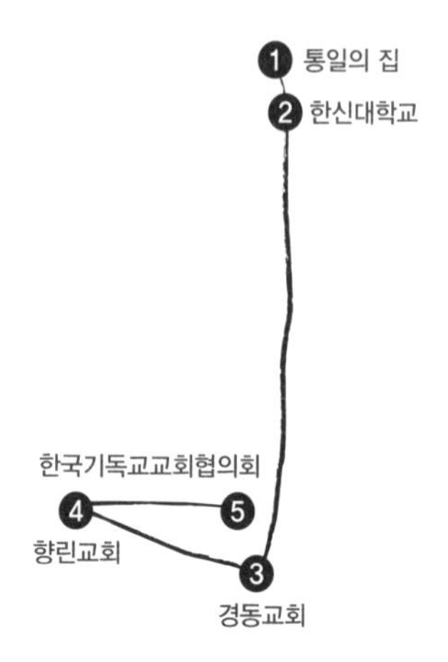

박종경

1910년, 우리 민족은 경술국치(國權被奪)라는 아픈 역사를 겪으며 일제에게 국권을 상실하고 말았다. 35년 식민의 세월을 겪은 후 어렵사리 광복을 맞이했지만 그 기쁨도 잠시, 한반도는 곧장 대립의 장으로 바뀌어 남과 북으로 분단된다.

우리는 한반도의 분단 상황을 가리켜 분단 체제라고 일컫는다. 단순히 분단이라고 말하지 않고 분단 체제라고 부르는 것은 분단이 분단을 재생산하는 하나의 시스템으로 작용하기 때문이다. 남과 북 각각에 들어선 기득권은 분단의 상황이 지속돼야 비로소 존재할 수 있고 그 권력도 유지될 수 있다. 결국 남과 북 각 정권은 체제 경쟁에서 승리해야 한다는 명분을 내세우며 국민들의 충성을 유도하고, 상대방을 혐오하는 일에 국민들을 동참시켰다. 그렇게 지난 수십 년간 한반도에는 긴장과 대립의 역사가 끊임없이 되풀이됐다.

안타깝게도 한국 교회의 주류 역사가 분단 체제의 노선에 맞춰 왔음을 부인하기는 어렵다. 과거 공산주의자들의 폭력을 경험했던 한국 교회는 미국의 노선에 따라 자유의 가치를 강조해 왔다. 또한 한반도의 공산화를 막아야 한다는 사명 아래 철저한 반공의 정신으로 무장했다. 그들에게 반공은 소위 신앙의 일환이었기에 반공정신을 강조한 군부 정권을 축복하며 이에 적극적으로 협력했다.

그러나 이와 전혀 다른 노선 역시 신앙의 이름으로 존재했다. 한국 교회의 또 다른 물줄기는 분단 체제를 강화하는 관(官)에게 협력하는 대신, 그 속에서 신음하는 민(民)에게 다가갔다. 군부 정권은 이 작은 물줄기를 끊임없이 덮으려 했으나 물줄기는 끝끝내 강을 이루어 서울의 중심부를 관통한다.

이 글에서는 한국 교회의 작은 물줄기를 다뤄 보려 한다. 특히 작은 물줄기의 근원이었던 장공 김재준(1901~1987) 목사로부터 파생된 신학의 흐름과 그 인물들을 살펴본다. 김 목사의 신학 사상이 짙게 배어들어 있는 한신대학교를 비롯해 한신대학교가 배출한 문익환, 안병무, 홍근수 등을 조명하며, 한국을 뒤흔들었던 그들의 행적을 서울 곳곳에서 찾아보고자 한다.

통일의 집에서 마주한 문익환의 잠꼬대

서울 강북구 수유동에 위치한 통일의 집. 이곳은 늦봄 문익환(1918~1994) 목사의 생가를 리모델링해 만든 소박한 박물관이다. 일반적으로 박물관을 생각하면, 넓은 부지와 크고 말끔한 건물을 떠올리기가 쉽다. 그러나 통일의 집은 문 목사와 그의 가족이 살았던 평범한 주택으로 좁은 골목

통일의 집.

길, 주택가 사이에 위치해 있다. 문익환 일가는 1960년대에 지어진 이 빨간 벽돌의 집에 1970년에 입주했다. 2016년 우이신설선이 개통된 덕분에 통일의 집은 접근성이 나쁘지 않다. 지하철 가오리역과는 불과 754미터 떨어져 있어 도보로도 이동할 수 있다.

문 목사는 유년시절을 북간도 명동촌(현 중국 길림성 화룡현)에서 보냈다. 명동촌에서 아이들을 가르쳤던 교사 정재면(1882~1962)의 전도를 통해 명동촌 사람들의 대부분은 기독교인으로 개종했다. 그런데 그들이 가졌던 기독교의 색채는 다분히 토속적이었다. 당시 조국은 여전히 일본 제국의 통치를 받고 있었기에 명동촌의 부모들은 자녀들이 민족에 이바지하는 인물로 자라나길 바랐다. 그런 이유로 그들이 수용했던 기독교도 민족을 위한 기독교가 돼야만 했다. 결국 문익환이 배운 기독교는 언제나 민족의 문제와 결합된 것이었고 현실 참여적인 것이었다. 이곳 통일의 집 박물관은 그러한 문 목사의 생애와 신학, 사회운동 전반을 알차게 담아내고 있다.

통일의 집 건물 뒤쪽 외벽.

통일의 집이 위치한 좁은 골목길에 들어서면 저 멀리서부터 박물관의 하얀 현판이 눈에 들어온다. 통일의 집은 사단법인에 의해 2018년에 박물관으로 재개관됐다. 언뜻 '통일의 집'이라는 현판도 그 시기에 걸렸을 거라 생각하기 쉽지만, 실제로는 1994년 문 목사의 아내인 박용길(1919~2011) 장로가 써 붙인 것이다. 1994년은 문 목사가 심장마비로 세상을 떠난 해이기도 하다. 박 장로는 이 집이 통일을 위한 교육과 토론의 장이 되길 바란다며 '통일의 집' 현판을 걸고 일반인들에게 공개했다.

통일의 집에 들어서면 먼저 직원들의 안내를 따라 영상을 시청할 수 있는 방으로 이동한다. 문 목사의 생애를 소개하고 그의 애끓는 목소리를 들을 수 있는 영상이다. 영화 「1987」의 엔딩에서 고(故) 이한열 열사의 이름을 목 놓아 부르짖던 그 목소리도 들을 수 있다. 영상 속 문 목사는 자신을 가리켜 전태일의 부활이요, 장준하의 부활로 소개한다.

문 목사는 1976년 「3.1 민주구국선언」을 통해 처음으로 사회운동에 가담했다. 친구 장준하(1918~1975)의 죽음이 결정적 계기였다. 유신 정권에 대항하는 목소리를 서슴없이 냈던 장준하는 1975년 8월 17일 경기도 포천시 약사봉에서 변사체로 발견됐다. 당시 정부에서는 장준하 죽음의 원인을 실족사로 발표했지만, 그가 발견된 위치와 그의 유품과 유골 등은 발표된 조사 결과와 부합하지 못했던 부분이 많았다. 당시 유일한 목격자라고 자처하던 사람도 있었으나 그의 진술은 매번 바뀌었다. 누가 봐도 박정희 정권이 정적(政敵)을 제거한 것으로 보였고, 문 목사 역시 이에 큰 충격을 받았다. 장준하는 "모든 통일은 옳으며, 통일에 반하는 것은 모두 거짓"이라고 말할 정도로 통일주의자였다. 이후 문 목사는 자신이 장준하의 대타임을 자처하며 장준하처럼 반(反)유신과 통일 운동에 뛰어들었다.

5분 이내의 짧은 영상 관람을 마치고 방을 천천히 둘러보면 교도소 수의가 가장 눈에 띈다. 언뜻 생각하면 문 목사의 수의인가 싶지만, 이는 박 장로의 수의다. 1944년 문 목사와 백년가약을 맺은 박용길도 민주화와 통일 운동에 적극 가담해 왔다. 문 목사가 작성했던 「3.1 민주구국선언문」을 붓글씨로 직접 기록한 이도 박 장로였으며 문익환이 평양을 방문하게끔 옆에서 북돋아 준 이도 아내 박용길이었다.

일반적으로 전과의 경력은 부끄럽고 감추고 싶은 수치의 기록이다. 특히나 자신이 수감 생활 중에 입었던 수의를 자랑하거나 기념할 사람은 없을 것이다. 그러나 이곳 통일의 집은 방문객이 가장 먼저 입장하는 방에, 그것도 가장 눈에 띄는 자리에 수의를 걸어 놓았다. 어쩌면 이는 문익환, 박용길 부부의 역사관이 반영된 것이 아닐까 싶다.

그들은 역사를 사는 일이 결코 권력에 복종하는 것이 아니라 오히려 세상을 뒤바꾸는 일임을 강조한다. 그래서일까. 문 목사는 처음 사회운동에 가담했던 1976년 이래, 총 11년 3개월의 형량을 살았다. 1994년에 자신의 생을 마감할 때까지 그는 18년의 여생 중 절반 이상을 교도소에

문익환 목사의 아내 박용길 장로의 수의.

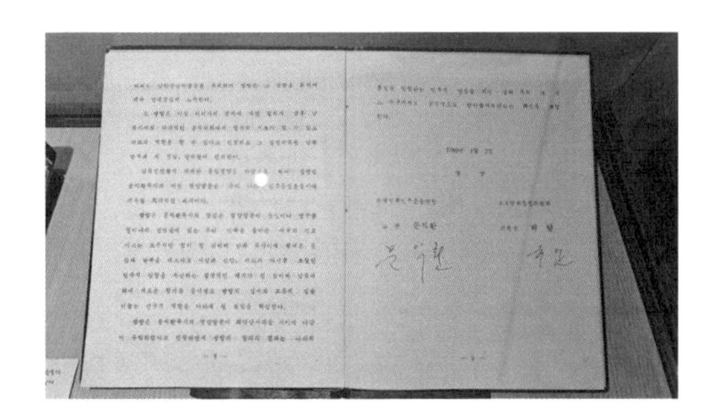

문익환 목사가 평양에서 맺은 「4.2 남북공동성명서」.

서 보냈던 것이다. 문익환이 수감 생활을 한 11년 3개월 동안 이 집에도 냉기가 차올랐다. 박 장로는 남편이 교도소로 들어간 후로는 추운 겨울에도 보일러를 켜지 않았다고 한다.

박 장로의 수의가 진열된 방은 문 목사의 아들 문호근, 문의근, 문성근이 지낸 방이다. 그들이 출가한 뒤로는 문 목사의 부모가 이 방에서 지냈고, 그들이 세상을 떠난 뒤에는 박 장로가 지냈다.

박용길의 수의 반대편으로 눈을 돌리면 문 목사가 평양에서 맺은 「4.2 남북공동성명서」가 진열돼 있다. 문 목사의 행적 중 파급력이 가장 컸던 것은 단연 '무단 방북 사건'이었을 것이다. 1989년, 문 목사의 무단 방북 사건은 당시 한국 사회에 크나큰 충격을 가져 왔다. 언론에서도 문 목사의 방북 사건을 연일 특집으로 다뤘다.

북으로부터 받은 위문품.

사진으로 기록된 문익환 목사의 방북 모습.

통일의 집에서도 문 목사의 방북 여정길을 확인할 수 있다. 문익환의 방북 여정을 가이드했던 유원호는 평양, 신의주 일대, 예배당 등에서 문 목사의 모습을 촬영했는데, 이 사진들이 앨범으로 잘 정리돼 있었다. 그뿐만 아니라 유원호의 아내 안순심이 당시 문익환의 방북 사건을 다룬 모든 신문기사들을 스크랩해 보관하던 것을 유원호의 가족이 통일의 집에 기증했다.

여기서 우리는 당시 한국 교회 내에서도 문 목사를 비난하는 목소리가 컸다는 점에 주목해야 한다. 대체로 한국 교회에서는 목사라는 직분을 존중하고 그 권위를 절대화한다. 하지만 문익환에게만큼은 목사라는 호칭을 붙일 수 없다며 '문익환 씨'라 부르는 일이 다반사였다. 과연 무엇이 문익환을 다른 목사들과 구분 짓게 만들었을까? 그에게 잠꼬대와 같은 꿈을 불어넣은 원천을 확인하기 위해 한신대학교로 발걸음을 옮겨 본다.

새로운 신학의 시작, 한신대학교

한신대학교는 통일의 집 인근에 위치해 있다. 시내버스로 정거장 세 개만 지나면 된다. 한신대학교의 본교는 경기도 오산시에 따로 있고, 서울 강북구에 있는 것은 한신대학교 신학대학원이다. 문익환 목사는 도쿄 일본신학교와 미국 프린스턴신학교에서 신학을 배웠으나 그에게 가장 큰 영향을 준 신학교는 단연 조선신학교, 지금의 한신대학교였다. 문 목사는 청년 시절부터 우리말로 우리 민족에 적용할 수 있는 신학을 배우고

1957년 한신대학교가 수유리 캠퍼스로 이전하며 세운 머릿돌.

늦봄 문익환 목사 기념비.

싶어 했다. 그가 조선신학교에 입학했을 때 "드디어 왔다"는 기분까지도 들었다고 한다.

본래 조선예수교장로교(현 대한예수교장로회)에서 목회자를 배출하던 신학교는 평양신학교였다. 그러나 1938년 조선예수교장로교가 교단 차원에서 신사참배를 가결하자 평양신학교는 자진 폐쇄를 단행한다. 평양신학교에서 강의하던 외국인 선교사들도 이미 대부분 추방된 상태였다. 목회자를 배출해야 할 신학교가 1년이 넘도록 문을 닫자 1939년 장로회는 조선신학교를 새롭게 신설하는 것에 대한 인준을 진행했다.

지금의 한신대학교 신학대학원 캠퍼스를 보면 비록 넓지는 않지만 단정하다는 느낌을 받는다. 건물에는 김재준 목사를 의미하는 장공기념관, 송창근 목사를 의미하는 만우기념관 식으로 이름이 붙어 있다. 비록 문익환을 가리키는 '늦봄관'이란 건물은 없지만 그를 기억하는 방식은 캠퍼스 여기저기에서 확인할 수 있다. 캠퍼스의 중앙에 해당하는 자리에는 늦봄의 시비가 건립돼 있으며 학교 건물 곳곳에는 월간지 「문익환」도

마을 찻집 고운울림 안내판과 방목 중인 흑염소.

비치돼 있다.

무엇보다 한신대학교는 다른 여느 대학교들에게서는 느낄 수 없는 토속적인 분위기를 띤다. 예컨대 식당 건물 아래에서 방목 중인 흑염소 네 마리가 낙엽을 뜯어 먹고 있는 모습이나 캠퍼스에서 불필요한 외국어를 사용하지 않는 모습들은 한신대학교만의 독특한 특징이다. 학교 내에 있는 카페도 '찻집'으로 불리고, 일요일은 '해날', 토요일은 '흙날' 등으로 칭하고 있다.

현재 한신대학교 신학대학원은 수유동에 소재하고 있지만, 조선신학교가 처음 설립된 곳은 인사동 승동교회 예배당의 하층이었다. 2001년 서울특별시 유형문화재로도 지정된 승동교회는 몽양 여운형(1886~1947)이 선교사로 활동한 곳이기도 하다. 3.1운동 당시에는 승동교회 학생들이 대거 참여하기도 했다. 이처럼 역사적으로는 많은 의미가 깃든 공간임에도 불구하고 한 교단의 공식적인 신학교가 사용하는 공간으로는 굉장히 조출해 보일 뿐이다. 조선신학교라는 첫 이름도 정확히 표현하자면 조선신학원이었다.

조선신학원 초대원장이었던 김대현(1873~1940) 장로는 취임사를 통해 이소성대(以小成大)의 정신을 강조했다. 김 장로는 학교의 시작이 비록 작고 초라하지만 점차 자라 훌륭한 학교가 될 것이라고 확신했다. 그의 확신처럼 조선신학교는 1945년 용산구 동자동으로 확장 이전을 한다. 그에 앞서 일제강점기 중 일본의 천리교가 사용했던 종교 건물들을 김재준과 한경직(1902~2000) 목사가 미 군정청에게 요청해 불하받았다. 당시 미 군정청으로부터 받은 건물은 동자동 성남교회, 영락정2정목(현 저동2가) 영락교회 그리고 장충동 경동교회였다. 성남교회는 조선신학교의 남자 기숙사로, 영락교회는 여자기숙사로 사용됐다. 그러나 얼마 지나지 않아 영락교회는 이북 지역에서 공산주의의 박해를 피해 남하한 기독교인들이 모여드는 피난민 수용소로 전락해 버렸고 결국 한 목사가 이 건물을 넘겨받아 교회로 분리 운영하게 됐다.

동자동 교정 정문에 있던 돌기둥 두 개는 현재 한신대학교 신학대학원으로 옮겨져 캠퍼스 내에서 마치 작은 정문의 역할을 하는 듯하다. 그 사이로 야트막한 언덕을 오르면 장공기념관이 방문자를 맞이한다. 장공기념관은 2002년 한국기독교장로회에서 장공 김재준 목사의 뜻과 업

장공기념관.

장공의 생애를 담은 전시물.

적을 기리기 위해 지은 건물이다. 건물 내부 벽면에는 명동촌과 은진중학교에 대한 내용이 전시돼 있어 김 목사의 배경을 한층 깊이 이해할 수 있다.

특히 기념관 1층에 위치한 장공기념전시실에서는 장공의 생애를 일목요연하게 다루고 있다. 바로 위층에 있는 장공기념사업회 사무실로 전화를 걸면 담당 직원이 내려와 전시실의 문을 열고 방문객을 안내해 준다. 평일 일과 시간 중에만 직원의 안내를 받을 수 있고 직원이 근무 중이 아닌 때에는 건물 수위의 안내를 받아 전시실에 입장할 수 있다. 물론 직원이 없을 경우에는 전시 관련 별도의 설명을 들을 수 없다.

전시실에는 김 목사의 사진과 그가 실제로 사용했던 물건과 집기들이 상당수 진열돼 있다. 그가 즐겨 읽었거나 저술했던 책들도 비치돼 있어 그의 신학 사상을 엿볼 수 있다. 전시실 가장 안쪽에는 장공의 신학 사상을 설명하는 배너가 세워져 있다. 그중 '신학 교육과 성경 해석과 복음

장공기념전시실.

의 자유'라는 키워드를 통해 그가 생각했던 신학 교육의 개념을 알 수 있다. 그는 경건하면서도 자유로운 연구를 통해 가장 복음적인 신앙에 도달하도록 지도하는 것이 곧 신학 교육이라고 생각했다. 그러나 안타깝게도 당시 장로교 내 근본주의를 표방했던 목사들은 그의 생각에 심한 반감을 가졌다.

기독교 근본주의 사상의 핵심은 성경의 문자적 무오설(無誤說)이다. 이는 하나님이 성경 텍스트를 한 글자 한 글자 직접 불러 주셨으므로 오류가 있을 수 없다는 견해다. 자연히 성경에 대한 비판적 해석도 금기시한다. 이러한 분위기 속에서 자유로운 신학 연구와 성경 비평을 시도했던 김 목사는 이단과도 같은 모습으로 비쳐졌다. 결국 김 목사는 대한예수교장로회 총회로 소환돼 심사위원들 앞에서 자신의 신학적 입장을 검증받아야만 했다. 이는 한 개인이 교권에 굴복하도록 회유하는 정책일 뿐만 아니라 사실상 종교재판이었다.

그러나 김 목사는 심사위원들 앞에서 성경에 입각한 성서 무오설의

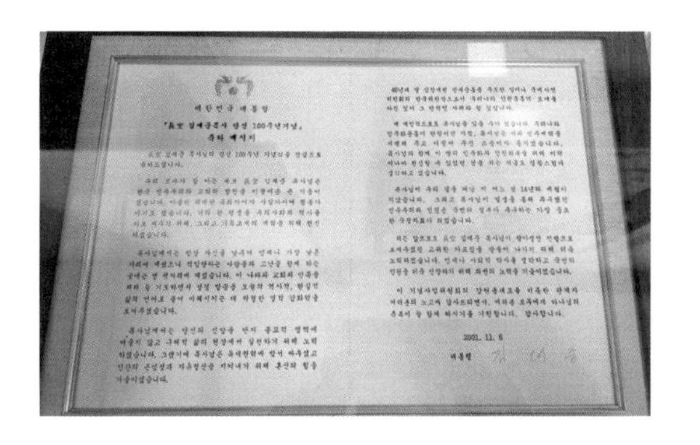
2001. 11. 6

대통령

김대중 전 대통령의 「장공 김재준 목사 탄신 100주년 기념」 축하 메시지.

참뜻을 밝히고 근본주의적 신학 교육의 오류를 지적하면서 나아가 한국에서의 진정한 복음주의적 신학 교육의 방향성을 다시금 천명했다. 결국 총회는 1953년 김 목사를 교수직에서 해임할 뿐 아니라 목사직에서도 파면시켰다. 이 과정에서 장로교는 분열되고 말았다. 이후 김 목사와 그를 따르는 신학자들을 중심으로 한국기독교장로회가 설립돼 대한예수교장로회와 분리된 것이다.

장공기념전시실 안쪽에는 2001년 김대중 전 대통령이 작성한 「장공 김재준 목사 탄신 100주년 기념」 축하 메시지가 놓여 있다. 김 전 대통령은 "자신의 신앙을 단지 종교적 영역에 머물지 않고 구체적 삶의 현장에서 실천하기 위해 노력했던 인물"로 장공을 기억했다. 2005년 김 전 대통령은 한신대학교를 방문해 "한신대학교는 그 어느 대학보다도 위대한 대학이고, 평화와 민주주의 발전을 위해서 공헌한 대학입니다. 그런 가운데 한신대학교 학생들은 스승들과 더불어 자유를 위해서, 통일을 위해서 희생을 바치는 것을 주저하지 않았습니다"라고 말하기도 했다.

실제로 한신대학교는 문익환, 문동환, 서남동, 안병무, 홍근수 등의 인물들을 꾸준히 배출했다. 그들은 사회가 위기를 맞을 때 먼저 행동에 나섰고 어려움에 처한 사람들의 곁을 지켰다. 무엇보다 김 목사의 뒤를 따라 우리 민족에 적용할 수 있는 신학을 꾸준히 고민하고 창출함으로써 한국 교회에 새로운 울림을 전파했다.

반(反)지성을 향한 경동교회의 외침

경동교회는 김재준 목사가 실제 목회 활동을 하던 곳으로 알려져 있다. 이곳은 한국기독교장로회의 모태라는 상징성도 가지고 있다. 경동교회의 시초는 김 목사와 여해 강원용(1917~2006) 목사가 세운 전도 조직인 선린형제단이다. 선린은 선한 이웃이라는 의미이며 선린형제단의 설립 목적은 '하나님의 영광과 우리 민족의 진정한 행복'이다.

해방 이전 강 목사는 중국 용정과 한반도 북부 지역에서 활동했다. 그

경동교회.

러던 중 공산당의 핍박을 피해 남하했고, 지금의 장충동 터에서 김 목사와 재회해 선린형제단을 설립했다. 당시 이북에서 함께 넘어온 학생들은 38선 분단으로 인해 고향으로부터 학비를 조달받기 어려운 상황이었다. 그들은 경제적 형편이 궁핍해진 탓에 현재 경동교회가 세워진 자리에 있던 일본 천리교 건물에 유숙하며 살았다. 이것이 경동교회의 시초다.

지하철 동대문역사문화공원역 4번 출구로 나와 찻길을 건너면 경동교회를 볼 수 있다. 교회 건물 꼭대기에 십자가가 세워져 있지는 않지만 건물 정면 중앙이 위쪽으로 솟아오른 독특한 특징 덕분에 멀리서도 교회를 발견할 수 있다. 1981년에 건축가 김수근이 지금의 경동교회 건물을 지었으며 여기에는 강 목사의 건축 신학이 담겨 있다. 정면 중앙이 높이 솟아오른 외관은 기도하는 손을 상징하는데 이는 하나님 나라의 도래를 바라는 것이었다.

선린형제단을 처음 설립할 당시, 주변에서는 이들을 야고보 교회라고 불렀다. 예수의 제자 중 "행함으로 자신의 믿음을 증명하라"라고 말한 야고보의 가르침을 따른다고 해서 붙은 별칭이다. 실제로 선린형제단은 전도 활동과 함께 가난한 이웃들을 위한 구제 활동을 펼쳤으며 배우지 못한 아이들을 위해 교육 활동도 진행했다. 이는 김 목사가 강조한 사회적 봉사, 증언, 선교라는 실천적 생활 신앙과 결을 같이한다. 김 목사를 비롯한 북간도 출신의 기독교인들은 자신들의 믿음을 언제나 애국 운동으로까지 확장했다. 이렇듯 하나님 사랑과 이웃 사랑을 항상 함께 강조한 김 목사와 강 목사의 정신은 현재 경동교회의 공간에도 잘 담겨 있다.

경동교회는 본당, 선교관, 교육관 등 세 개의 건물로 구성돼 있다. 대예배실은 본당의 1, 2층에 크게 자리하고 있으며 이는 하나님 사랑을 의미한다. 나머지 공간들은 또 다른 의미를 담고 있다. 우선 본당의 지하에도 친교실이 마련돼 있으며 경동교회를 처음 방문하는 사람들도 바로 확

도서관과 장공 기념 채플실.

인할 수 있도록 안내판이 잘 구비돼 있다. 나머지 두 개의 건물인 교육관과 선교관은 어린이와 학생들의 전용 공간이라 해도 과언이 아니다.

교육관은 본당과 마찬가지로 3층으로 구성돼 있다. 1층에는 어린이집이 위치해 있고, 나머지 두 개의 층은 교회학교 교육실로 꾸며져 있다. 선교관은 교역자의 사무실을 제외하면 대부분 문화 공간 역할을 하며 건물 2층에는 도서관과 카페가 조성돼 있어 학생들이 언제든지 출입할 수 있다.

경동교회에서 가장 눈에 띄는 공간은 4층에 위치한 장공 기념 채플실이다. 장공 김재준 목사가 교회 설립에 큰 역할을 했으므로 그를 기념하는 공간은 화려하게 조성돼 있으리라 생각하기 쉽다. 하지만 장공 기념 채플실의 내부를 들여다보면 흡사 대학교 강의실과 비슷한 느낌을 준다. 강의실용 책상이 다섯 줄로 배치돼 있고 채플실의 앞쪽에는 악보 보면대와 악기들이 널브러져 있다. 학생들이 편하게 모여 합주 연습을 할 수 있는 그야말로 부담 없는 공간이다. 그뿐만 아니라 세 개의 건물 사이에는 작은 규모의 놀이터까지 조성돼 있다.

오늘날에는 한국 교회가 어린이 또는 학생 사역에 많은 힘을 기울이고 있지만 1990년대 이전까지만 하더라도 어린이를 위한 사역은 등한시

경동교회의 작은 놀이터.

되기 일쑤였다. 어린이를 위한 콘텐츠의 예배가 좀처럼 개발되지 않았고 어린이도 어른과 동일한 예배에 참석해 길고 지루한 시간을 견뎌야만 했다. 반면 이웃 사랑에 대한 실천과 교회학교 사역부터 시작한 경동교회의 정체성은 현재의 경동교회에서도 잘 확인할 수 있다.

경동교회는 인간의 문제, 즉 사회문제에 관심이 많았다. 강 목사는 당시 한국 기독교가 경건주의와 타계주의에 빠져 있다고 생각했다. 이에 그는 한국 사회에서 가장 시급한 문제가 무엇인지를 연구하고 사회문제

경동교회 복도에 마련되어 있는 장공 관련 전시물.

에 적극적으로 참여하고자 30여 명의 기독교 신학자와 사회과학자를 모아 1959년에 한국기독교사회문제연구회를 설립했다. 이 조직은 1965년 재단법인 크리스챤아카데미로 개칭됐다.

크리스챤아카데미는 큰 사업 주제를 대화 모임, 연구 조사, 교육 훈련의 세 가지로 삼았다. 강 목사는 크리스챤아카데미에서의 연구를 통해 인간화의 회복을 꿈꿨으며 특히 대화를 중요시했다. 이는 이분법적 사고에서 벗어나기 위한 시도였다. 그는 어느 편은 절대 선이고, 어느 편은 절대 악이란 사고방식은 옳지 않다고 봤다. 분단 체제 아래에 살아가는 입장에서는 아무래도 상대편을 악마화하는 데 익숙하다. 강 목사는 이데올로기의 대립 속에서 중간 그리고 그것을 넘어서(between and beyond)는 자세를 취했다.

그러나 크리스챤아카데미는 1975년에 출판된 『내일을 위한 노래집』을 빌미로 이듬해 박정희 정권에 탄압을 받는다. 아카데미에서 발행하던 월간지 「대화」 역시도 폐간되고 만다. 당시 노래집에는 억압, 폭력, 전쟁이 없는 내일을 꿈꾼다는 노랫말이 들어 있었다. 군부는 노래집의 가사들에 치를 떨었고 결국 불온서적으로 지목하기에 이른다. 1979년 봄에는 크리스챤아카데미의 연구 모임을 불법 용공 서클 조직으로 간주해 직원 여섯 명을 구속하기도 했다.

크리스챤아카데미는 종교·정치·경제·사회·문화·교육·청년학생·평신도 문제위원회 등의 여덟 개 분야로 나눠 연구 활동을 진행했다. 이를 통해 한국 사회가 당면할 수 있는 모든 문제를 다루고자 했다. 비록 박정희 정권 말기에 폐간당하고 중앙정보부의 탄압을 받았지만 다행스럽게도 크리스챤아카데미가 쌓아 온 지적 결실까지 유실되지는 않았다. 아카데미는 1984년 기독교 100주년 사업, 1988년 서울올림픽 기념 국제학술대회 등을 개최했을 뿐만 아니라 아카데미의 연구 내용을 정부 정책으로 반영시키기도 했다. 2000년대 이후로는 녹색화, 교육 개혁, 한반도 평화 등으로 활동의 폭을 넓혀 왔다. 결과적으로 강 목사는 자칫 반지성주의로 함몰될 수 있던 한국 교회를 흔들어 깨웠다.

한국 민주화 운동의 산실, 향린교회

한신대학교 교수로 재직했던 심원 안병무(1922~1996)는 교회를 가리켜 예수의 얼굴을 그리는 곳이라고 설명했다. 단, 예수의 얼굴은 하나로 통일될 수 없으며 각자의 문화권에 따라 예수의 얼굴을 모두 다르게 그려 낸다고 덧붙였다. 쉽게 말해 한국 교회는 한국적 정서가 담긴 예수의 얼굴을 그리고 한국적 정서에 따른 예배를 드려야 한다는 것이다. 안병무가 시도했던 예배 형식의 토착화는 오늘날 향린교회(한국기독교장로회)에서 징을 울리고 토속적인 느낌의 예배를 지낼 수 있는 배경이 됐다.

향린교회는 1952년 서울에서 가정 교회의 형태로 처음 세워졌다. 먼저 안병무가 적산가옥을 인수해 향기 나는 이웃(향린)이라는 뜻을 지닌 향린원이라는 이름을 붙였고, 초대 교회처럼 자신의 재산을 포기한 열두 명의 젊은 회원들이 모여서 공동체 생활을 시작한 것이 향린교회의 시초다. 그러나 회원들이 하나둘씩 결혼해 가정을 꾸리면서 사적 소유 포기라는 꿈은 한계에 부딪히고 만다. 결국 향린원은 평신도 중심의 일반적인 교회로 다시 바뀌게 됐다. 그러자 안병무는 향린교회를 가리켜 "본래 호랑이를 그리려고 했는데, 그만 고양이를 그리고 말았다"고 말하곤 했다.

포털사이트에서 향린교회를 검색하면 그 위치가 광화문역 인근으로 나오지만 원래 교회가 있던 위치는 지하철 을지로3가역 인근의 명동이

명동에 위치한 과거 향린교회 건물.

었다. 최초의 향린교회 건물을 찾아가려면 향린교회가 아닌 '명동13길 27-5'를 검색해야 한다. 이 주소지에서 만난 건물은 4층짜리 평범한 상가 건물이었고 교회의 첨탑도 없는 형태였다. 이러한 형태를 띠게 된 것은 향린교회가 교회 같지 않은 교회를 지향했기 때문이다. 만약 교회 건물 외벽에 사회 정의 구호 메시지를 담은 현수막마저 걸리지 않았다면 이 건물을 교회로 알아차리기는 어려웠을 것이다.

향린교회는 본래 어떠한 교단에도 속하지 않았고 담임목사를 청빙하지도 않았다. 그러던 중 교인이 기하급수적으로 증가하고 창립자들이 외국으로 유학을 떠나면서 현실적인 문제에 부딪혔다. 결국 1959년에 향린교회는 한국기독교장로회에 가입하고 제1대 담임목사로 김호식을 청빙한다. 처음으로 담임목사를 청빙해 변화를 꾀했던 향린교회의 모습은 어땠을까?

1982년, 향린교회는 설립 30주년을 맞아 그간의 역사를 돌아보고 지금의 교회를 스스로 평가한 바 있다. 당시 향린교회 성도들은 30주년을 맞은 향린교회의 모습이 처음 개척했던 순간의 정신과 비전을 잃어버렸다고 자평했다. 자신들도 여느 교회들처럼 대형화를 지향하고 점점 세속화돼 가고 있다고 평가한 것이다. 결국 성도들은 향린교회의 정체성을 되찾기 위해 김호식 목사를 해임하고 새로운 목사를 다시 청빙하기로 했다. 그렇게 1987년 1월 4일 홍근수(1937~2013) 목사가 향린교회 제2대 담임목사로 부임했다.

향린교회는 홍근수 목사 부임 이후 과거의 정체성을 되찾는 듯 보였다. 1987년 5월 27일 향린교회 3층 예배실에서는 민주헌법쟁취국민운동본부(이하 국본)의 발기인 대회가 열렸다. 150여 명이 모인 이 조직은 6월 항쟁에서 핵심적 역할을 한다. 당시 전두환은 이 모임을 가로막고 더 나아가 이들을 검거하기 위해 명동성당으로 병력을 집결시켰다. 그간 천주교 정의구현사제단이 명동성당에서 많은 활약을 하였기에 신군부도 국본 발기인 대회가 당연히 이곳에서 열릴 것으로 추측한 것이다. 그러나 국본은 대범하게도 명동성당에서 불과 100미터 떨어진 향린교회에 모여 대회를 진행했다. 이처럼 경찰들이 명동성당에 집중할 때 향린교회는 말 그대로 등잔 밑이 되어 민주화 운동에 힘을 더했다. 그렇게 명동의 향린교회는 명동성당과 서로 좋은 이웃이 됐다.

홍 목사는 한국 사회 내에서 소위 빨갱이 목사로 불리는 대표적 인물이다. 그는 당시의 정권이 외세에 종속돼 있으며 민족의 이익보다 외세의 이익에 더 관심을 두고 있다고 거침없이 비판했다. 그뿐만 아니라 반공을 신성시했던 한국 교회를 향해서도 회개를 촉구했다. 결국 홍 목사는 1991년 국가보안법 위반 혐의로 구속돼 1년 6개월의 형을 치렀다. 1988년 TV 토론회에 출연해 "유럽처럼 공산당을 합법화해야 우리도 진정한 민주주의 사회라고 할 수 있을 것"이라고 한 그의 발언이 문제가 된

내수동 향린교회.

것이다. 그의 구속 이후 향린교회는 담임목사의 석방을 촉구하며 더욱 강하게 결속하게 됐다.

향린교회는 2021년 종로구 내수동으로 이전했다. 명동에 있던 장소가 재개발 구역으로 지정되기도 했고 성도들의 고령화 추세로 인해 승강기 없이 네 개의 층을 오르내리기가 어려웠기 때문이다. 그런데 향린교회가 새롭게 자리를 잡은 곳에서 30미터도 채 떨어지지 않은 곳에 내수동교회가 위치해 있다. 내수동교회는 그 이름처럼 내수동에서 이미 대표적인 교회로 자리매김한 곳이었다. 그런 탓에 향린교회는 이전 과정에서 내수동교회의 거센 반대에 부딪히기도 했다. 내수동교회 입장에서는 아무래도 같은 지역에 큰 교회가 두 개나 있을 필요가 없을뿐더러 향린교회의 색채 또한 너무 진보적이었기 때문이다.

지금의 향린교회는 명동 때와 마찬가지로 옥상에 십자가 첨탑을 세우지 않았다. 그 대신 건물 외벽에 향린교회라는 간판을 크게 붙여 명동 때와 다른 모습을 갖추고 있다. 건물은 다섯 개 층으로 이뤄져 있다. 우선 승강기가 가장 먼저 눈에 들어온다. 연로한 신도들이 쉽게 이용할 수 있도록 바깥에 한 대, 안쪽에 한 대가 설치돼 있다.

건물 3층에는 설립자 안병무를 기리는 안병무도서관이 마련돼 있다. 그의 사상과 관련된 많은 서적뿐만 아니라 그의 생애와 업적도 벽면에 잘 정리돼 있다. 흥미롭게도 도서관의 벽면 일부가 유리로 이뤄져 있어 2층의 예배당을 내려다볼 수 있도록 건축됐다. 마치 3층 도서관에서 안병무의 신학 사상을 공부하고, 곧바로 2층을 바라보며 그의 사상이 예배당에 어떻게 반영됐는지를 확인하라는 듯하다.

교회의 2층에 크게 마련된 예배 공간은 명동 때와 비교하면 훨씬 현대적이고 세련된 느낌이 짙어졌다. 물론 향린교회의 정체성을 지키기 위한 노력도 지속되고 있다. 예배당 앞에는 향린교회의 상징이라고도 할 수 있는 징이 자리하고 있으며 예배 용어도 순수 우리말로 사용하고 있다. 예컨대 말씀 봉독을 하늘 뜻 펴기로 사용하는 식이다.

그러나 안타깝게도 지금의 향린교회의 공간에서는 홍 목사의 흔적을 찾아보기 어렵다. 교회 홈페이지에서 그가 제2대 담임목사로 취임했다는 내용과 국가보안법 위반으로 구속됐다는 내용만이 교회 연혁으로 짤막하게 소개될 뿐이다. 물론 홍 목사가 교회의 설립자가 아니기에 안병무와 그 비중이 같을 수는 없을 것이다. 그럼에도 불구하고 향린교회의 정체성을 되찾아 준 그의 활약을 고려한다면 조금은 아쉬운 대목이다.

안병무도서관과 예배당.

강원용 목사와 김재준 목사를 함께 기리고 있던 경동교회와도 대비되는 느낌을 받는다.

향린교회가 우리나라 분단 체제에 항거했던 가장 대표적인 교회임에는 틀림이 없다. 민중신학자 안병무의 눈에는 군사독재 정권에 항거하기 위해 일어선 시민들의 모습이 예수의 부활로 보였다. 그는 독재 정권에 대항하는 사회의 움직임을 통해 예수의 현존을 경험했다고 고백한다. 그리고 바로 이것이 향린교회가 그려 내는 예수의 얼굴이 아니었을까?

민주화 운동의 구심점, 한국기독교교회협의회

한국 교회 내에서 한때 종로5가 사람들로 지칭되던 이들이 있었다. 비록 지금은 약국 거리로 더 유명한 종로5가이지만 이곳은 지난 수십 년간 상당수의 기독교 관련 시설들이 집결해 있던 지역이다. 지하철 종로5가역 2번 출구로 나와 잠시 걸으면 한국기독교회관을 볼 수 있다. 1968년에 시공된 10층짜리 건물에는 그 이름에 걸맞게 각종 기독교 관련 조직들이 모여 있다. 기독교 선교회, 문화사, 언론사, 협회, 심지어 결혼 정보 회사까지 그 종류도 다양하다.

한국기독교회관은 1970~1980년대 독재 체제에 대항하던 목사들이 주로 활동하던 무대였다. 사실 군부독재 시절에는 사람들이 모일 수 있는 공간 자체가 많지 않았다. 대학교는 물론, 거리 곳곳마다 사복 경찰들의 감시가 철저했기 때문이다. 그런 와중에도 이곳 한국기독교회관에는 시민들이 그나마 마음 놓고 모일 수 있었다. 군부 세력도 종교 건물에만큼은 공권력을 투입하는 것이 내심 부담스러웠을 것이다. 그런 연유로 이 건물은 민주화 운동의 구심점이 됐다.

한국기독교회관 건물.

군부독재 시절의 생생한 역사를 가장 잘 대변해 주는 곳이 바로 7층에 위치한 한국기독교교회협의회(이하 NCCK)이다. 지금의 NCCK는 한국 교회 내에서 진보적인 성향의 단체로 인식되고 있다. 비록 그 규모와 영향력이 과거에 비해 많이 축소됐지만 본래 이 단체는 우리나라 기독교 연합체의 대표성을 갖던 곳이다. 시간을 조금 더 거슬러 올라가면 먼저 1924년 새문안교회에서 조선예수교연합공의회로 창립됐고 일제강점기 서부터 해방 이후까지 그 영향력을 꾸준히 발휘해 왔다.

그러나 한국 교회의 연합은 1959년 NCCK의 에큐메니컬 선언과 1960년 세계교회협의회(이하 WCC) 가입으로 인해 분열을 맞이한다. WCC는 1948년 세계 모든 교회의 통일과 연합이라는 목적 아래 암스테르담에서 설립됐다. 이후 WCC는 교회 일치 운동이라고도 불리는 에큐메니컬 운동을 이끌었다. 교회 일치 운동이란 그리스도와 하나가 된 교회는 그리스도와 일치된 모습으로 이 세상에서 사랑의 실천을 나타내어야 한다는 것이다. 즉, 에큐메니컬 운동의 목적은 선교에 있었다. 다만 교회가 다채로운 세상과 소통하고 그 안에서 효과적으로 복음을 전하고자 한다면 교회 역시도 획일화된 모습보다 다채로움을 지향해야 한다고 강조했다.

그러나 1954년 WCC 제2차 총회에 참석했던 한국의 김현정, 명신홍, 유호준은 에큐메니컬 운동에 대해 상반된 해석을 내놓았다. 에큐메니컬 운동을 지지했던 김현정, 유호준과는 달리 명신홍은 WCC가 교리적으로 혼합주의적이며 다분히 용공(容共)적이라고 평가했다. 그뿐만 아니라 박윤선은 WCC 자체를 반대하기도 했다. 그는 WCC 내부에서 신(新)신학자, 사회복음주의 신학자, 위기신학자들이 중심이 되어 역할을 맡고 있다고 본 것이다. 결국 WCC와 에큐메니컬 운동에 대한 상반된 입장으로 인해 장로교단은 통합 측과 합동 측으로, 성결교단은 기독교대한성결교회 측과 예수교대한성결교회 측으로 나뉘게 됐다. 그 후 NCCK는 한국 교회

한국기독교교회협의회 사무실 입구.

내에서 소위 진보로 분류되는 인사들 위주로 구성됐다.

1970년대에 접어들면서 NCCK의 활약은 유신 체제 반대 운동으로 본격화됐다. 가장 대표적인 사건으로 1974년 민청학련 사건을 꼽을 수 있다. 새 학기를 맞이한 기독 학생들은 학생운동이 좀 더 조직적이고 적극적인 행동을 취해야 한다고 의견을 모았다. 이후 경북대, 서강대, 연세대 등에서 데모를 시도했고 서울대, 성균관대, 이화여대, 고려대 등으로 점차 확산됐다. 이에 유신정권은 긴급조치 4호를 발표하고 1,024명을 검거, 180명을 구속했다. 정권에서는 이를 전국민주청년학생동맹(이하 민청학련) 사건이라 명명하고 이들을 자생적 공산주의로 규정했다.

당시 많은 사람이 구속되자 같은 해 4월 29일 한국 교회는 NCCK를 중심으로 대책위원회를 구성하고 자체 조사에 착수했다. 이후 민청학련이 자생적 공산주의가 아니라는 결론이 내려지자 NCCK는 학생들의 석방을 위해 움직였다. NCCK에 소속된 각 교단과 단체들은 대통령에게 탄원서를 전달했고 학생들의 선처를 요구하는 성명서를 발표했으며 학생들을 위한 기도회를 이어 갔다. 이 사건은 교회의 민주화와 인권 운동을 사회 각계각층으로 확산시킬 뿐만 아니라 11월 27일 기독교 지도자들을 중심으로 민주 회복 국민 회의를 결성하는 동기가 됐다.

시간이 흘러 1980년 5월 광주 민주화 운동은 NCCK에게 큰 충격을 안겼다. 사건의 원인은 일차적으로 신군부 세력에게 있었지만 미국도 신군부를 지지했다는 사실이 밝혀지자 NCCK는 민족의 자주 없이 민주화와 통일을 이룰 수 없음을 깨달았다. NCCK는 1982년 통일문제연구원운영위원회를 신설했고, 그 후 1988년 「민족의 통일과 평화에 대한 한국기독교회선언」(이하 88 선언)을 발표했다. 선언문에서는 정의와 평화 그리고 통일을 강조하고 있지만 이는 또 한 번 한국 교회의 분열을 일으키는 계기가 됐다. 즉, 88 선언에 반대하는 보수 진영이 응집해 1989년 한국기독교총연합회(한기총)를 탄생시킨 것이다.

한국기독교회관 NCCK 사무실에는 지난 수십 년간의 자료가 빼곡히 보관돼 있다. 자료의 양이 그 역사만큼이나 매우 방대해 이를 효과적으

한국기독교회관 기둥의 현판.

한국기독교회관 원형 현판.

로 보관하고 효율적으로 찾기 위해 NCCK는 온라인 아카이브 구축을 추진하고 있다. NCCK의 역사는 2024년부터 온라인으로 차곡차곡 정리될 예정인데, 우선은 총회록부터 정리할 계획이라고 한다.

건물의 정문을 나서면 두 개의 현판을 볼 수가 있다. 하나는 건물 기둥에 붙어 있는 것으로 NCCK가 인권위원회 창립 30주년을 맞이해 만든 것이다. 현판에는 군사독재 정권의 억압 통치 시대에도 인권, 민주화, 평화 운동이 이곳을 중심으로 불타올랐다는 내용이 담겨 있다. 건물 앞 길바닥에는 인권서울이 제작한 원형 현판이 박혀 있으며 "이곳은 독재시대에 민주화 운동의 발판이자 기둥이다"라는 글귀가 적혀 있다.

이곳 길바닥은 스물한 살 젊은 생명의 씨앗이 묻힌 곳이기도 하다. 1980년 5월 광주에서 벌어진 사태를 알리고자 서강대학교 무역학과에 재학 중이던 김의기(1959~1980) 학생이 이곳에 자신의 몸을 던졌다. 그는 대학 입학 후 유네스코학생회와 감리교청년회에 가입했고 기독학생청년회(EYC) 농촌 간사로도 활동했다. 광주 민주화 운동에도 가담했던 그는 광주를 탈출해 서울로 올라왔는데, 이곳 회관에서 광주의 실상을 알리는 유인물을 거리에 뿌린 후 옥상에서 투신해 생을 마감했다. 서강대학교는 매년 5월 30일마다 캠퍼스 내에서 '의기제'를 열어 그를 기리고 있다.

그가 배포했던 유인물 「동포에게 드리는 글」에는 다음의 내용이 적혀 있었다.

> "우리는 지금 중대한 선택의 기로에 서 있다. 공포와 불안에 떨면서 개처럼, 노예처럼 살 것인가, 아니면 높푸른 하늘을 우러르며 자유시민으로서 맑은 공기 마음껏 마시며 환희와 승리의 노래를 부르며 살 것인가? 또 다시 치욕의 역사를 지속할 것인가? 아니면 우리의 후손들에게 자랑스럽고 똑똑한 조상이 될 것인가? 동포여 일어나자!"

오늘, 여전히 분단 체제를 살아가는 우리 앞에도 선택의 문제가 놓여 있다. 분단 체제에 편승해 공포와 불안의 역사를 이어 갈 것인가, 분단 체제에 항거해 자유와 평화의 길을 개척해 나갈 것인가. 비록 주류는 아니었지만 이처럼 한국 교회에는 민중의 곁을 지켜 온 역사가 깃들어 있다.

오늘날 세계 기독교의 추세는 무분별하게 난립하는 신학의 움직임을 견제하기 위해 복음주의를 부각시키고 있다. 그러다 보니 오로지 신의 주권과 구원에 이르는 믿음만이 강조되고 있다. 하지만 복음의 범위에는 복음을 가진 자의 책무까지 포함되며 믿음은 예수의 제자 야고보의 말처럼 행위로 증명된다.

복음은 복음주의에서 탈피할 때 진정한 힘을 발휘할 것이다. 한국 교회가 어떠한 교리가 아닌 예수의 발자취만을 따른다면 분단 체제 속에서 신음하는 사람들을 치유하고 탈분단과 평화의 길을 창출해 낼 것이다. 강원영 목사의 말처럼 한국 교회는 좌도 우도 아닌 중간 그리고 그마저도 뛰어넘는 성숙한 교회로 거듭나야 할 것이다.

서울에서 언론을 걷다: 언론계의 분단과 반공주의의 변천

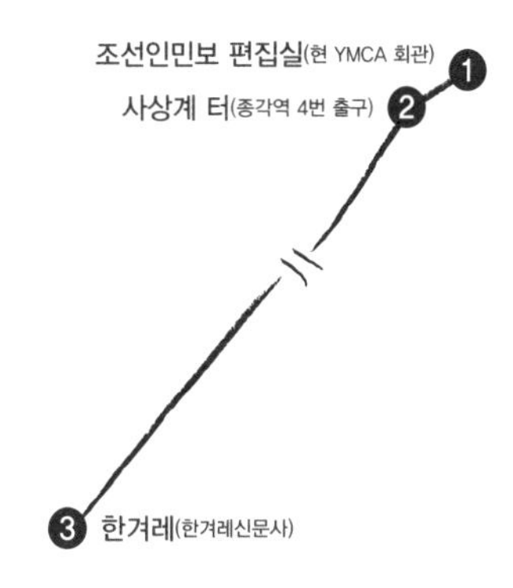

도지인

청와대가 위치한 서울 종로구는 '정치 1번지'라는 별칭이 말해 주듯 오랫동안 우리 정치계에서 가장 역동적인 중심지였다. 대한민국 정부와 중앙선거관리위원회에서도 서울 종로구에 '1번'이라는 번호를 부여하고 있다. 또한 정부 청사와 대통령 집무실 이전에도 불구하고 국무총리 공관, 정부 서울 청사, 헌법재판소, 각국 대사관 등이 아직 자리하고 있다. 전직 대통령 세 명(윤보선, 노무현, 이명박)을 포함해 다수의 정치적 거물들(이종찬, 박진, 정세균, 이낙연)을 배출한 지역구로 총선 때마다 특별한 주목을 받는 곳이기도 하다.

종로의 정치적 상징성을 더 높여 주는 존재는 종로구를 비롯해 그 인근 중구, 마포구에 위치한 다수의 언론사들이다. 구한말, 일제강점기, 해방 정국, 독재 시대, 민주화 이후를 거치는 동안 종로 지역은 시대적 주류 담론과 대안 담론의 형성에 막강한 영향을 미친 언론 매체들이 활약을 펼친 주무대였다. 중구에 위치한 서울시립미술관은 「독립신문」의 터로, 서울신문사는 「대한매일신보」의 터로 잘 알려져 있다. 또 일제강점기 창간된 「조선일보」 역시 오늘날까지 가장 대표적인 보수 언론으로 영향력을 발휘하고 있다.

해방 이후에도 많은 언론사가 종로 지역에서 창립됐다. 이 글에서는 현 종로구 YMCA 회관 자리에 있었던 「조선인민보」, 종로구 종각역 4번 출구 자리에 있었던 「사상계」, 민주화와 함께 등장한 세계 최초 국민주 신문인 「한겨레신문」에 주목한다. 해방 직후부터 민주화 전후의 반공주의의 변천과 밀접한 연관성을 가진 매체들이 집결해 있기 때문이다.

「조선인민보」 편집실

(종로구 YMCA 회관)

해방 직후 미소 대결에 따라 급속히 전개된 분단이라는 시대적 배경 속에서 우리 언론은 여론의 전달자를 넘어서 여론의 주도자로 큰 영향력을 행사했다. 1948년 38선 이남에 첫 단독 정부가 수립된 이래, 민주화 전후의 모든 정권은 반공주의 통일을 원칙적으로 추구했다. 이 과정에서 북한이라는 통일의 대상을 둘러싼 핵심 쟁점은 조선민주주의인민공화국이라는 공식 명칭으로 38선 이북에서 수립된 '북한'이라는 실체를 얼마나, 어떻게 인정할 것인가였다.

해방 직후 분단의 여부가 다소 유동적이었던 짧은 기간을 제외하고 국가가 정의하는 반공주의의 형식과 내용 그리고 이에 대한 대안 담론의 충돌과 대결은 분단의 기간이 길어지면서, 민주화가 발전되면서 더욱 격화됐다. 언론은 사상 검증과 이념 전쟁의 공론장으로 작동하면서 남북 갈등과 남남 갈등의 강력한 생산자로 거듭났다.

제2차 세계대전 종전 이후 미소 관계가 급속히 악화되면서 한반도 분단의 서막이 올랐다. 전쟁 기간 중 유지됐던 미소 간의 동맹 관계는 이데올로기적 대결로 빠르게 종식됐다. 해방 직후 38선 이남에 수립된 미군정은 비록 처음부터 분단 정권을 수립할 의도를 갖지 않았음에도 불구하고 기본적으로 소련과 공산주의의 영향력을 배제하는 방향으로 군정 통치를 시행했다. 그러나 당시는 아직 분단 정부가 공식적으로 수립되기 전이어서 이후와 다르게 좌익 신문이 존재했다.

먼저 1945년 9월 8일, 현 종로구 YMCA 회관 자리에서 「조선인민보」가 창간됐다. 그해 8월 15일에 일본이 무조건 항복을 선언한 이후, 9월 7일 미극동사령부가 남한에 군정 시행을 선포한 다음 날이자 미군이 인천에 상륙한 바로 그날이다.

9월 20일에 미군정청이 설치되고 10월 16일에는 미군 비행기편으로 이승만이 귀국했다. 해방 이후 두 달 안에 소련과 대결적 관계를 불사한 미국이 38선 이남 지역에 대해 직접 군정을 실시했고 극렬한 반소반공주의를 바탕으로 단독 정부 수립을 주도하려 움직이던 당시 가장 명망 높은 정치 지도자가 대중 앞에 돌아온 것이다. 이미 이때부터 좌익 언론의 운명은 결코 순탄할 수 없으리라고 쉽게 예견됐다고 할 수 있다.

현 시점에서 상상하기 힘들지만 해방 공간 초기의 언론 환경에서는 공개적 좌익을 대변하는 「조선인민보」, 「건국」, 「노력인민」, 「중앙신문」, 「해방일보」 등이 발간됐다. 그중 현재 종각역 3번 출구에 위치한 서울기독교청년회관(YMCA)에 편집실을 마련했던 「조선인민보」는 1945년 9월 8일 서울에서 처음 출현한 신문이다. 해방 직후 조선총독부 기관지 「경성일보」에 근무했던 진보 좌익 계열의 사원들이 주도해 타블로이드판 국문 신문으로 창간했고 조선인민공화국의 기관지를 자처하면서 진보적 민주주의를 표방했다. 세련된 편집과 충실한 기사 내용으로 가장 종합지다운 면모를 보이며 독자들에게 좋은 반응을 얻었던 해방 공간의 대표적 신문이다.

「조선인민보」는 해방 공간 초기에 정치적으로 우위를 점하고 있었던 좌익의 이데올로기 선전과 정치적 영향력 확대에 큰 역할을 했다. 1945년 11월 11일부터 북한을 지지하는 좌파 거물 언론인이던 홍증식이 발행인을 맡았고 1946년 5월 12일부터는 편집인·발행인 겸 주간이 고재두로 바뀌었으며 그해 7월 1일자부터 주필에 임화, 정리위원에 한상운 등이 참여했다. 1945년 10월 23일에 개최된 전조선기자대회에서 김정도는「조선인민보」사장 자격으로 선언문을 낭독했으며 1946년 월북해 평양에서 발행된「민주조선」의 편집국장에 취임했다.

남한에 주둔할 미군이 인천에 상륙하던 9월 8일,「조선인민보」는 창간호 1면 머리에 "WELCOME ALLIED FORCES!"라는 영문 환영사를 내걸고 시인 박세영(1946년 6월 월북 후 북조선문학예술동맹 출판부장과 중앙상임위원 등을 역임하고 북한의 애국가를 작사)의 〈연합군을 환영함〉과 함께 "미군 상륙개시 /

서울기독교청년회관(YMCA).

서울기독교청년회관.

인천해에 함선24척", "적군진주하의 북선(北線)풍경 / 일인가(日人街)에 태극기"의 기사를 실었다.

초기에는 미군정하에서 「조선인민보」가 조선인민공화국의 기관지를 대변하면서 공산당 체제를 지지한다는 사실이 정치적 탄압의 근거가 될 수 없었다. 당시 좌익 세력이 우세하기도 했지만 그보다도 해방 초기에는 남한을 통치하는 미군정과 북한에서 빠르게 소비에트화를 진행하고 있었던 소련군정이 기본적으로 각각 한반도에서 직접적인 충돌을 피하려고 했기 때문에 상대편에 대한 정치적 탄압을 자제했다. 미군정의 경우 본격적으로 좌익 탄압을 하지 않았고 소련군정도 1945년까지는 조만식으로 대표되는 우익 세력까지 포함하는 연합 정치의 틀을 유지했다.

미소의 이러한 방침으로 인해 국내 언론계도 대립을 피하는 분위기였다. 「조선인민보」의 경우 김일성과 이승만을 동등하게 '선생'이라고 호명하거나 해방의 공이 미국과 소련에 동등하게 있음을 인정했다. 그러나 유럽 각지에서 미소가 대립하는 가운데 12월 27일 모스크바 삼상회의에서 한반도에 대한 신탁 통치 방침을 결정했다는 소식이 국내에 전해지자 미국과 소련의 한반도 점령 정책도 급속히 강경 분위기로 선회했다. 일제시대 대표적 좌익 언론인 홍증식이 「조선인민보」 사장에 취임한 시점과도 절묘하게 맞물린다. 이후 신문의 논조는 극좌로 기울어졌다.

그 결과 1945년 12월 12일 존 하지(John Reed Hodge) 중장이 조선인민공화국 부인 성명을 발표하자 14일자 사설을 통해 〈하지중장 성명과 민중의 의혹〉이라는 제목으로 미군정을 비난하기 시작했다. 12월 29일 모스크바 삼상회의에서 한국에 대한 5개년 신탁통치안이 결정됐을 때는 하루 동안 보도를 연기했다가 이튿날 보도했다. 그러나 좌익의 입장이 찬탁으로 변하자 「조선인민보」도 임정 세력을 반동으로 규정하고 적대시하기 시작했다. 특히 임정 중심의 "반동 세력"이 삼상회의를 반대해 "조선의 참된 협력자인 미소를 배격"하고 국내에 있어서 "민중과 접근해 자주 독립을 민주주의적으로 해결하려는 공산주의자에게 가장 모욕적인 악선전을 하고 있다"고 주장했다.

「조선인민보」가 신탁 통치를 찬성하고 임시 정부와 우익을 공격하는 논조를 강화하자 우익 단체의 테러가 잇달았다. 특히 12월 28일 열린 독립촉성청년총연맹과 각 단체에서 신탁 통치 배격을 결의하자 12월 29일 우익 청년들이 직공을 납치하고 수류탄을 던지기도 했다. 광복 이후 신문사를 상대로 한 첫 번째 테러였다.

1946년 4월 하순에는 군정청이 미군정의 식량 정책을 비판한 사설의 내용을 문제 삼아 「조선인민보」 사장 홍증식과 편집국장 김오성을 군정 포고에 대한 위반 혐의로 구속시킨 사건도 있었다. 탁치 정국의 극심한 대립 속에서 1946년 제1차 미소공동위원회가 휴회된 직후인 5월 12일 독립전취국민대회에 참가했던 군중들이 「조선인민보」 등을 연달아 습격해 인쇄 시설을 파괴하는 사건도 뒤따랐다.

결국 「조선인민보」는 7월 1일자 사설에서 이승만과 괴수를 "테러 괴

수"로 지칭하면서 대표적 우익 지도자들을 "국외로 추방하라"고까지 결의했다. 미소공동위원회가 결렬된 이후 미군정은 강경 좌파 세력을 본격적으로 탄압하기 시작하면서 「조선인민보」에 대한 정간 조치도 발표했다.

이후 7월 7일에는 주필 임화와 인쇄인 김경록이 구속되고 8월 8일에는 서울 시민들의 식량 배급 청원 데모에 대한 선동적인 기사를 다뤘다는 이유로 사장 홍증식과 편집국장 김오성이 구속돼 체형과 벌금형을 선고받았다. 군정 당국은 1946년 9월 6일 신문사를 수색, 다수의 사원을 검거해 구속하고 신문에 대해 무기한 발행 정지 처분을 내렸다.

그 뒤 「조선인민보」는 속간되지 못하고 사실상 폐간됐다가 1950년 6월 북한 공산당이 서울을 점령한 이후 7월 2일 공산당 기관지로 재발간됐다. 「조선인민보」는 미군 점령기 시절의 신문 제호를 다시 사용했지만 7월 2일자 신문의 지령을 제1호로 표기해 창간한 북한 정부의 기관지였다. 이 신문은 창간 사설에서 "조국의 통일 독립 완성과 그 민주화를 달성하는 데 있어 우리 인민의 진정한 대변자가 될 것"이라고 하면서 "인민 정부 기관의 모든 정책과 노선을 올바르게 인민에게 인식 침투시키며 인민의 의사를 올바르게 반영시킴으로써 각급 인민위원회의 정당한 운영에 이바지하고자" 한다는 목표를 제시했다. 「조선인민보」는 북한 정권이 전쟁을 수행하면서 남한에 대한 점령 정책을 뒷받침하고자 재창간됐으나 북한이 후퇴하면서 자연스럽게 제 기능을 하지 못하게 되고 1950년 9월 21일 82호를 마지막 호로 폐간됐다. 1951년 1.4후퇴 후에는 서울에서 세 번째로 발간됐다고 확인되나 북한의 후퇴와 함께 자연스럽게 소멸된 것으로 추정된다.

「사상계」 터

(종로구 종각역 4번 출구)

YMCA 바로 맞은편으로 나 있는 종각역 4번 출구 인근은 현재 보신각으로 유명하지만 1950~1960년대에 지식인들의 담론장을 이끌었던 대표적인 잡지 「사상계」가 출간되던 장소이기도 하다.

1948년 단독 정부 수립 이후 남북은 정치와 이념뿐만 아니라 사회경제적으로도 큰 차이를 갖게 됐다. 나아가 무력 통일만이 두 정권의 차이를 통합할 수 있는 방법으로 여겨졌다. 한마디로 김일성의 국토완정론과 이승만의 북진통일론의 충돌이었다. 전쟁은 한쪽의 절대적 승리 없이 휴전으로 중단됐지만 어쩌면 승자 없이 끝났다는 점이 전후의 분단을 더 완고하게 만든 셈이다.

이제 남북의 적대와 대치는 '친일 대 반일', '찬탁 대 반탁'과 같은 전쟁 전의 균열에 동족 간의 이념 전쟁이라는 참혹한 트라우마까지 더해진 결과로 이어졌다. 그럼에도 전후에 이승만의 북진통일론은 이전과 같은

보신각 터.

3.1독립운동기념터.

영향력을 가질 수 없었다. 통일의 대상이 공산주의 북한임은 분명했지만 이승만이 내세운 북진통일론의 전제인 무력 통일, 흡수 통일은 당시 국제 정치의 여건과 미국의 대한 정책에 비춰 볼 때 그 현실성이 전쟁 전보다 훨씬 더 낮아졌다.

친미반공 국토통일과 대한민국의 정통성(유일 합법성)에 기반을 둔 인식은 이승만의 가장 강력한 정치적 반대자인 조봉암뿐만 아니라 당시 지성계의 대표적 잡지 「사상계」에서도 뚜렷이 나타났다. 1950~1960년대의 지식인 담론장을 이끌었던 대표적인 잡지인 「사상계」는 각계의 지식인들이 식자층을 대상으로 한 글을 썼고 주요 독자에는 대학생도 포함돼 있었다. 「사상계」는 반공 반독재 자유민주주의의 깃발을 높이 들고 출범한 당대 재야 자유주의 지식인의 문화적 공론장이었다. 발행인 장준하를 필두로 「사상계」에 참여한 지식인 중에는 평안도 출신의 기독교인이 다수였다.

「사상계」 편집위원들은 우리 민족의 지상 과제로 통일을 내세우고 자유민주주의를 바탕으로 한 민족의 통일과 생존 번영을 주장했다. 「사상계」 지식인들은 자유세계론을 앞세워 통일민족주의를 포함한 제3의 중립 지대를 부인하고 대한민국의 정통성과 반공 통일의 정당성을 내세웠다. 통일, 민주주의 지향, 경제 발전, 문화 창조, 민족적 자존심의 양성 등을 기치로 내걸었던 「사상계」는 1953년 4월에 창간호를 발행했고 전쟁 중임에도 폭발적인 인기를 끌면서 순식간에 매진됐다. 1957년 7월호는 4만 부를 발간했는데 당시 8~9만 부를 발행하던 「동아일보」와 「조선일보」와 비교하면 그 영향력을 가늠해 볼 수 있다.

창간인 장준하는 1918년 평안북도 의주군 고성에서 기독교 목사의 장남으로 출생했다. 1950년대 후반부터 「사상계」가 독자들의 큰 호응을 받아 주요 신문을 능가할 정도로 발행 부수가 늘면서 장준하는 잡지 언론인으로서는 드물게 사회적으로 영향력 있는 언론인의 한 사람으로 거듭났다.

그러나 「사상계」 지식인들은 반독재의 입장에서 정권에 비판적 입장을 취했을 뿐, 기본적으로 친미반공 국토통일의 입장에서는 차이가 없었다. 그들은 정전 이후 재건 과정에서 한국이 반공 국토통일이란 일관된 주장 아래 이승만 대통령을 중심으로 단결하고 있음을 세계 만방에 자랑하기를 바라고 있었다. 장준하는 흐루쇼프가 제기한 평화공존론을 위장평화 공세로 규정하고 약소국가에서 등장한 중립화론을 의외의 소득이라고 과소평가했다. 평화공존론이나 중립화에 대해서는 공산주의자들의 교묘한 술책에 불과하다는 인식을 견지했다. 또한 아시아 제국은 자유 진영에 가담하지 않고는 민주적인 정치제도를 유지할 수 없다고 단정했다.

그러나 「사상계」 지식인들은 자유민주통일론(반공통일론)을 고수하면서도 반공을 빌미로 독재를 정당화하는 이승만 정권의 기도에 대해서는 비판적이었다. 제3대 대통령 선거 직후 1956년 6월호 「사상계」 권두언에서 장준하는 인권유린과 권력 남용으로부터의 해방이 곧 반공 남북통일의 첫걸음임을 강조했다. 반공을 빙자해 테러를 저지르는 도당이야말로 나라를 망치고 민족을 헐고 공산주의 선전의 온상을 마련하는 반역자들이라고 규탄했다.

이후 4.19로 이승만 정권이 몰락하고 민주당 정부가 들어서자 정치권과 지식인들이 주도하고 있던 통일 논의에서 민간의 역할, 특히 학생계의 역할이 부상했다. 민중의 승리 기념호로 발행된 1960년 6월호는 발행부수가 무려 10만 부를 넘어서고 "사상계를 끼고 다니지 않으면 대학생이 아니다"라는 말까지 나왔다. 4.19 이후 통일 논의의 주체와 범위가 확대되고 기존의 통일 방식, 즉 유엔 감시하의 총선거를 통한 통일 방식을 대체할 "민족자주적 통일 방안"의 필요성도 대두됐다. 또한 일부 혁신계 인사들이 휴전 무렵부터 주장해 오던 중립화 통일론이 전파되고 중립화론, 남북교류론, 남북협상론, 선건설 후통일론 등 다양한 통일 방안이 쏟아져 나왔다.

이런 가운데 「사상계」 1960년 5월호에는 아시아 아프리카 지역 소특집을 실어 국내 산업 진흥에 크게 불리함을 무릅쓰고 중립국까지 무조건 가상 적국시하는 정부의 소극적 외교 정책에 대한 반성을 촉구했다. 이는 기존의 대미 의존적 외교 노선에서 벗어나 중립국을 포함한 여러 나라들과 다각적인 실리 외교, 적극 외교, 자주 외교를 펼치자는 주장이었다.

1960년대는 중국을 중심으로 한 국제 정세의 다극화가 촉진한 한국의 통일 외교 정책 재검토가 이뤄진 시기이자, 한국의 반공주의 대상의 성격이 본질적으로 변화하는 시기였다. 이승만의 북진통일과 박정희의 선건설 후통일의 기본 전제는 자생력, 자주성, 정치적·외교적 정당성을 모두 결여한 북괴와 더 크게는 중공의 소멸이었다. 그러나 북괴는 점점 더 실체를 강화하고 심지어 이제 중공은 국제적으로 강대국으로 부상하고 있었다. 따라서 북한과 중국에 대한 반대, 증오, 적대만으로는 통일 외교를 수행하는 것이 더 이상 가능하지 않았다.

다원화되는 세계 조류 안에서 북한의 실체가 현실화되고 북한붕괴론의 기반이 현저히 약화되기 시작하면서 기존의 통한 정책과 반공주의에 대한 수정이 절실해졌다. 한국이 북한의 실체를 정치적으로 부인하지 않음을 공식적으로 인정한 것은 1973년 박정희의 「평화통일 외교정책에 관한 특별선언」이지만 1960년대 전반 무렵 국제정치적 질서의 변화는 '두 개의 중국', '두 개의 한국'으로 이미 변화하고 있었다. 북한 체제가 공고화되고 국제적으로 승인될 가능성도 공산 중국의 유엔 가입 가능성의 증대로 인해 높아졌기 때문이다. 나아가 1960년대로 접어들면서 북한이 어떤 존재인가, 북한을 어떻게 대할 것인가, 북한과 어떤 관계를 맺을 것인가 같은 문제들이 정치권에서 치열한 논쟁의 대상으로 부상했다.

중국의 유엔 가입과 미국의 '두 개의 중국' 정책이 가시화되면서 유엔 감시하에 치르는 남북 총선거에 대한 실체적 대안이 필요해지자 객관적이고 과학적인 통일 문제 연구가 필요하다는 여론의 목소리가 높아졌다. 구체적으로 냉전 체제의 변동에 따르는 다양한 통일 가능성을 예견하고 만반의 대책을 강구하기 위해서 이제 통일 문제 연구를 제도화해야 한다는 주장이 제기됐다. 중국의 핵 실험 직후 박정희는 1964년 10월 21일 "통일 문제를 심각하게 연구할 시기가 되었다"는 입장을 밝혔다. 국회 외무위원회 김동환 위원장은 "만약 앞으로 중국이 유엔에 가입하게 된다면 북한이 적당한 조건하에의 통일을 수락할 수 있는 새로운 방안이 유엔에서 추진될지 모른다"고 우려했다. 민중당 이중재 의원은 "어느 시기에 가서 중공이 유엔에 가입되고 공산국 및 그 동조 세력의 발언권이 강화될 때 북괴가 유엔 감시 아래 토착인구비례에 따른 남북한 민주선거 실시를 수락하고 나온다면 우리는 이를 어떻게 대응할 것인가 염려하지 않을 수 없다"고 주장했다.

1960년대 중반부터 장준하를 중심으로 박정희 독재를 강력하게 비판했음에도 불구하고 「사상계」는 대안적 통일 담론을 제시하지 않았다. 오히려 북한과 관련해서만은 여전히 월남자 그룹 일반의 반북적 특성을 유지했다. 그럼에도 '두 개의 중국'이 현실로 다가오는 다극화 국제 정치의 현실과 북한 체제의 공고화는 북한과 공산권에 대해 객관적이고 과학적인 통일 문제 연구의 필요성을 제기했다. 이와 관련해 「사상계」의 김준엽은 가장 대표적인 업적을 남긴 지식인이자 독보적인 존재로 기억된다.

1923년 평안북도 강계 출신인 김준엽은 1세대 월남 지식인으로 1959년 「사상계」의 주간을 맡아 북한을 제도적 지식 생산의 대상으로 삼는 데 가장 결정적 역할을 했다고 평가받는다. 그가 소장으로 재직하던 고려대학교 아세아문제연구소는 국내 북한 연구와 공산권 연구의 선두주자로 손꼽힌다. 아세아문제연구소에서 1965년에 출간한 『북한 통치기구론』(박동운 저)은 최초의 북한 연구 성과로 알려져 있다.

김준엽은 평북 의주 출신 언론인 김창순과 공저로 『한국 공산주의 운동사』(아세아문제연구소, 1967)를 출간하기도 했다. 북조선임시인민위원회 기관지 「민주조선」의 주필을 지내고 1959년에 월남한 한재덕과 김창순은 전국 순회 문화 강연 등을 통해 북한이 제기한 연방제 통일 방안이나 남북협상론 등의 문제점을 설파했다. 북한의 통일론은 결국 "반미, 반유엔 사상을 남한 동포들 사이에 퍼뜨리자"는 의도라고 주장했다. 이는 「사상계」 지식인들이 기본적으로 갖고 있는 반공 국토통일의 입장을 뒷받침했다.

1960년대 중국의 소련에 대한 도전으로 인한 중소 분쟁, 이에 따른 국제 정치의 다극화와 유엔의 판도 변화는 중국과 공산권 연구를 본격적으로 촉진했다. 고려대학교 아세아문제연구소는 1962년 포드 재단의 원조(28만 5천 달러)로 공산권 연구실 설치와 체계적인 공산주의 연구,

1964년 4월 아시아 재단의 중공연구비 지원으로 특화된 중국 연구와 '아시아에 있어서의 근대화 문제'(1965. 6. 28~7. 7), '아시아에 있어서의 공산주의 문제'(1966. 6. 20~25) 등의 국제 학술 대회를 개최해 중국에 대한 이해의 지평을 넓혔다. 특히 후자의 학술 대회에서 발표된 총 27편의 국내외 학자들의 논문을 집성한 「공산권의 장래—아세아에 있어서의 공산주의」(김준엽 편, 1967)는 문화대혁명, 수소탄 실험 등으로 격동하는 중공의 실태뿐 아니라 마오주의의 세계적 확산, 중공의 직간접적인 영향 속에 있는 북한, 베트남, 필리핀, 인도네시아, 캄보디아, 인도 등 아시아 전역 공산당에 대한 최초의 종합적 연구라는 점에서 아시아 공산주의 연구의 지평을 넓힌 성과였다.

「한겨레」: 민주화와 함께 등장한 세계 최초 국민주 신문

(마포구 한겨레신문사)

한국의 민주화는 1980년대 말부터 도래한 세계 냉전 종식의 서막과 시기적으로 맞물려 있었다. 그러나 독일 통일과 동구권 사회주의 국가의 체제 전환 그리고 소련 체제의 해체와 냉전의 종식은 통일과 북한에 관한 주류적 시각을 변화시키는 데 그렇게 큰 변수로 작용하지 못했다. 오히려 흡수 통일에 대한 희망적 사고나 동구권/소련의 붕괴에도 체제 유지를 하고 있는 북한에 대한 적대를 더 강화시킬 뿐이었다.

1970년대 데탕트를 거치면서 「7.4공동성명」이 체결된 이후로는 사실상 한반도에 '두 개의 한국'이 존재한다는 사실을 부정할 수 있는 근거가 한반도에서도 국제적으로도 점점 약해지고 있었다. 심지어 민주화 이후에는 소련 체제의 붕괴 후에도 존속하는 북한이라는 대상과 어떤 방법으로 공존하면서 통일을 추구할 것인가 하는 남북 관계의 새로운 쟁점을 두고 남남 갈등이라는 현상을 초래했다.

민주화 이후 남남 갈등이 생긴 이유 중 하나는 「한겨레신문」과 같은 주류 반공주의 담론에 대한 대항 담론의 공론장이 전면적으로 등장했기 때문이다. 현재 마포구에 위치한 「한겨레신문」은 1988년 5월 15일 「동아일보」와 「조선일보」의 해직 언론 기자들을 중심으로 주식을 공모해 모금된 자본금으로 창간됐다. 또한 일부 국민들로부터 자본금을 모아 「한겨레신문」을 설립하고 모금에 참여한 국민들에게 주식을 배정해 주주로

동아일보사.

서의 권리를 행사하도록 했다. 구체적으로는 1987년부터 리영희 교수와 임채경 창작과비평사 편집고문, 이병주 동아투위(동아자유언론수호투쟁위원회) 위원장 등이 기획해 「동아일보」 해직 기자들을 중심으로 기자들이 참여하고 언론사 창립에 모자란 자본을 국민 6만 7,300여 명의 자발적 후원 형식인 국민주주제로 채웠다.

동아투위는 1975년 박정희 군사 정권과 동아일보사의 경영진에 의해 쫓겨난 「동아일보」 기자들이 해직 기자들의 복직과 언론의 민주화, 자유 언론을 실천하기 위한 효율적 투쟁을 전개하기 위해 결성한 조직이다. 동아투위의 결성에 앞서 1974년 10월 23일 서울대학교 농대생 시위 관련 기사를 게재한 것을 빌미로 중앙정보부는 「동아일보」 편집국장 송건호 등 간부들을 연행했다. 이에 10월 24일 「동아일보」 편집국, 출판국, 기자 180여 명이 참석해 「자유언론 실천선언」을 발표했다. 「자유언론 실천선언」은 신문, 방송, 잡지에 대한 어떠한 외부 간섭의 배제, 기관원의 출입 거부, 언론인의 불법 연행 일절 거부 등을 담고 있다.

1988년 「한겨레신문」 창간에 참여하고 한겨레신문사 논설고문과 이사직을 맡은 리영희는 대표적인 월남 지식인이자 1970~1980년대 대학생들과 지식인들의 '사상의 은사'로 알려진 인물이다. 「사상계」의 장준하, 김준엽과 마찬가지로 리영희도 일제강점기인 1929년 평안북도 운산군에서 태어났다. 해방 후 리영희는 기자로 4.19를 경험하고 「조선일보」 외신부에 근무하며 1964년 남북 유엔 동시 가입 관련 기사로 중앙정보부에 구속되는 필화 사건을 겪었다. 그는 외신부에 근무하면서 국제 정세에 대한 남다른 시각을 갖추고 비판적 기사를 작성하기 시작했고, 한국 상황에 대한 기사를 미국 「워싱턴포스트(The Washington Post)」 등에 익명으로 기고하기도 했다. 1974년 사회비평서인 『전환시대의 논리』, 1977년 『8억 인과의 대화』, 『우상과 이성』을 출간한 이래 『분단을 넘어

한겨레신문사.

서』,『베트남전쟁』,『역설의 변증』,『역정—나의 청년시대』,『자유인』,『새는 좌우의 날개로 난다』 등 수많은 저서를 남겼다.

리영희는 권위주의 독재 정권 시절부터 반공주의 논리에 의해 왜곡된 현대사의 쟁점에 대한 새로운 해석을 제시했다. 대표적으로 베트남 전쟁에 대해 한국에서 "베트남 전쟁은 이념 대립이 아닌 반제국주의 성향이 짙다"고 평가한 지식인이다. 그리고 언론의 매카시즘 조장에 대해서도 날카롭게 비판했다. 1974년 발간된『전환시대의 논리』는 당시 많은 청년들에게 호응을 일으켰다. "베트남 전쟁에 제국주의적 요소가 있다"는 리영희의 분석은 지금의 시각에서는 특별한 주장이 아니지만 당시에는 파격적이었다. 또 이분법적 반공주의를 비판한 시각, 즉 "새는 좌우의 날개로 난다"와 같은 인식도 반공을 내세워 정치적 반대파를 용공으로 몰아가고 탄압하던 독재 정권과 충돌할 수밖에 없었다.

1989년 4월 14일 리영희 논설고문은 방북 취재 협의로 안기부(안전기획부, 현 국가정보원)에 구속됐다. 안기부에 도착한 뒤부터 요원들은 리영희가 계획했던 북한 취재에 대해 캐물었다. 예컨대 "존경하는 김일성 주석에게"라면서 인터뷰를 요청한 편지를 쓴 일을 트집 잡았다. 특히 그해 3월 25일에 평양을 방문한 문익환 목사 일행의 방북을 주선한 정경모에 대한 정보를 요구했다.

리영희의 구속에 앞서 1988년 7월 7일 노태우 대통령은 이른바 「7.7 특별선언」을 발표했다. 남북 간 평화 공존 원칙을 밝힌 이 선언에는 "정치인, 경제인, 언론인 등 남북 동포 간의 상호 교류를 적극 추진한다"는 내용이 들어 있었다. 여기에 고무된 신문사들이 경쟁적으로 북한 취재를 시작했다. 1988년 12월 9일에는 「한국일보」와 「중앙일보」가 각각 미주 지사 소속 기자들을 주미 동포 북한 관광단에 포함시켜 평양에 보냈다. 정작 「한겨레신문」의 북한 취재 계획은 다른 언론사에 비해 한발 뒤처진 것이었다.

「한겨레신문」은 창간 때부터 평화적 자주통일을 주장했지만 북한 취재 경쟁에서 뒤처지자 리영희가 나서서 북한 최고위 당국자 김일성과의 인터뷰를 성사시키고자 공을 들였다. 하지만 인터뷰 성사를 위해 북한에 보낸 서한에 "존경하는 김일성 주석 각하"라는 표현을 쓴 것이 문제가 됐다. 리영희는 인터뷰 성사를 위해 '의전 용어'를 썼다는 입장을 밝혔다. 이에 대해 합수부는 리영희 등이 반국가단체의 수괴를 찬양·고무하고 사전 허락 없이 반국가단체의 지배 아래 있는 지역으로 탈출을 예비 음모했으므로 국가보안법 제6조 5항 '탈출예비'와 제7조 1항 '찬양·고무·동조'에 해당되는 죄를 지었다고 주장했다.

결과적으로 문익환 목사가 전격 북한을 방문한 이후 공안 정국이 조성되면서 「한겨레신문」의 방북 취재 기획은 수포가 됐다. 리영희는 구속

5개월 만인 1989년 9월 25일, 징역 1년 6월에 집행유예 2년을 선고받고 풀려났다. 그 후 1993년 6월에 사면 복권됐다.

이 사건은 과거 독재 정권의 냉전적 공안 통치가 민주화와 세계 냉전의 종식이 맞물리면서부터 한계를 드러냈음을 보여 준다. 1960년대 「사상계」 지식인들이 출범시킨 북한 연구는 북한에 대한 인정 여부를 논의할 수 있는 공론장을 만들어 내지 못했다고 볼 수 있다. 반면 이 시기부터는 공개적으로 기존 반공주의 담론에 대한 대안적 접근과 시각이 제시되면서 주류 보수 언론과의 차별화를 갖추기 시작했다. 예를 들어 「한겨레신문」의 1991년 12월 28일 사설 〈북한을 아직도 적으로 본다?〉는 공안 통치 프레임으로 학문과 사상의 자유 영역을 침해하지 말 것을 요구하는 주장을 다뤘다. 이처럼 「한겨레신문」은 남북 정권의 적대적 공생 관계를 비판하고 좀 더 민주화된 사회로 도약하기 위해서 냉전적 대립 관계를 청산해야 한다고 주장한다. 「한겨레신문」이 주도한 언론계의 대안적인 통일 담론의 역할은 민주화 직후에 컸지만 이제는 남남 갈등의 증폭이 아닌 해소의 방법을 모색할 시점이다.

권력과 저항 사이에서 반복되는 예술에 관한 기억을 찾아서

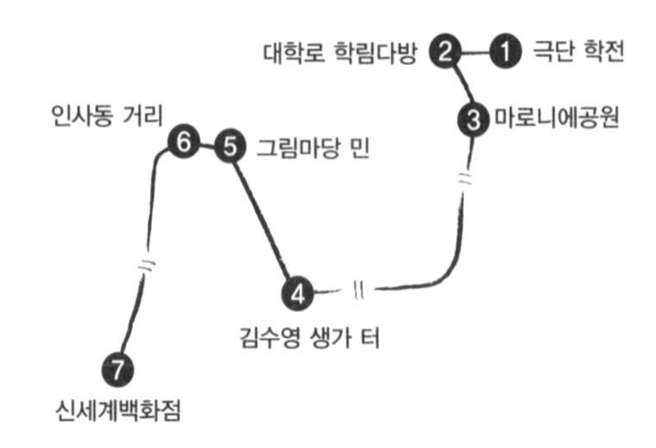

박영균

2017년 광화문 촛불 이후, 광화문광장은 대표적인 민주화의 성지가 됐다. 그 당시 남녀노소를 가리지 않고 광화문에 모인 사람들의 투쟁이 한 달 넘게 지속되면서 대통령 탄핵과 정권 교체를 이루어 낸 결과다. 이런 일은 60년에 한 번 일어나기도 어렵다. 그런데 한국의 시민과 민중들은 지난 60년 동안 세 번이나 최고 권력을 무너뜨리고 자신들이 원하는 정부를 세웠다. 1960년 4.19혁명부터 시작해 1987년 6.10민주항쟁, 2007년 광화문 촛불까지 다른 나라에서는 60년 동안 한 번도 시도해 보지 못한 일을 우리는 무려 세 번이나 해낸 것이다.

가장 근래에 행해진 광화문 촛불과 달리 4.19혁명과 6.10민주항쟁 때는 피를 흘렸다. 2017년 당시 언론·방송 매체들은 하나같이 높은 민주 시민의 의식이 평화로운 광화문 촛불 시위를 이뤄 냈다고 칭송했다. 그러나 이는 4.19혁명과 6.10민주항쟁을 전혀 알지 못하는 무지의 산물일 뿐이다. 광화문 촛불 시위 때는 4.19혁명이나 6.10민주항쟁 때처럼 총이나 최루탄 같은 무력으로 시위를 진압하지 않았다. 그것은 시민 의식과 무관한 '상황'의 산물이다.

2017년 12월, 광화문 앞 도로에서는 저 멀리 시청까지 늘어선 시위대가 촛불을 밝혔고 하늘에는 증강현실을 활용한 '고래' 형상이 세월호 참사를 애도하며 헤엄쳐 다녔다. 불과 30년 전인 1987년 6월만 돌아봐도 시위대가 이처럼 길게 늘어서 행진할 수도, 시청이나 광화문광장에서 집회를 열 수도 없었다. 경찰은 집회를 원천 봉쇄하고 최루탄과 페퍼포그 그리고 강제 연행 등을 통해 시위를 진압하고자 했다. 그에 맞서 학생들은 돌과 화염병을 들었고 강제 진압을 피해 시내 곳곳으로 흩어져 싸웠다. 이처럼 당시의 저항에는 국가 폭력에 맞서는 용기가 필요했다.

그래서였을까? 1987년 시위 현장에는 참가자들의 용기를 북돋아 주는 다양한 미학적 실천이 함께했다. 전투경찰(전경)들의 침탈에 맞서 싸우기 위해 화염병과 각목을 든 '전조(전투조, C.C: Combat Cell)'가 맨 앞에서 길을 열어 주면 그 뒤로 늘어선 사람들은 어깨동무하고 구호와 함께 민중가요를 불렀다. 1980년대 대학 생활은 입학과 동시에 민중가요를 배웠고 모꼬지에서도, 농활에서도, 심지어 운동 경기장에서도 언제나 민중가요를 불렀다. 그중 가장 많이 불렀던 노래는 「임을 위한 행진곡」이지만 그 외에도 절규하듯이 목 놓아 불렀던 노래가 있었다. 바로 얼마 전 고인이 된 김민기가 만든 「아침이슬」이다.

극단 학전, "나 이제 가노라! 저 거친 광야에"

오늘날 김민기의 자취를 느낄 수 있는 곳이 남아 있다. 바로 대학로에 있는 극단 '학전'(종로구 대학로12길 46)이다. 학전에서는 최근까지도 공연을 올렸다. 1991년 3월 15일 「소리굿」 김덕수네 사물놀이로 공연을 시작한 학전은 2024년 3월 14일 「학전 어게인 콘서트」를 마지막으로 같은 달 25일 폐관했다. 그리고 이곳은 2024년 7월 17일 어린이, 청소년 중심의 공연장인 아르코꿈밭극장으로 바뀌었다. 김민기는 극단의 대표로 활동하며 지난 30여 년 동안 연극과 콘서트, 뮤지컬 등의 다양한 공연을 기획, 제작, 연출했다. 학전은 개관 이후 「지하철 1호선」을 시작으로 다양한 한국형 뮤지컬을 선보이며 국내 뮤지컬계의 발전을 이끌었다. 2004년부터는 「학전 어린이 무대」 시리즈 작품을 선보이며 아이들을 위한 공연도 만들어 왔다. 특히 김민기는 2007년, 독일의 극작가 폴커 루드비히 각본/비르거 하이만 작곡의 록 뮤지컬 「지하철 1호선」으로 괴테 메달도 수상했다.

그러나 학전의 명성은 이것이 다가 아니다. 학전은 한국의 걸출한 영화 배우와 가수들을 탄생시켜 예술인의 산실이라 불렸다. '배울 학(學), 밭 전(田)'이라는 이름 그대로 배움의 밭이었고 수많은 예술인이 여기서 자라났다. 영화 배우 설경구, 김윤석, 장현성, 황정민, 조승우 등을 비롯해 여행스케치와 윤도현, 강산에, 들국화, 박학기, 노래를 찾는 사람들, 한영애, 이적 등이 모두 이곳을 거쳐 갔거나 여기서 공연했다. 하지만 그 중에서도 단연 압도적인 서사를 쌓은 사람은 가객(歌客) 김광석이다. 그는 1993년 7월, 자신의 노래 인생 10년을 결산하는 취지에서 한 달간의 장기 공연을 이곳에서 열었다. 김광석은 대중들의 압도적인 열기에 힘입어 무려 1,000회에 걸친 라이브 공연을 진행했다.

1974년 1월, 국민의 기본권을 제한하는 긴급조치 1호가 내려진 이후 1970년대는 비상 상태가 지속되는, 그야말로 비정상의 시대였다. 재기발랄했던 청년들의 치기 어린 반항적인 문화도 숨을 죽였다. 이미자의 「동

학전은 길에서 약간 들어간 곳에 있다. 높이 솟은 건물 앞으로 마당과 입구가 있으며 마당의 입구 한편에는 동판으로 제작된 김광석 노래비와 「지하철 1호선」의 원작자이자 68세대인 폴커 루드비히와 작곡가 비르거 하이만의 얼굴이 그려진 감사의 동판이 있다.

백꽃」이라는 노래는 '빨간'이라는 가사 말이, 송창식의 「왜 불러」는 반항적인 내용이 빌미가 돼 금지곡으로 분류됐다. 이장호와 하길종 감독은 말할 것도 없고 가수 신중현과 송창식, 윤형주, 이장희 등도 대마초법 위반으로 활동이 금지됐다.

하지만 청년이 가진 패기와 열정, 정신을 완전히 제압할 수는 없었다. 반전과 저항의 메시지를 담은 밥 딜런의 「Blowin' in the Wind」(1963)와 같은 노래들과 풍물놀이, 탈춤, 마당극, 농악패와 같은 우리 고유의 민속 문화가 청년들의 영혼을 깨웠다. 김민기를 비롯해 통기타로 상징되는 1970년대 포크송과 1980년대 대학교에서 활동하던 노래패, 사물패들이 바로 그와 같은 세례를 받았다.

엄혹했던 그 당시 김민기는 원주로 가는 시내버스에서 기독교 민중가요의 효시가 된 「금관의 예수」를 작곡했다. 1980년대 대학생들은 칙칙한 학회실이나 동아리방에서 그의 노래를 부르며 시대를 개탄했다. "얼어붙은 저 하늘, 얼어붙은 저 벌판 / 태양도 빛을 잃어. 아, 캄캄한 저 곤욕의 거리"는 바로 그들이 느낀 시대상이었다. 그 당시 사람들에게 구원은 멀기만 했다. 그래서 사람들은 거의 절규에 가까운 외침으로 "오, 주여. 이제는 여기에 오, 주여. 이제는 여기에."를 불렀다.

그러나 그의 노래 중에는 이보다 더 유명한 곡이 있다. 서울대학교 미대 재학 시절에 썼던 「아침이슬」이다. 이 노래는 집회 현장에서뿐만 아니라 대학가 술집, 행사장에서 가장 많이 불렸다. 그 당시 시위 현장에서 주도권을 가진 쪽은 항상 경찰이었다. 학생들은 쫓아오는 전경을 피해 다니기 급급했다. 그 열패감 때문이었을까? 온몸을 화끈하게 조여 오는 최루가스와 눈물, 콧물로 뒤섞인 육신의 고통이 집회 후, 동지들과 함께하는 술자리에서 알코올과 뒤섞여 야릇한 희열이 될 때, 누군가가 "긴 밤 지새우고"로 「아침이슬」을 시작하면 어느새 하나둘씩 같이 불렀다. 그들은 노래를 부르며 "내 맘의 설움"을 공유했고 "태양"과 "묘지"가 교차하는 그곳에서 "한낮에 찌는 더위"가 "나의 시련"이라는 것을 되새겼다. 그리고 「아침이슬」의 마지막 소절, "나 이제 가노라. 저 거친 광야에", "서러움 모두 버리고, 나 이제 가노라."를 부르며 결의를 다졌다.

1997년 이한열을 떠나보내는 시청 광장 노제에는 백만 명의 사람이 모였다. 이 자리에 김민기도 참석했다. 그는 나중에 이때를 회상하며 백만 군중이 다 함께 「아침이슬」을 부르는 것을 보고 "이 노래는 더 이상 나만의 노래가 아니구나!"라고 생각했다고 말했다. 그렇게 「아침이슬」은 우리 모두의 노래가 됐다.

요즈음에는 전국 곳곳에서 '대학로'라는 이름을 볼 수 있다. 하지만 대학로라는 이름의 원조는 바로 여기 혜화동의 대학로다. 1997년 독재자 박정희가 김재규의 총에 죽고 12.12쿠데타로 권력을 장악한 전두환을 비롯한 신군부 일당은 1980년 5월 17일 계엄령을 전국으로 확대 실시하고, 이에 저항하는 광주에 공수부대와 탱크를 투입해 시민들을 학살했다. 그로부터 5년 뒤, 1985년 전두환 정권은 무단 통치를 문화 통치로 바꾸기 위해 1981년에 이미 실패한 「국풍 81」의 새로운 버전으로 대학로를 만들기 시작했다. 「국풍 81」에서 민속 문화를 흡수하고자 했다면 대학로에서는 대중문화를 흡수하려고 했던 것이다. 1985년 5월 4일, 전두환 정권은 '문화예술의 거리'를 조성하고 서울 곳곳에 흩어져 있던 소극장과 문화단체들을 지금의 대학로 일대로 모았다.

그들이 노린 것은 명백했다. "현실에 분노하거나 바꾸려고 애쓰지 마라. 그냥 즐겨라. 젊음과 낭만의 거리에서". 그러나 역사는 그들의 의도대로 흘러가지 않았다. 대학로 119번지에는 1956년에 개업해 대학로에서 가장 오래된 가게이자 전국적으로도 그 역사가 세 손가락 안에 드는 커피숍인 학림다방이 있다. 이곳은 드라마 「별에서 온 그대」와 「응답하라 1988」의 촬영지로 사람들에게 알려졌다. 하지만 학림다방은 1980년대 학생운동의 자취가 남아 있는 곳이다. 신군부는 1981년 5월 28일부터 6월 1일까지 5일간 서울 여의도광장에서 KBS가 주관하는 대규모 관제 축제를 벌이는 한편, 6월부터 전국민주노동자연맹(전민노련)과 전국민주화학생연맹(전민학련) 관련자 26명을 잡아들였다.

당시 공안 당국이 이들을 구속한 후, 반국가단체결성 혐의로 발표한 사건의 공식 명칭은 학림사건이었다. 여기서 학림(學林)은 학생을 뜻하는 학(學)과 동아리를 뜻하는 림(林)을 써서 학생운동 조직을 의미하지만 전민학련 회원들이 처음 모였던 학림다방에서 따온 것이기도 하다. 학림사건은 무림사건, 노무현 전 대통령이 변호를 맡았던 부림사건과 더불어 신군부 정권의 대표적인 3대 공안 사건이다. 또한 학생운동 역사에서 학림의 성장은 1980년 서울역에서 회군했던 오류에 대한 자기비판을 통해서 학생운동의 진로(사상-노선-조직)를 놓고 벌인 무림/학림 논쟁을 시작으로 향후 학생운동의 치열한 노선 투쟁의 서막을 열었다.

1980년대 내내 학생들은 죽어 가면서도 "광주 학살 원흉 처단" 등을 외치며 교정에서, 거리에서 시위를 이어 갔다. 하지만 그 끝이 보이지 않았던 긴 터널에도 서광이 비쳤다. 1961년 박정희의 쿠데타로 시작된 군부 독재는 1987년 6.10민주항쟁으로, 최소한의 민주적 권리를 가진 민주주의가 작동하는 기반을 확보했기 때문이다. 그해 12월, 한국에서는 체육관이 아니라 국민이 직접 대통령을 뽑는 대통령 선거가 치러졌다. 그해 11월, 학림다방과 도로를 마주하고 대각선 방향으로 있는 마로니에공원에는 수많은 군중이 모여들었다.

마로니에공원은 서울대학교가 관악산 자락으로 옮기기 전까지만 하더라도 문리대학과 법과대학이 있었던 곳이다. 지금 그 자리에는 과거의 흔적을 알리는 표지석만 있을 뿐이다. 박정희 정권은 1975년 1월부터 데모 때문에 골치 아팠던 서울대학교 동숭동 캠퍼스를 당시 서울의 오지였던 관악구 신림동으로 옮겼다. 하지만 그 또한 민주화를 향한 투쟁을 막을 수 없었다. 전두환 정권도 청년들에게 젊음과 낭만을 만끽하라며 이곳 대학로를 만들었지만 학림다방이 보여 주듯이 학생들의 저항을 막을 수는 없었다. 이곳에서 노태우 후보도, 김영삼, 김대중 후보도 아닌 민중의 후보였던 백기완은 추상같은 눈을 부릅뜨고 그들 모두를 꾸짖는 준엄한 연설을 했다. 그럼에도 그해 선거는 권력욕에 사로잡힌 양김의 분열

과거 서울대학교 문리대가 있었던 자리에는 현재 한국문화예술위원회 예술가의 집이 있다. 아울러 사진의 왼쪽에서 보듯이 이곳에는 한국전쟁 당시 서울 수복 이후 미8군 사령부 터였다는 푯말도 세워져 있다. 하지만 대학로가 한국의 민주화나 문화예술의 발전에 공헌한 역사에 대한 설명은 없다.

속에 치러졌고 차기 대통령으로 노태우가 선출됐다.

또 그렇게 1987년 한 해가 저물어 갔다. 광주학살 책임자 처벌을 요구하는 학생들의 외침은 또다시 폭압의 대상으로 전락했고 대권욕에 사로잡힌 김영삼은 변신을 시도했다. 1990년 1월 22일 민정당의 노태우 총재, 민주당의 김영삼 총재, 공화당의 김종필 총재는 3당 합당에 합의했다. 거대 여당인 민주자유당(민자당)이 출범했고, 그렇게 박정희, 전두환 정권으로 이어지는 군부 쿠데다와 독재의 전범들은 의회정당의 정치인으로 변신했다. 그 대가로 김영삼은 1993년에 대통령이 되었다. 그러나 이러한 과정이 실패를 의미하는 것은 아니었다. 1987년 6.10민주항쟁은 4.19혁명처럼 실패할 수밖에 없는 운명을 가진 미완의 민주화였을 뿐이다. 그로부터 30년 후, 2007년 광화문에서는 다시 촛불이 타올랐다.

김수영 생가 터, "시(詩)여! 침을 뱉어라."

언제부턴가 사람들은 '1970년대 산업화 세대, 1980년대 민주화 세대'라고 하지만 이것은 정치권이 만들어 낸 이야기일 뿐이다. 민주화는 1980년대가 아니라 1945년 해방과 함께 시작했다. 이후 1950년대 4.19혁명과 1970년대 반유신 투쟁을 거쳐 1980년대 6.10민주항쟁과 2007년 광화문 촛불까지 지속됐다. 따라서 소위 '386 세대=민주화 세대'라는 별칭은 정치꾼으로 변신한 몇몇 1980년대 학생 운동가 출신들이 그 성과를 독점하기 위해 만들거나 아니면 민주화를 싫어하지만 대놓고 비판할 수 없는 극우보수 언론이 만들어 낸 상징 조작의 산물일 뿐이다. 그때나 지금이나 우리는 이 세계의 주인은 시민과 민중들이다. 그들은 민주주의를 실현하기 위해 좌절 속에도 다시 일어나 주인으로서 실천을 반복하고 있다.

4.19혁명의 세례를 받은 시인 김수영은 「풀」이라는 제하의 시에서 "날이 흐리고 풀이 눕는다 / 발목까지 / 발밑까지 눕는다"고 말하면서도 다음과 같이 덧붙이는 것을 잊지 않았다. "풀이 눕는다 / 바람보다도 더 빨리 눕는다 / 바람보다도 더 빨리 울고 / 바람보다 먼저 일어난다." 그렇다. 민주화 투쟁을 전개하는 민초들의 실천도 이와 같다. 이 시를 읊었던

김수영 시인은 1921년 11월 27일, 서울 종로구 관철동에서 태어났다. 시인은 3.1운동의 중심지이자 원각사지석탑과 같은 유물들이 있는 서울의 대표적인 명소인 탑골공원 건너편 도로가 주변에서 살았다. 이곳은 비록 그가 태어난 곳은 아니지만 가장 오래 머물며 그의 젊은 시절을 보냈던 곳이다. 이곳에는 시인의 생가 터임을 알리는 작은 표지석(종로구 종로2가 84-11, 참고로 김수영문학관의 주소는 도봉구 해등로 32길 80)이 있다.

시인 김수영은 간단치 않은 인물이다. 그의 시는 매우 복잡하고 착잡한 여러 심경을 교차하면서 자기에 대한 성찰을 보여 준다. 언뜻 보기에 남성 중심적인 듯 보이는 시어를 남발하지만 거기에 자신에 대한 성찰을 담는다. 또한 도시의 소시민적 감성으로 표현한 것처럼 보이지만 이를 통해서 오히려 그들의 기회주의적 속성과 권력에 굴종하는 노예적 속성을 가감 없이 드러낸다. 게다가 그는 참여시 논쟁을 통해서 권력의 우산 속에서 문학 권력을 구축하고 문학의 이름으로 순수(?)를 주창하는 이어령 같은 자들의 문단을 신랄하게 꾸짖었다. 무릇 김수영이라는 존재 자체는 항상 논란의 중심에 있었다. 하지만 정작 김수영 자신은 4.19혁명의 실패 이후, 숨죽인 굴종에 고통받으며 술로 자신을 달랬다.

누군가는 김수영을 매우 급진적이고 과격한 시인으로 기억할지 모른다. 게다가 순수/참여 문학 논쟁이 잘못 알려져 마치 참여 문학은 문학을 정치적으로 도구화하는 이데올로기 편향적인 문학이고 심지어 빨갱이들(?)의 문학이라고 가르치는 교육을 받고 자란 사람들에게 그의 주장은 그야말로 문학의 순수성(?)을 훼손하는 것처럼 느껴질 수 있다. 그러나 그가 진정 추구했던 것은 다른 무엇이 아니라 자유 자체였다. 그는 우리의 자유를 가로막거나 훼손하는 것들에 대한 어떤 타협도 거부했다. 거기에는 군부 쿠데타를 통해 권력을 장악한 최고 권력자 박정희의 물리적 폭력뿐만 아니라 서구 제국주의에 의해 이식된 식민주의, 냉전과 분단 체제가 강요하는 구조적이고 상징적인 폭력에 대한 저항까지 예외가 없었다.

문학과 예술, 사상의 자유를 열렬하게 주장하고 이를 위해 싸웠던 주요 인사들조차도 "아무리 그래도 '김일성 만세'를 외칠 수는 없지 않냐"고 말하던 시대에 김수영은 비웃듯이 이렇게 읊었다. "'김일성 만세' / 한국의 언론 자유의 출발"은 "이것을 / 인정하는 데 있는데 / 이것만 인정하면 되는데" "이것을 인정하지 않는 것이 한국 / 언론의 자유라고 조지훈이란 / 시인"이 "우겨대니" "나는 잠이 올 수밖에", "이것을 인정하지 않는 것이 한국 / 정치의 자유라고 장면이란 / 관리"가 "우겨대니" "나는 잠이 깰 수밖에"(「김일성 만세」). 물론 이것은 비아냥 섞인 풍자다. 그는 우리의 자유를 가로막는 모든 통제와 억압을 거부했다. 그렇기에 그가 북

김수영문학관에는 『시여, 침을 뱉어라!』의 초판본 표지와 김수영의 육필 원고가 전시되어 있다.

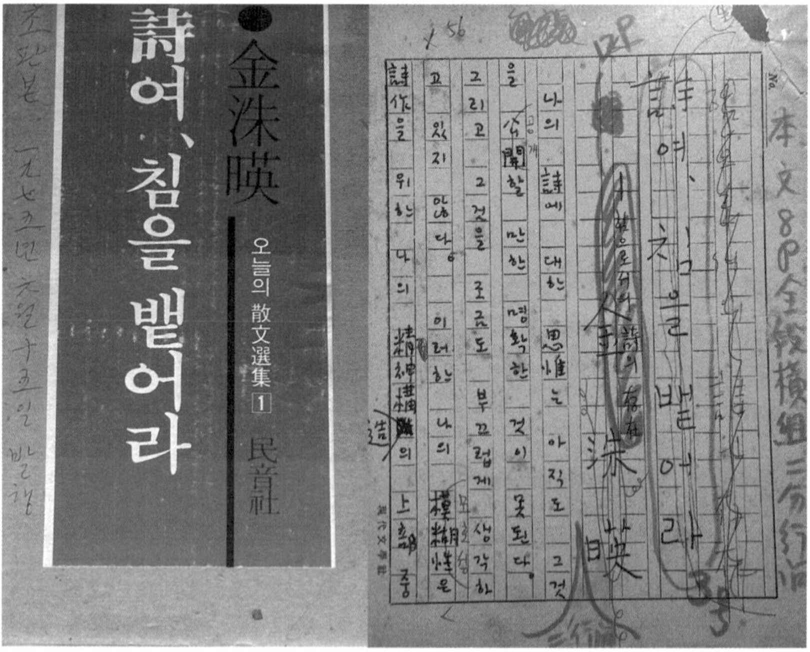

에 살았다면 그는 거꾸로 이야기했을 것이다. 다만, 지금 그가 살고 있는 곳은 남쪽이며, 따라서 그가 자유를 위해 투쟁해야 하는 것도 남쪽의 지배 권력과 여기서 행해지는 구조적이고 상징적인 폭력들이었을 뿐이다.

심지어 그는 시어를 쓸 때 한국어만을 고집하거나 세련되게 조탁하지도 않았다. 한자어, 영어 심지어 일본어도 쓰며 속어와 구어, 관념어를 가리지 않는다. 고국어의 관습적인 구속뿐만 아니라 언어 그 자체가 강요하는 의미나 형식 틀 자체를 벗어나 진정 자유로운 언어를 쓰고자 했기 때문이다. 따라서 그의 시는 거침이 없다. "왜 나는 조그마한 일에만 분개하는가" "붙잡혀 간 소설가를 위해서 / 언론의 자유를 요구하고 월남파병에 반대"하지는 못하면서 "20원을 받으러 세 번씩 네 번씩 / 찾아오는 야경꾼들만 증오하고 있는가"(「어느 날 고궁을 나오면서」)라고 자기를 포함해 소시민적 행태를 꼬집고, "기침을 하자 / 젊은 시인이여 기침을 하자" "밤새도록 고인 가슴의 가래라도 / 마음껏 뱉자"(「눈」)며 자신을 달랬다.

푸른 하늘을 보고 "자유를 위해서 / 비상하여 본 일이 있는 / 사람이면 알지" "노고지리가 / 무엇을 보고 / 노래하는가를", "어째서 자유에는 / 피의 냄새가 섞여 있는가"(「푸른 하늘을」)라고 읊었던 김수영에게 자신을 옭아매는 현실은 견디기 힘든 일이었을 것이다. 도연명은 「귀거래사(歸去來辭)」에서 자신이 벼슬을 버리고 고향으로 내려가는 이유로 "천성이 자연을 좋아하는데 억지로 고칠 바가 아니며, 굶주림과 추위가 비록 절박해도 나의 천성과 어긋남이 더욱 괴로웠기 때문(質性自然 非矯勵所得 饑凍雖切 違己交病)"이라고 말했다. 그러나 김수영은 초야에 은거하는 삶이 아니라 시(詩)를 가지고 맞서고자 했으며 그럼에도 견디기 힘들 때면 술로 자신의 회한을 달랬다.

한번은 술의 힘을 빌려 경찰들에게 "내가 바로 공산주의자올시다!"라며 넙죽 절을 했다는 일화가 보여 주듯이 그는 냉전과 분단체제가 강요하는 구속과 속박에서 벗어나기를 갈구했다. 그는 1968년 6월 15일 술자리 직후, 귀갓길에 버스 사고로 유명을 달리했다. 그는 『시여, 침을 뱉어라!』라는 책에서 다음과 같이 썼다. "시는 온몸으로, 바로 온몸을 밀고 나가는 것이다. 그것은 그림자를 의식하지 않는다." "시는 문화를 염두에 두지 않고, 민족을 염두에 두지 않고, 인류를 염두에 두지 않는다. 그러면서도 그것은 문화와 민족과 인류에 공헌하고 평화에 공헌한다. 바로 그처럼 형식은 내용이 되고 내용은 형식이 된다. 시는 온몸으로, 바로 온몸을 밀고 나가는 것이다."

그림마당 민, 「이한열을 살려내라!」

온몸으로 시대를 견디며 그림을 그렸던 일군의 화가들이 있었다. 바로 1980년대 민중미술가들이다. 김수영의 생가 터에서 대각선 방향으로 건너 지금의 인사동 안으로 난 인도를 따라 안국동 사거리 방향으로 깊숙히 걸어 들어가면 옛날 그들이 모였던 전시장이자 사랑방이었던 공간이 있다. 그림마당 민이다.

수도약국과 골목 하나를 사이에 두고 대칭적으로 선 건물인 빌딩 지하로 내려가면 입구가 보인다. 건물 옆 간판에는 과거 VIP라는 표기와 함께 노래방이라는 간판이 걸려 있다. 과거의 치열했던 기억은 사라지고 대신에 다소 엉뚱해 보이는 장소가 됐다. 1986년 3월에 문을 연 그림마당 민은 9년 동안 불꽃처럼 자신을 지피다가 1994년 말 문을 닫았다. 그림마당 민을 추억하기 위해서는 1987년 6.10민주항쟁 당시의 기억을 되짚어야 한다.

6.10민주항쟁은 1987년 6월 10일 시청과 남대문, 명동, 종로에서 도

로를 점거하고 신세계백화점 앞 분수대를 향해 나가는 대대적인 가두투쟁(가투)으로 시작됐다. 명동성당과 성공회성당, 향린교회는 공안 당국의 검거를 피해 저항할 수 있는 성소가 됐다. 점거 농성과 함께 시위대의 규모는 날로 확대됐다.

당시 최루탄과 페퍼포그로 무장한 전경들은 도로로 쏟아져 나오는 학생들을 막아섰다. 처음에는 진압에 성공한 것처럼 보였다. 그러나 예상보다 너무 많은 학생이 쏟아져 나오다 보니 도로 곳곳이 막혔고 전경들이 시위대 사이에 끼어 포위되면서 물량을 공급받지 못하는 상황이 펼쳐졌다. 그러자 시위대는 전경들의 무장을 해제하고 서울 도심의 중심가는 정부 당국이 통제할 수 없는 해방구가 됐다. 그렇게 시위는 7월 9일까지 계속 이어졌다. 하지만 민주주의는 피를 먹고 자라는 나무라고 했나? 대가가 없었던 것은 아니다.

6월 10일 가투가 본격적으로 시작되기 하루 전, 투쟁의 열기를 끌어모으기 위해 전국의 대학 교내에서는 출정식을 열었다. 연세대에서도 「6.10 대회 출정을 위한 범연세인 총궐기 대회」가 열렸다. 언제나 그랬듯이 전경들은 최루탄과 페퍼포그를 동원해 교문 앞으로 나오는 학생들을 막았다. 학생들은 화염병과 돌을 던지며 이에 맞섰다.

원래 지침상 최루탄은 허공을 향해 쏴야 한다. 그러나 당시 전경들은 학생들의 얼굴을 직접 겨냥해 쏘는 경우가 많았다. 이날도 페퍼포그가 발사돼 100여 미터가 넘는 교내가 최루가스로 자옥이 덮이자 시위대는 도망을 쳤다. 맨 앞에 있었던 이한열도 뒤를 돌아 뛰던 중 직격탄에 뒷머리를 맞고 뇌사 상태에 빠졌다. 그로부터 25일 후인 7월 5일 그는 다시 올 수 없는 길을 떠났다(이한열기념관, 마포구 신촌로 12나길 26).

7월 9일, 김민기가 백만 군중이 부르는 「아침이슬」을 들었다는 바로 그 장례식이 시청 광장에서 열렸다. 여기서 문익환 목사는 지금까지 민주화 투쟁 중 죽어 간 광주의 2천여 영령과 더불어 25명 열사의 이름을 각각 부르며 절규했다. 그런데 최루탄에 쓰러진 이후, 장례식이 거행될 때까지 연세대에서 이한열과 함께한 그림이 있었다. 바로 최병수 작가가 그린 「한열이를 살려 내라!」라는 걸개그림이다. 시청 노제 때 트럭에 걸려 있던 이한열의 영정도 그가 그린 것이다. 연세대학교 학생회관에 걸린 「한열이를 살려 내라!」는 가로 7.5미터, 세로 10미터의 대형 걸개그림으로, 로이터통신에 보도되면서 한국 민주화를 상징하는 대표적인 작품이 됐다.

최병수 화가의 이력은 매우 독특하다. 원래 그의 학력은 초등학교 졸업이고 직업은 목수였다. 그에게는 민족미술협의회(이하 민미협) 회원이었던 친구가 있었다. 그는 그 친구에게 종종 벽화 작업에 필요한 사다리를

한국의 민중미술을 대표하는 신학철의 「한국현대사」라는 작품으로 이 작품을 표지에 사용한 도록을 촬영한 것이다. 아래쪽 전봉준에서 시작해 중간 정도에 전태일 열사의 사진을 안고 있는 이소선 여사가 있고, 그 위쪽에 박종철 열사 그리고 그 정점에 화염병을 든 학생이 보인다.

짜 주곤 했다. 그러던 어느 날, 유연복의 「상생도」라는 밑그림에 진달래와 개나리를 그렸다가 그만 사건에 연루돼 경찰서로 끌려갔다. 예술 검열과 탄압의 대표적 사건으로 1986년에 일어난 신촌벽화(「일하는 사람들」), 정릉벽화(「상생도」) 사건이다. 이때 담당 형사와 공안 검사가 직업이 뭐냐고 묻자 최병수는 목수라고 답했고 이를 이상히 여겨 '그냥 화가라고 해'라고 하는 바람에 '화가'가 됐다고 한다. 그 후 그는 진짜 화가가 됐다. 그것도 사회 최전선에서 부정의에 저항하는 민미협 회원인 민중미술가가 됐다.

민미협은 1985년 11월 22일 창립됐다. 그들의 전시·토론 공간이며 걸개그림을 그리는 창작의 산실이 바로 그림마당 민이다. 민은 한국민족예술인총연합(이하 민예총)의 회의장이면서도 장르를 넘어서 다양한 예술가와 민주화 운동가들이 모여드는 곳이었다. 따라서 민을 출입하는 사람 중에는 종로서 정보과, 대공과부터 문체부 미술담당관과 치안본부, 안기부와 보안사 공안 인사들까지 있었다. 여기서 열린 개인전과 단체전, 기획전, 교양강좌만 해도 250여 건에 이른다. 1987년 6.10민주항쟁의 도화선이 된 사건이자 "탁하고 치니까 억하고 죽었다"고 발표한 박종철 고문치사 사건(박종철센터, 관악구 대학5길 7) 이후, 이를 추모하는 「반고문전」도 이곳에서 열렸다.

물론 민미협과 민은 그냥 주어진 것이 아니다. 그것은 예술과 창작의 자유를 짓밟았던 독재 정권의 국가 폭력과 이에 저항했던 민중미술가들의 투쟁이 낳은 산물이었다. 민미협 결성의 직접적 계기가 된 것은 1985년 7월, 아랍미술관에서 열린 「한국미술 20대의 힘전」이라는 청년작가들의 연립전이었다. 당시 20대의 젊은 작가 35명은 신랄하게 현실을 비판하는 작품을 출품했다. 전시는 성황리에 진행됐고 조바심이 난 정부는 전시 8일째가 되던 날, 19명의 작가를 연행하고 출품작을 빼앗아

갔다. 이에 힘전 탄압대책위(나중에는 '민중미술탄압대책위')가 세워졌고 이전부터 여러 방면과 지역에서 진행됐던 미술판의 결집이 조직적으로 일어났다.

그런데 왜 이곳의 이름을 민족미술관이나 민중미술관이라고 하지 않고 그림마당 민이라고 한 것일까? 『나의 문화유산답사기』를 쓴 유홍준의 회고에 따르면 민예총 이사장을 지낸 김용태와 화가 김정헌, 자신 이렇게 셋이 모여 논의했는데, 갤러리니 미술관이니 하는 말 대신에 그림마당으로 하자는 자신의 의견에 모두 동의했지만 앞뒤에 붙일 이름 때문에 논란을 거듭했다고 한다. 김용태는 반드시 민중, 민족이 들어가야 한다고 했지만 그렇게 직접적으로 노출을 하면 안 된다고 김정헌이 주장했고 논쟁 끝에 '중' 자는 빼고 '민' 자만 넣고 대표를 '민 씨' 성을 가진 사람으로 하기로 했다는 것이다. 그리하여 첫 대표가 된 사람이 민혜숙이다. 지금이야 이해하기 힘든 촌극이지만 당시에는 '민' 자만 넣어도 권력자들이 알레르기적 반응을 보이던 시대였기에 어쩌겠는가!

인사동 거리와 신세계백화점, 권력과 저항 사이의 예술

1994년 과천 국립현대미술관에서는 「민중미술 15년—1980~1994展」이 열렸다. 과거 국가로부터 배제와 탄압을 받는 대상이었던 민중미술이 국립 미술관에서 자신의 시대를 정리하는 전시회를 갖는다는 점에서 이 전시회는 국가가 비로소 민중미술의 예술적 가치와 의미를 받아들였다는 것을 보여 준다. 하지만 다른 한편으로 보면 전시장을 벗어나 현장에서의 미술, 민중과 소통하는 미술을 추구했던 민중미술이 다시 전시장으로 들어갔다는 점에서 민중미술의 체제 내화, 박제화라는 논란을 불러오기도 했다.

역사는 끊임없이 변한다. 어쩌면 1980년대 민중미술이 해야 할 역할을 다했기에 그만큼 제도적 공간이 열린 것인지도 모른다. 그럼에도 미술이 다시 국가와 자본에 의해 포획돼 가고 있는 것도 명백하다. 걸어 놓고 관람하는 미술에서 생활 속에서 함께하는 미술을 추구한 아방가르드 미술이 오히려 자본주의 상품을 미학화해 소비 욕망의 수단이 된 것처럼 자본과 권력은 자신에게 저항하는 미학적 실천을 다시 권력 내부로 포획해 들어가는 힘을 가지고 있다. 오늘날 미국을 대표하는 잭슨 폴락의 물감 뿌려대기가 그렇다.

미국의 평론가들은 잭슨 폴락의 미술을 원근법을 거부하고 2차원의 평면에 그린 그림의 고유함을 회복한, 진정으로 자유로운 미국의 독창적인 미술이라고 선전했다. 하지만 그 대신에 그림이 가진 서사적 성격은 사라졌다. 미국의 미술계는 폴락을 통해 미소 냉전에서 소련의 이데올로기적 미술 대신에 자유로움을 구현한 미술로 격상시킴으로써, 더 나아가 미국 미술의 독창성을 확보하고, 유럽에 대한 열등성을 단숨에 극복해 버렸다. 오늘날 '개념미술'의 상품화도 마찬가지다. 피에로 만초니라는

한스 나무트, 「잭슨 폴락의 작업 장면 사진 31번」, 사진, 1950년.

피에로 만초니,
「미술가의 똥」, 1961, 높이 5㎝, 지름 6.5㎝.

화가는 화가의 권력적 성격을 폭로하고 조롱한다는 명분으로 자신의 변을 깡통에 넣어 만든 소위 「미술가의 똥」이라는 작품을 90개 한정판으로 만들고 2만 5천 달러가 넘는 가격으로 판매해 막대한 수입을 올렸다.

오늘날 '민'이 있었던 인사동 거리는 일제강점기 당시 고미술품을 거래하던 곳이다. '민'의 자취가 사라진 그곳에는 화랑과 표구점, 고미술품을 비롯한 미술품과 지필묵, 문화재 상점 등이 늘어서 있다. 또한 1988년에는 전통문화의 거리로 지정되면서 다양한 형태의 전통차와 전통 식당들이 늘어선 거리로 탈바꿈했다. 이제는 많은 외국인이 이곳을 찾는다. 1987년 6.10민주항쟁의 중심지였던 신세계백화점과 명동성당을 중심으로 명동에서 종각, 남대문과 시청까지 이어진 거리도 마찬가지다. 휘황찬란한 고층 빌딩과 백화점, 각종 대형 쇼핑몰과 호텔, 음식점 등이 늘어서 있다. 이상의 『날개』에서 주인공 '나'는 당시 우리나라 최초의 백화점이었던 미쓰코시백화점(현 신세계백화점) 옥상에 올라가 대각선 방향의 조선은행(현 한국은행)과 소비 욕망에 휘청거리는 거리를 내려다보면서 식민지 지식인의 나약함을 느낀다. 그러자 그는 "걸음을 멈추고" "이렇게 외쳐 보고 싶었다." "날개야 다시 돋아라. 날자. 날자. 한 번만 더 날자꾸나. 한 번만 더 날아보자꾸나."

물론 우리는 한 번의 비상으로 국가와 자본의 지배를 벗어날 수 없다.

박수근, 「고목(古木)」, 1961, 종이에 수채, 색연필, 23×52㎝.
국립현대미술관 이건희 컬렉션 전시회 촬영본이다.

그러나 한국전쟁 이후 미8군 PX가 있었던 바로 이곳 신세계백화점(당시 동화백화점)에서 생활을 영위했던 박완서가, 미군들의 초상화를 그려 주며 살았던 박수근을 만나고 1965년 박수근 유작전에서 그가 그린 그림이 죽어 가는 고목(枯木)이 아니라 봄을 기다리는 나목(裸木)이었음을 알게 된 것처럼, 그리고 그 나목이 바로 한국전쟁과 분단을 겪은 우리 민족 자신임을 알게 된 것처럼 예술은 언제나 자유를 향한 몸부림이다. 그렇기에 그것은 다시 돌아오는, 그러나 이전과는 조금 다른 '차이'를 생산하는 되풀이를 반복하는 것인지도 모른다. 2017년 광화문 촛불 시위 현장에는 다시 대형 걸개그림이 걸렸고 그렇게 전시장을 벗어나 현장에서 민중과 소통하는 미학적 실천이 전개됐다. 이처럼 예술은 끊임없는 반복적 실천을 통해서, 그리고 그렇게 미세한 작은 차이를 통해서 봄을 기다리는 나목의 꿈을 온몸으로 밀고 나가는 것인지도 모른다.

2

트라우마적 기억 마주하기:
식민과 분단 그리고 저항

일본 제국이 그린 식민지 자본화의 청사진, 용산·영등포 공업기지

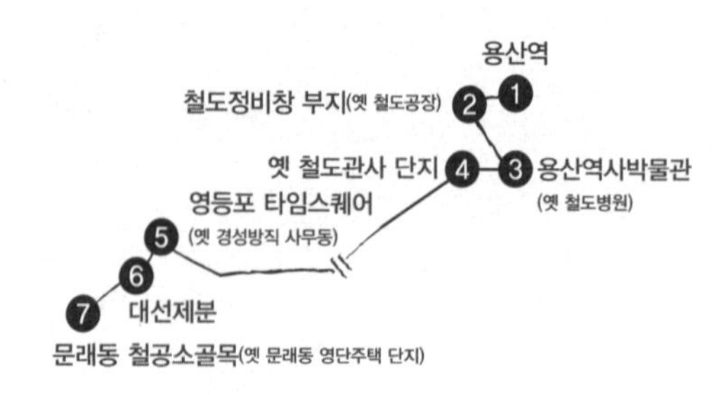

김형선

용산역에 내려서 1번 출구로 나오면 전방 오른편에 빽빽이 들어선 고층 주상 복합 단지가 눈에 들어온다. 이름부터 화려한 용산센트럴파크다. 이곳은 2006년부터 재개발 사업이 추진됐던 이른바 용산 4구역으로, 2009년 대한민국을 떠들썩하게 했던 용산 참사의 현장이기도 하다. 당시 경찰의 과잉 진압과 철거민의 농성 시위 과정에서 남일당 건물(현 센트럴파크 타워)에 화재가 발생해 6명이 사망, 23명이 부상을 당했다. 참사 이후 글로벌 경제 위기가 겹쳐 무기한 중단됐던 재개발 사업은 2015년 효성건설이 시공사로 참여하며 급속히 추진돼 총 1,140세대 규모의 5개동 건물로 2020년 완공됐다.

화려한 빌딩숲의 야경은 불과 15년 전 자본과 개발의 욕망 앞에 스러져 간 생존 투쟁의 흔적을 남김없이 지우는 데 성공한 것처럼 보인다. 그런데 이곳 용산역 일대는 100년 전에도 일본 제국에 의해 강제로 군용지

용산 일본군 병영(1911).
[출처: 서울역사아카이브]

용산역 앞 전경.

화되면서 재개발이 진행된 바 있다.

1904년 러일전쟁을 전후로 일본 제국은 한반도의 군사기지화 계획을 구체화했다. 이후 「한일의정서」 체결을 통해 둔지산 일대(현 용산미군기지 반환부지) 300만 평의 토지를 대한제국에 요구했고 그중 117만여 평을 최종 군용지로 확정했다.

둔지산 일대는 신용산 지역보다 고도가 높고 한강과는 떨어져 있어 수해 위험이 적은 지역이었다. 따라서 이곳에는 일찍부터 취락이 형성됐고 적어도 18세기 이후에는 둔지미 마을로 불렸다. 그런데 일본은 조선

조선주차군사령부(1915).
[출처: 서울역사아카이브]

용산어린이정원 입구.

정부에 단돈 20만 원을 배상금으로 주고 이곳 토지를 강제 몰수했다. 이로써 1,100여 가구의 둔지미 주민들은 하루아침에 삶의 터전을 빼앗겼고 군용지 정비 과정에서 111만여 기(基)의 묘지 또한 파헤쳐졌다.

둔지미 주민들의 저항도 만만치 않았다. 조상 대대로 살아온 터전을 그처럼 허무하게 빼앗길 수는 없는 노릇이었다. 게다가 일제가 군용지 강제 몰수 계획을 공식 발표한 당일 군사를 동원해 무덤 100여 곳을 파헤치자 주민들의 분노는 극에 달했다.

1,600여 명의 주민은 한성부(현 서울시청)로 몰려가 농성을 했다. 진압을 하려는 일본 헌병대에 주민들은 돌을 던지며 맞섰다. 거센 저항에 놀란 일본 측은 헌병 1대대를 더 투입하고서야 겨우 시위대를 진압할 수 있

었다. 진압 과정에서 두 명이 목숨을 잃었고 다수의 부상자가 발생했다.

제국의 폭력 앞에 둔지미 주민들은 결국 자신들의 터전을 뒤로할 수밖에 없었다. 이들의 상당수는 오늘의 보광동 일대로 이주했다고 알려져 있다. 지금도 둔지산 일대에는 문인석 등 석물들이 도처에 남아 이곳에 마을이 존재했음을 드러내고 있다. 해방을 맞아 일본군이 철수한 이후에는 고스란히 미군기지가 들어섰고 수십 년간 금단의 땅이 됐다. 현재는 미군기지의 평택 이전으로 용산 부지 반환 작업이 이뤄져 일부 구간이 용산어린이정원으로 임시 개방된 상태다. 용산어린이정원의 출입구인 14번 게이트는 일본군사령부 정문으로 사용되던 곳이기도 하다.

대륙 진출의 욕망, 용산역 철도정비창 부지

대륙 침략을 꿈꾸던 일본 제국의 최우선 과제는 한반도를 관통하는 철도 개발이었다. 러일전쟁 발발 이후 만주로 향하는 철도 개발의 시급성을 깨달은 일본 군부는 즉시 임시군용철도감부를 설치했다. 임시군용철도감부는 곧 만주로 향하는 군용철도 개발에 착수해 1905년 한반도와 만주 대륙을 연결하는 경의선 노선을 완공했다. 그전까지 용산역은 인천에서 남대문역으로 향하는 경원선의 간이역에 불과했는데 러일전쟁을 거치며 일본 제국의 군사 전략적 거점으로 부상해 경의선과 경원선의 시발역이 됐다.

이처럼 대륙 진출을 향한 일본의 제국주의적 욕망은 철도 개발 초기부터 노골적이었다. 한반도는 대륙으로 가는 중간 기착지 내지는 연결통로였다. 실제로 조선철도는 한동안 남만주철도주식회사의 관리 체계에 통합된 바 있다.

일본군의 경의선 부설 작업.
[출처: 『한국사진첩』, 1905]

그렇기에 그들의 식민지 철도 개발은 결코 식민지의 백성을 위한 것이 아니었다. 한반도를 엑스(X)자로 가로지르는 간선 철도망은 일본이 대륙을 침략하기 위해 최적화된 경로였다. 이는 경부선 운행의 기준점이 경성이 아닌 부산이었다는 데서도 알 수 있다. 조선철도의 운행은 제국 본토를 오가는 관부연락선의 운행에 맞춰 편성됐다. 또한 일본 본토로 향하는 부산행 열차가 상행 노선이었고 식민 수도 경성으로 가는 열차는 하행 노선이었다.

임시군용철도감부는 용산을 제국의 병참기지로 만들기 위한 기초 작업에 착수했다. 용산역 인근의 철도용지 50만 평을 확보해 철도 운용에 필요한 각종 설비를 갖춘 대규모 철도공작창을 설치했다. 용산 철도공작창이 차지했던 50만 평의 부지는 오늘날 허허벌판으로 남아 이곳에서 당시 일본 제국이 철도를 확장하며 대륙으로의 진출을 꿈꿨던 욕망을 가늠해 볼 수 있다.

용산역 뒤편에 위치한 50만 평의 부지에 철도공작창(정비창)이 있었다. 이곳은 해방 이후 철도청에 소속돼 철도의 제작·정비를 관할하는 정비창 역할을 유지하다가 2011년 고양시 수색 기지에 모든 기능을 이관

용산 철도공작창 전경(1945.09). ©NARA

용산역 철도정비창 부지.

하고 철거됐다.

근대 제국의 팽창 욕망이 꿈틀대며 철로가 놓였던 용산의 철도정비창 일대는 100년이 지난 오늘날 '서울의 마지막 금싸라기땅', '단군 이래 최대 개발 사업' 등의 수식어와 함께 다시금 들썩이고 있다.

2000년대에 들어서며 이곳 정비창 일대를 국제 업무 지구로 개발하려는 움직임이 있었으나 글로벌 금융 위기 이후의 자금난으로 2013년에 사업 추진이 최종 무산된 바 있다. 그런데 2021년 당시 오세훈 서울시장

후보가 '용산 국제 업무 지구 개발 재추진'을 공약으로 삼았다. 취임 이후 2022년 7월에는 공식적인 '용산국제업무지구 개발구상'을 발표했다.

이러한 결정을 두고 국제 업무 지구의 실효성에 대한 의문이 제기되는 한편, 시민계에서는 공공주택 개발에 대한 요구가 지속되고 있다. 그러나 무엇보다 과거와 같은 제국의 방식이 아니라 이 지역과 사람을 위한 계획을 모색해야 할 것이다.

과거 일본 제국은 이곳에서 둔지미 주민들을 강제로 내쫓고 철도 산업과 군용기지를 조성했다. 100년 후 대한민국 정부는 자본을 앞세운 폭력적인 개발 정책으로 용산의 토박이 주민들을 터전에서 강제로 쫓아냈다. 적어도 이제는 이곳에 살아가는 시민의 목소리에 귀를 기울여 그들을 위하는 진정한 재개발이 이뤄져야 할 때임을 개발 당국이 유념해야 할 것이다.

철도도시 신용산—옛 철도병원과 철도관사

용산역 인근에는 용산의 역사를 한눈에 살펴볼 수 있는 공간이 있다. 용산역 앞 광장을 지나 이촌동 방향 사거리에 이르면 긴 벽돌조 건물이 보이는데 바로 용산역사박물관이다. 예스러운 외관에서 알 수 있듯이 이 건물은 오랜 세월 한자리를 지켜 온 터줏대감이다. 박물관으로 리모델링해 개관한 것은 불과 몇 년 전인데 2011년까지 이곳은 병원으로 운영됐다.

병원 운영의 시작은 러일전쟁 시기까지 거슬러 올라간다. 전쟁 수행 과정에서 일본이 급속히 철도 건설을 추진하면서 많은 노동자가 투입됐는데 이 와중에 부상자가 속출했다. 철도국은 급한 대로 철도관사 건물을 개조해 병원으로 운영하다가 1913년 현 용산역사박물관 위치에 용산

용산역사박물관 입구(구 용산철도병원).

철도병원을 신축·이전했다. 이후 몇 차례의 화재로 개축을 반복하다가 1928년 이후 현재의 모습을 갖추게 됐다.

그때 용산역 바로 옆에는 총독부 철도국(현 ROKAUS 육군호텔 위치)이, 철도국을 지나 철도관사가 밀집한 지역 중앙에는 철도병원이 위치했다. 당시의 지도만 봐도 알 수 있듯이 일본 제국이 설계한 '신'용산은 철도와 병영을 위한 도시였다.

철도병원은 철도 종사원과 그의 가족, 여객들을 주 대상으로 했으나 일반 환자도 진료를 받을 수 있었다. 1928년 당시 내과·외과·안과·이비인과·소아과·치과·부인과·피부과의 여덟 개 진료 과목을 갖춘 지역 거점 종합병원이었다.

건물의 외형뿐만 아니라 건물 내부에서도 준공 당시의 흔적을 곳곳

옛 용산철도병원의 아치형 현관.

한강철교 전경(1913).
[출처: 서울역사아카이브]

에서 느낄 수 있다. 박물관 1층에 들어서면 스테인드글라스가 수놓인 아치형 현관과 병원 접수처로 쓰였을 법한 안내 데스크가 눈에 들어온다. 아치형 현관은 줄곧 병원의 대문 역할을 하다가 철도병원 민영화 정책으로 1984년 중앙대학교 부속병원이 이곳에 들어선 이후 폐쇄됐다.

현관 상단의 스테인드글라스는 파손을 복원하는 정도의 보수만 진행해 준공 당시의 원형을 보존하고 있다. 그림을 자세히 보면 이색적이게도 한강철교를 달리는 기관차가 형상화돼 있다. 보통 스테인드글라스가 설치된 장소는 중세 시기 성당 등 종교적 공간으로 성스러운 인물들이 형상화된 경우가 대부분이다. 이곳 스테인드글라스에 새겨진 한강철교와 힘껏 달리는 철도의 모습은 당시 식민지 운영자들이 철도로 대표되는 근대적 발전의 가치를 신성시했음을 간접적으로 보여 준다.

철도병원 현관의 스테인드글라스가 상징하는 바와 같이 한강철교는 식민지를 개발하고 장악하려는 제국의 청사진이나 다름없었다. 일본은 자금난으로 경인선 부설에 실패한 미국인 제임스 모스(James R. Morse)의 부설권을 인수해 한강철교까지 완공함으로써 제국의 능력을 과시했다.

나룻배만 오가던 한강 위에 등장한 거대한 무지개 모양의 교량과 이 위를 달리는 철마의 폭음은 조선인들에게 제국의 힘을 각인시켰다. 철로와 교량 건설에 조선인 인부들이 강제 동원됐음은 두말할 나위 없다. 일본군의 폭력과 착취에 저항하며 항일의병 세력은 철도 시설을 주요한 공격 목표로 삼기도 했다. 그러나 제국이 신성시한 영역인 철도 시설을 파괴하는 행위에 대해서는 사형이라는 무자비한 조치가 행해졌다.

용산시가도(1927)에서 볼 수 있듯이 용산역 일대에는 대규모 철도관

용산시가도(1927). [출처: 서울역사아카이브]

철도 선로 방해자 사형식.
[출처: 『한국사진첩』, 1905]

조선총독부 철도국 청사 전경(1914).
[출처: 서울역사아카이브]

사 단지가 조성돼 있었다. 관사 단지를 중심으로 철도병원, 철도원양성소, 철도공원, 철도운동장 등 철도 관련 시설이 집중됐다. 1907년 통감부 철도관리국이 인천에서 용산으로 이전하면서부터 이곳에 철도 관련 시설이 밀집하게 됐다. 이후 (신)용산은 그야말로 철도의 중심지이자 철도를 위한 도시로 탈바꿈했다. 또한 이곳은 순전히 일본 제국과 일본인을 위한 도시이기도 했다. 둔지미와 마찬가지로 이곳을 철도 단지로 강제 수용하고 개발하는 과정에서 조선인들의 희생이 뒤따랐다.

총독부 철도국의 기능은 철도를 운영하고 부설하는 것 외에 철도 종사자를 위한 주거 환경을 조성하는 것도 포함돼 있었다. 철도 종사자는 철도 가족의 일원으로 주거, 병원, 여가 등의 폭넓은 후생 복지 혜택을 누릴 수 있었다. 그만큼 조선총독부가 철도 산업에 심혈을 기울여 철도 종사자들의 충성도를 높이고 철도 경영을 안정화시키는 데 공을 들였다고 할 수 있다.

1910년 철도국 건설과는 일본 철도국의 관사 건립 표준 설계에 따라 대량의 철도관사를 건립했다. 자로 잰 듯이 반듯한 수직선으로 배치된 철도관사 단지가 보여 주는 획일적이고 일체화된 이미지는 근대 제국이 추구하는 정수(精髓)라고 해도 과언이 아닐 것이다.

1908년경 120동에 불과했던 용산 철도관사는 철도 산업의 확장과 더불어 1925년에는 774동으로 대폭 증가했다. 용산 철도관사는 동일 종사원을 대상으로 한 조선 최대의 집합 주택 단지였다. 1980년대 이후 도시 재개발 사업이 본격화되며 대부분 철거됐으나 용산역사박물관 뒤편에는 관사 단지의 분위기를 엿볼 수 있는 골목이 여전히 남아 있다. 옛 관사 단지 일대는 대규모 신축 공사 현장이 조성돼 있어 어수선한 느낌이 다분하다. 그러나 경의선 철길에 근접한 지역에서는 당시 관사 원형이 일

옛 철도관사 단지 골목.

부 남아 있는 주택을 종종 볼 수 있다. 좁은 통로를 사이에 두고 10평 남짓한 단층 가옥들이 줄지어 선 풍경은 지금과 사뭇 다른 시공간의 느낌을 자아낸다.

일제 시기 이와 같은 형태의 관사에 사는 이들은 하급 관리군에 속했다. 당시 철도 종사원의 주거 시설은 6등급으로 분류됐다. 하급 관리에게는 4~10호 연립주택이 배정됐고 중·상급 관리의 경우 단독 건물 또는 2호 연립주택이 주어졌다. 고급 관리의 경우 일본식 주택이 아닌 서양풍 건축 양식의 단독주택에 거주하는 호화를 누릴 수 있었다. 이와 같이 철도도시 (신)용산은 피지배 계층인 조선인을 남김없이 지우는 데 성공한 동시에 새로 들어선 일본인 사회 안에서도 계층적 차이를 가시적으로 드러냄으로써 이중의 지배 구조를 수행했다.

이곳에는 지금도 주민들이 살고 있지만 오랫동안 사람 산 흔적이 없는 빈집들이 곳곳에 방치돼 있다. 집집마다 재개발을 촉구하는 문구를 내건 깃발만이 휘날리고 있다. 이따금 지나가는 경의선의 철길 소음이 함께 빚어내는 이곳의 공기는 을씨년스럽다. 이 허물어진 마을과 대비되는 것은 동네 어귀 어디서나 잘 보이는 K-POP의 산실인 하이브의 신사옥이다. 어제의 용산과 오늘의 용산이 이곳에서 조우하고 있다. 아직까지는 두 세계가 공존하고 있으나 머지않아 옛 식민지 철도 도시의 흔적은 사라져 갈 전망이다.

식민지 공업의 수도, 영등포의 시작

(신)용산이 철도의 도시였다면 영등포는 가히 공장의 도시였다고 할 수 있다. 신용산 지역과 마찬가지로 영등포는 한강변 저지대에 위치해 수해

가 빈번했던 탓에 시가지가 발달되지 못한 한촌이었다. 그래도 이 지역에서는 한강에서 모래와 자갈을 쉽게 구할 수 있던 터라 그나마 있는 구릉 지대를 중심으로 기와·도자기 등을 제조하는 요업(窯業)이 발달해 있었다.

이곳은 경인철도가 부설되면서 경인 지역의 핵심 공장 지대로 급부상할 수 있는 기초를 다졌다. 경인선이 영등포리를 통과하게 되면서 역사(驛舍)가 설치됐고 1901년 영등포역이 경부선의 분기점으로 낙점되면서 경부선 개발의 북부 거점으로 부상했다. 이윽고 철도 부설에 따른 인력들이 영등포로 쏟아져 들어왔다. 영등포역 일대를 중심으로 열차 창고, 공장, 사택과 여관, 상점 등이 들어서며 신시가지가 조성됐으나 본격적인 공업화는 이뤄지기 전이었다. 1911년 조선피혁주식회사 공장(이하 조선피혁)이 설립되면서 영등포는 대규모 공업 도시로서의 분명한 성격을

조선피혁주식회사 영등포 공장 내부. [출처: 서울역사아카이브]

갖추게 됐다. 조선피혁은 소가죽을 가공해 군화 등 피혁 제품을 만드는 곳이었다. 당산동에 위치했던 이곳에는 현재 당산삼성래미안4차아파트 단지가 들어서 있다.

이 공장의 설립 과정에는 조선총독부가 적극적으로 관여한 흔적이 있다. 당시 조선총독 데라우치 마사타케(寺內正毅)는 공장 입지 물색 과정에서 직접 "영등포에 착수(着手)"하라는 의견을 제시했다. 공장의 매연과 악취를 염두에 두고 용산 등 시가지와는 적당한 간격을 두고자 한 것이었다. 수해를 염려해 고지대 입지를 우선시하다 보니 공장 위치는 영등포역과 다소 떨어진 당산리로 결정됐다. 이에 조선총독부는 영등포역과 피혁 공장을 연결하는 철도인입선을 별도로 설치해 주기까지 했다. 이로 인해 원료와 자재 조달, 공장의 완성품 수송 등이 매우 용이해졌다.

그 이면에는 청일전쟁·러일전쟁 등을 거친 일본 당국이 군수용 피혁 제품의 안정적 공급을 위해서 적극적으로 공장 개발을 유치한 정황이 담긴 것으로 볼 수 있다. 또한 조선피혁으로 연결되는 철도인입선이 설치된 이후 영등포 산업 지대의 혈맥으로 했다는 점이 매우 중요한 대목이다. 실제로 조선피혁 설립 이후 영등포에 들어오는 주요 대형공장들은 모두 이 철도인입선을 따라 자리를 잡았다.

영등포 철도공장의 신화(神話)

1919년에는 영등포 철도공작창이 조선피혁을 위해 설치된 철도인입선을 끼고 터를 잡았다. 영등포 철도공작창은 용산 공작창의 분공장 형태로 설립돼 열차를 제작·정비하는 기능과 시설을 갖췄다. 이곳은 황석영의 소설 『철도원 삼대』(2020)의 주무대가 되는 곳이기도 하다.

과거 철도인입선이 놓였던 영신로.

영등포 공작창은 1980년까지 존속했고 이후 그 기능을 대전 공작창으로 이관했다. 현재 영등포 공작창이 자리했던 곳에는 대부분 아파트 단지가 조성돼 있다. 그 한편에는 코레일유통 본사 사옥이 위치해 과거 철도 산업 용지로서 명맥을 잇고 있다. 영등포역에서 코레일유통 사옥으로 이어지는 영신로는 바로 조선피혁 공장까지 이어진 철도인입선이 깔렸던 길이다.

영등포 공업 단지를 일구는 데 크게 기여한 철도인입선은 자동차 시대로 접어들며 1970년대 이후 철거됐다. 대로변을 따라 걷다 보면 나지막한 단층 건물이 늘어선 영등포 청과시장이 양 옆으로 펼쳐진다. 주변의 고층 건물들과 달리 당대의 분위기를 조금은 간직하고 있다. 대로변 안쪽 골목으로 발길을 돌려 보면 경남여인숙, 경신쌀상회, 조광다방 등 사라져 가는 서울의 옛 모습이 빛바랜 사진처럼 군데군데 남아 있다. 타임스퀘어로 대변되는 오늘의 영등포와는 마치 다른 세계처럼 다가온다. 존재하지만 존재하지 않는, 보이지만 보이지 않는 공간이다. 청과물시장

코레일유통 본사 사옥.

을 지나 영등포경찰서 사거리까지 직진하다 보면 아파트단지에 둘러싸인 코레일유통 사옥이 모습을 드러낸다.

해방 이후 조선총독부 철도국의 기능과 역할을 이어받은 교통부 철도국은 철도청을 거쳐 2005년 한국철도공사(이하 코레일)로 개편됐다. 코레일의 계열사인 코레일유통은 철도청 퇴직자와 순직자 등에 대한 원호사업을 목적으로 만들어진 철도강생회를 모태로 하고 있다. 이후 홍익회로 개칭해 열차 내 식음료 판매, 역내 자판기 설치 등을 통해 수익을 창출해 왔다. 현재 코레일유통이 역내 편의점 등의 유통 사업, 광고 사업 등을 통해 얻는 연 매출액은 2천억 원 규모다.

제국의 첨병이자 수탈의 도구로 이 땅에 도입됐던 철도 산업은 해방 이후 제 주인을 찾고 80년간 성장의 역사를 부지런히 일궈 왔다. 이곳을 돌아보면 수탈의 시대를 증언할 만한 표지가 전혀 보이지 않는다는 점이 아쉽다. '영등포 공작창 터'나 여타 작은 문구라도 보이지 않을까 싶어 주위를 탐색해 봤지만 화려한 금빛의 철마 동상만이 독무대를 차지하고 서 있다.

철마 동상의 이름은 신화(神話)다. 기세등등한 형상과 화려한 수식어 앞에 과거의 오욕은 성공적으로 가려졌다. 이 지점에서 고민이 든다. 과거의 아픈 역사를 극복하는 방법은 과연 무엇인지에 대해서 말이다. 물론 상처를 자극해서 되새김질하는 방식이 돼서는 안 될 것이다. 그러나 상처를 망각해 버리기보다는 그것이 아물고 회복돼 온 과정을 기억할 수 있도록 흔적을 남기는 것이 진정한 치유와 성장을 위한 선택일 것이라는 것이 지금의 단상이다.

경성방직과 대선제분

1920년부터는 대규모 공장들이 영등포에 적극적으로 진출하기 시작했다. 그 선두에는 국내 최초의 주식회사인 경성방직이 있다.

오늘날 영등포를 대표하는 장소를 묻는다면 아마 대부분 타임스퀘어를 떠올릴 것이다. 타임스퀘어의 공식 명칭은 경방 타임스퀘어로 경성방직(현 경방)의 영등포 공장 부지를 재개발해 만든 복합쇼핑몰이다.

경성방직은 1919년에 조선인 자본가 김성수에 의해 설립됐다. 고창의 대지주 집안에서 태어난 김성수는 소작제를 토대로 축적한 가문의 막

경성방직 영등포 공장 전경(1963). [출처: 한국정책방송원]

대한 부를 산업 자본으로 전환한 대표적인 토착 자본가다. 자본 증대를 최대 목표로 하는 자본가이면서 식민지인이라는 한계를 지닌 그에게 식민 권력과의 결탁은 필요조건이었다. 동시에 조선인들에게는 토착 자본을 내세워 민족 기업의 이미지를 살릴 수 있었다.

경성방직은 공장 부지로 영등포역 근처 5천 평 부지를 매입했고 1923년부터 본격적으로 생산 라인을 가동했다. 철도인입선까지 끼고 있어 최적의 입지를 차지한 경성방직은 해방 이후에도 국내 면방 산업의 선도적 지위를 유지해 왔다. 1990년대 이후에는 면방 산업 사양화에 따라 국내 생산 라인을 모두 철수하고 베트남으로 이전한 상태다.

20세기 면방 산업의 주무대였던 경방의 영등포 공장 부지를 재개발하려는 시도는 2000년대 초반부터 본격화됐다. 2003년에 영등포 공장이 폐쇄됐고 2006년부터 타임스퀘어 조성에 착공했다. 2009년 새롭게 탄생한 타임스퀘어는 개점 당시 국내 최대의 신개념 복합쇼핑몰이라는 수식어를 내걸었다. 한마디로 타임스퀘어는 20세기 국내 경공업의 중추 기지 역할을 했던 영등포가 대형 소비 도시로 재탄생함을 보여 주는 상징적인 공간이다.

경성방직의 대규모 생산 공장이 위치했던 곳이 바로 타임스퀘어 자리다. 2003년까지 운영됐던 공장의 흔적은 모두 사라지고 현재는 타임

경방 타임스퀘어 전경.

스퀘어 뒤편에 작은 사무동 건물만 남아 카페로 운영되고 있다. 경성방직 사무동 건물은 2004년에 등록문화재로 지정됐다. 1936년에 지어진 이 건물은 한국전쟁 당시 폭격으로 공장 건물 대다수가 파괴된 와중에 살아남아 형태가 보존됐다. 영등포 공장 구역 재개발이 본격화된 이후 2009년에 현재 위치로 이전해 복구됐다.

사무동 건물에 가기 위해서는 타임스퀘어 건물 전면의 3번 게이트 왼쪽 통로를 이용하면 된다. 통로를 지나 야외로 나오면 경성방직 사무동을 안내하는 표지판이 보인다.

사무동 건물은 붉은 벽돌로 된 창고 형태를 띤다. 건물 내부로 들어가면 목조 트러스 구조의 지붕 구조가 눈길을 사로잡는다. 최근 공장형 카페의 인기에 힘입어 2014년부터 이곳에도 유명 베이커리와 커피 체인점이 들어서 운영 중이다. 평일 낮 시간임에도 불구하고 카페 안은 이미 손님들로 북적이고 있었다. 이윤 창출의 측면에서 보자면 폐공장 부속 건물을 활용한 성공적인 마케팅 사례라고 할 수 있다.

그러나 해당 건물의 근현대 문화유산으로서의 가치 그리고 100년이 넘은 경성방직의 역사적 가치 등을 고려할 때 문화·역사적 공간으로서 기능을 충분히 살리지 못한 것에 대한 아쉬움이 남는다. 식민 지배라는

구 경성방직 사무동 전경과 내부.

조건 속에서 시작된 경성방직의 역사와 대한민국 경제를 뒷받침한 섬유 산업 현장을 보존한 작은 전시관을 함께 조성했다면 어땠을까? 어쩌면 타임스퀘어라는 새로운 브랜드를 전면에 내세우고자 경성방직이라는 그들의 오래된 이름은 감추려는 것일지도 모르겠다.

경성방직의 생산 현장은 사라지고 없지만 바로 맞은편에는 밀가루 공장인 대선제분의 폐공장이 아직 남아 있다. 대선제분은 주변의 방적 공장과 맥주 공장에 비하면 작은 규모에 속했지만 당대의 생산 시설로는 유일하게 보존돼 있어 서울시 우수건축자산으로도 지정됐다.

대선제분은 1936년 일본의 일청제분이 조선에 설립한 영등포 공장을 모태로 한다. 공장 부지는 위에서 보면 삼각형 모양의 형태를 띠고 있는데, 공장 시설의 상당 부분이 건축된 당시의 원형을 유지하고 있다. 1953년에 한국 정부가 조선제분에 매각해 이듬해부터 생산을 재개했고 1958년에 대선제분이 인수했다. 이후 50여 년간 밀가루를 생산해 온 이곳 영등포 공장은 아산으로 공장 이전을 마친 2013년에야 가동을 멈췄다.

대선제분 공장.

경성방직 사무동을 나와 집창촌 방향으로 몇 걸음만 움직이면 대선제분의 공장 설비가 곧 시야에 들어오는데, 거대한 사일로와 노후한 생산 설비들이 시선을 압도한다.

별생각 없이 동네를 걷다가 이곳을 지나치게 된다면 적잖이 당혹스러울 것이다. 완성된 제품을 소비하는 데만 익숙한 도시인들에게 생산의 적나라한 현장은 상당히 낯설고 심지어는 무섭게 느껴진다.

자본의 화려한 치장 아래 그것을 떠받드는 노동과 생산의 현장은 적절히 은폐돼 있다. 도시 외곽에서 생산된 제품이 도시에서 소비되는 구조 속에서 생산과 소비의 동선은 겹치지 않기 때문이다. 그러나 영등포라는 도시의 특별함은 그 두 가지를 한자리에서 볼 수 있다는 점이다. 물론 대선제분 또한 지금은 가동을 멈춘 폐공장이지만 말이다.

식민지 공업 수도로 자리매김한 영등포

과거 공업 도시로서 영등포가 지닌 독특함은 당초 이곳이 경성의 외곽 지역이었기 때문에 생산 기지로 낙점된 데에 그 이유가 있다. 본래 경기도 시흥군에 속했던 영등포는 1936년 대경성계획에 의해 경성으로 편입됐다. 1930년대 이후 조선 공업화 정책이 본격화되면서 영등포는 공도(工都)라는 별칭까지 얻었다. 이 당시 영등포는 철로와 풍부한 공업용수, 노동력을 모두 갖춰 경성 인근의 공업 용지로서는 최적의 입지를 점했다.

1930년대 조선 공업화 정책을 추진한 우가키 가즈시게(宇垣一成) 총독은 일본 본토의 대자본을 유치하기 위해 「공장법」, 「중요산업통제법」 등을 대폭 완화시켰다. 이에 일본을 대표하는 대기업들이 본격적으로 영등포에 진출하기 시작했다. 먼저 일본의 양대 맥주회사인 대일본맥주

대일본맥주 영등포 공장 전경. [출처: 서울역사아카이브]

소화기린맥주 영등포 공장 전경. [출처: 서울역사아카이브]

종연방적 영등포 공장 전경. [출처: 서울역사아카이브]

(현 삿포로·아사히)와 기린맥주가 1933년 영등포역 남쪽에 나란히 공장 자리를 잡았다. 해방 이후, 기린맥주 공장은 동양맥주(현 OB맥주)로 전환됐고 대일본맥주가 설립한 조선맥주는 크라운 맥주(현 하이트맥주)의 상표를 달았다.

맥주 공장이 조선 진출의 시범을 보이자마자 이번엔 방적 대기업들이 연달아 영등포에 공장을 차렸다. 먼저 1936년에 종연방적이 경성방직 맞은편 8만 평 부지에 대규모 공장 단지를 조성했고 경쟁 기업인 동양방직과 대일본방적 또한 이에 질세라 좇아 들어왔다. 모두 당산으로 이어지는 철도인입선을 따라 나란히 자리를 잡았다.

이쯤 되자 영등포는 전국의 노동자들이 모인 노동자의 도시로 변모했다. 1933년 「조선일보」 기사는 당시 노동 규모에 대해 경성방직의 종업원 수가 총 460여 명, 영등포 공작창의 철공이 60명, 피혁회사 120명, 맥주회사 직원이 각각 200명 정도라고 추산했다. 종연방적과 같은 대형 방적 공장의 경우 직공 수가 약 2천여 명을 헤아렸고 공장 부지 안에 기숙사와 식당, 병원 등을 모두 갖춘 타운형 사옥을 조성했다.

이들 대형 공장 외에도 각종 운수노동자, 군소공장의 노동자들까지 모여들면서 영등포는 넘쳐 나는 노동자의 주택 수급 문제로 곤란을 겪었다. 실제로 조선 공업화 정책 이후 수도 경성을 비롯한 한반도 전역에서는 도시로의 인구 집중으로 인한 극심한 주택 문제를 겪었다. 이를 해결하기 위해 식민 당국은 1941년 조선주택영단을 조직하고 주택의 대량 공급을 위한 대책으로 영단주택 건설 계획을 마련하기에 이른다.

노동자의 거주지 조성, 문래동 영단주택 단지

문래동은 과거 안양천과 도림천을 끼고 있어 모래가 많다는 의미에서 모랫말(사천리)이라고도 불렸다. 소설가 황석영이 자신의 유년시절을 회고한 작품 『모랫말 아이들』의 배경이 되기도 했다. 방직 공장 근처 영단주택에 살고 있는 주인공 수남은 창문 밖으로 영등포 공작창의 용광로 불빛이 어른거리는 것을 바라보곤 한다.•

이곳이 일제 시기에 이르러 실을 뽑는 마을이라는 의미의 사옥정(絲屋町)으로 불리게 된 것은 영등포의 대규모 방직 공장 밀집과 무관하지 않다. 대표적으로 문래동 자이아파트 단지는 종업원 2천 명 규모의 종연방적(해방 후 방림방적)이 위치했던 곳이다. 문래근린공원에는 경성방직에서 기증한 거대한 물레 모양의 조형물이 설치돼 있어 이 도시의 과거를 상

• 작가 자신이 거주했던 곳은 당산동2가 인근에 있던 이백채 마을로 추정된다. 이백채 마을은 영단주택으로 불리기도 하지만 사실은 영단주택 조성 전인 1930년대에 이미 만들어진 마을이었다. 재일작가인 정경모 선생의 아버지가 이백채 마을을 조성했다는 이야기가 있다.

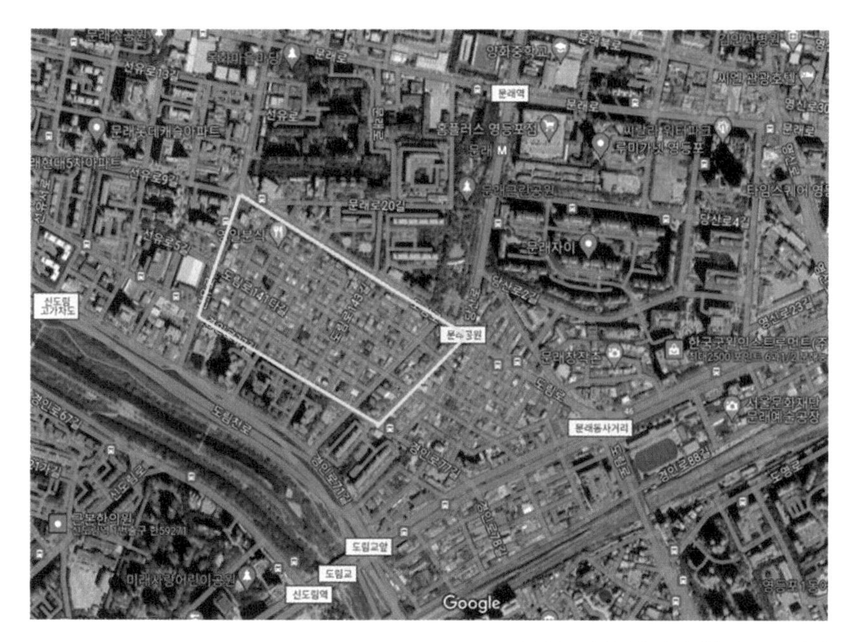

문래동 영단주택 단지. [출처: 구글지도]

징하고 있다.

영등포 일대의 주거난을 해소하기 위해 조선주택영단은 문래동에 500가구 규모의 영단주택을 건설했다. 주민들은 이곳을 오백채 마을이라 불렀다. 영단주택은 갑·을·병·정·무의 5개 유형으로 나뉘었다. 평수가 넓은 집은 단지 가장자리에 위치했고 중앙에 위치한 노동자용 거주지는 6평 남짓한 연립식 가옥으로 집과 집 사이의 폭이 2~3미터로 매우 좁았다. 사다리꼴 모양으로 조성됐던 오백채 마을은 바로 오늘날의 문래동 철공소 골목으로 조성 당시 단지의 형태를 유지하고 있다. 1945년까지 조선주택영단은 한반도에 1만 2천여 가구의 주택을 건설했고 해방 이후 이 기구의 역할은 대한주택영단(현 한국토지주택공사)으로 이어진다.

문래동의 영단주택 단지는 해방 이후에도 노동자들의 안식처로 남았다. 이곳에서 전쟁을 겪고 전후의 일상을 살아가는 모습을 소설 『모랫

말 아이들』에서 엿볼 수 있다. 이후 수십 년간 주거지로 기능했던 동네는 1980년대 들어 수도권 정비 계획을 실행하면서 달라지기 시작했다. 세운상가 등 도심지의 금속 제조 업체들이 영등포로 이주해 오면서 하나둘 이곳에 자리를 잡았다. 1990년대가 되면 영단주택 일대에 2,500여 개에 이르는 업체가 들어서 철공업의 전성기를 이뤘다.

그런데 최근 문래동이 젊은 세대의 핫플레이스로 떠오르면서 임대료 상승 등 젠트리피케이션 현상이 심각한 문제로 거론되고 있다. 작업량이 줄어들고 임대료가 월 100만 원을 훌쩍 넘는 상황 속에서 폐업하는 가게가 늘어나는 실정이다. 이에 영등포구청은 문래동 철공소 단지를 서울 외곽으로 전부 이전하겠다는 계획을 발표했다. 이후 이곳에 4차 산업 관련 시설을 유치하고 여의도 부럽지 않은 신경제 중심지로 만들겠다는 구상이다.

현재 이곳에 남아 있는 철공소는 1,200여 곳이다. 영등포구의 사전 조사에 따르면 700여 개 업체가 이전 결정에 찬성했다고 한다. 그러나

문래동 철공소 골목.

언론이 현장에서 만난 이들의 반응은 부정적인 경우가 대다수였다. 같은 자리에서 30년을 넘게 운영해 온 50대 이상의 기술자들은 새로운 장소에서 사업을 시작한다는 것을 커다란 부담으로 느꼈다. 30여 년의 세월이 쌓여 온 철공소 단지는 단순히 개별 작업장의 집적 그 이상이었다. 주물, 연마, 밀링 등 금속 공정 업체는 그물망처럼 촘촘히 엮인 거대한 협업의 공간이며 이곳을 거쳐 간 수천의 삶이 집약된 세계다. 그들은 이곳에서 삶을 시작했고 영위해 왔다.

제국을 팽창시키려는 욕구로 시작된 일제의 공업화 정책이 공업 도시 영등포를 만들었고 그 조건 속에서 사람들은 그네들의 삶을 부지런히 일궈 왔다. 일제 말기, 일본인의 틈바구니에서 꿋꿋이 살아 낸 영단주택의 공장 노동자들이 그러했고 한국전쟁기의 참혹한 상황을 견디며 산업화를 일궈 낸 영등포 사람들이 그러했다. 그러나 자본의 필요에 의해 만들어졌던 식민지의 옛 도시는 이제 새로운 자본의 유입으로 대체되고 있다.

한반도의 식민화와 함께 진행된 자본주의는 지금까지 줄곧 자본을

문래동 철공소 골목.

창출하기 위한 대규모 개발을 수행해 왔다. 자본주의라는 조건 속에서 새로운 자본이 옛것을 대체해 가는 과정은 막을 수 없을지도 모른다. 그렇다면 그 속에서도 사람들의 터전을 일차적으로 보존하고 만약 그것이 어렵다면 충분한 보상과 대책을 제시하는 것이 지역과 정부에서 최우선으로 할 일이다. 그리고 사라진 것을 기억하고 기록하는 것은 우리 모두의 작업이 될 것이다.

분열을 걸으며 통합을 상상하다: 1945~1948년 해방 정국의 좌우 대립

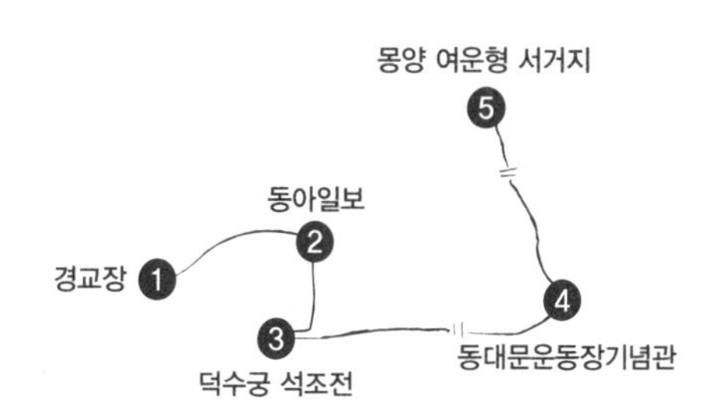

유일하

1945년 8월 15일은 한반도가 35년 가까이 이어진 일본 제국의 식민 통치를 마침내 벗어난 날이다. 그러나 해방의 기쁨은 오래가지 못했다. 국내에서는 정치 세력들이 공동체 건설 방안과 주도권을 두고 첨예하게 대립하고 국외에서는 제2차 세계대전 이후 국제 질서 재편을 놓고 헤게모니를 쥐려는 미국과 소련 두 축의 냉전적 갈등이 점화한 시기도 이 무렵이다. 끝내 1948년 한반도 북위 38도선 이남에는 대한민국(남한), 이북에는 조선민주주의인민공화국(북한) 정부가 수립되며 통일 국가 건설이라는 꿈은 좌절되고 만다.

해방 정국은 해방과 분단 사이, 한반도에서 치열하고 역동적인 정세가 펼쳐진 시기를 일컫는다. 이 시기를 오늘날까지도 지속되는 분열된 한반도의 시작점으로 평가하는 데 무리는 없을 것이다.

그중 서울은 해방 정국의 분열이 가장 선명하게 나타나며 굵직한 정치적 사건들이 촉발된 공간이다. 주요 정치 세력은 서울을 기반으로 새로운 국가 건설을 기획했지만 생각의 차이는 물리적 충돌로까지 번지기도 했다. 예컨대 모스크바 삼상회의는 광화문에 본사를 둔 「동아일보」의 보도로 왜곡돼 알려졌고 결정문 해석 차이로 빚어진 좌우 대립은 동대문운동장에서 격화했다. 한반도 문제를 논의하기 위해 설치됐지만 끝내 실패로 돌아간 미소공동위원회가 있었던 현장이 바로 덕수궁 석조전이다.

하지만 분열을 극복하려는 시도들도 같은 시공간 속에 엄연히 존재한다. 공동위원회가 탄력을 잃고 단독정부 수립 여론이 고조되자 국내 좌우 세력의 일부는 공동위원회가 개최됐던 석조전에서 합작을 논의했다. 좌우 합작의 핵심 인물 몽양 여운형이 암살로 숨을 거둔 장소는 혜화동 로터리였으며, 분단이 가시화하며 남북 대화의 필요성이 집결했던 공간 역시 서울에 있는 백범 김구의 집무실인 경교장이었다. 이처럼 서울은 한반도의 분열과 통합을 두루 성찰할 수 있다는 공간적 의미도 지닌다.

해방 정국의 분열이 어떻게 발생했고 확산했는가, 그 과정 속 내·외부 요인은 무엇이었는가, 분단은 필연이었는가, 분열을 막지 못해 우리는 어떤 대가를 치러야 했으며 분열을 극복하려는 시도들과 그것이 좌절되는 과정들… 서울에서 해방 정국의 분열과 통합의 흔적을 톺아보며 많은 이와 함께 분단 극복의 단초를 길 위에서 모색하기를 소망한다. 특히 남북 관계가 부침을 반복하고 국제 관계에서 신냉전이라는 이름의 새로운 위기를 맞은 오늘날에는 더욱이.

경교장: 독립운동 투사가 통일운동에 투신하기까지

1945년 11월 23일, 계절이 겨울로 들어설 무렵에 김포비행장으로 비행

경교장.

기 한 대가 착륙한다. 이윽고 백범 김구를 비롯한 대한민국임시정부 요인들이 기체에서 몸을 내린다. 해외 독립운동의 상징과도 같은 이들이 해방 후 처음 조국 땅을 밟는 순간치고는 초라한 귀환이었다. 당시 한반도 이남을 지배하던 미군정은 임시정부와 귀국 방식을 두고 장기간 협상을 벌였지만 끝내 미군정은 임시정부에 정부가 아닌 개인 자격을 부여했다. 38선 북쪽을 점령한 소련군정에 맞서 향후 한반도 문제에 영향력을 관철하려 한 미국에게 임시정부는 존재 자체로 경계 대상이었다. 그럼에도 조선 민중은 임시정부의 귀환에 환호했고 임시정부 역시 나름의 정국을 구상하고 있었다. 경교장은 그런 임시정부가 꿈꾸던 새 국가 건설안의 산실이요, 투쟁의 기지였다.

임정봉대론, 신탁통치 반대운동 그리고 남북협상과 같은 해방 정국의 굵직한 정치적 사안들이 바로 이곳에서 논의되고 무르익었지만 경교장의 가치가 인식되고 공공이 보존에 나선 것은 최근의 일이다. 해방 정국의 주도권을 두고 국내외 세력과 갖은 알력이 끊이지 않던 임시정부의 행적과 경교장의 역사는 결을 같이하는 듯했다.

경교장 1층에는 당시 응접실과 임시정부 선전부 활동 공간이 재현돼 있다. 먼저 임시정부 국무위원회가 개최됐던 응접실이 눈에 띈다. 1945년 12월 3일, 귀국 후 제1회 국무위원회도 이곳 응접실에서 열렸다. 기록에 따르면 당시 임시정부 인사들은 물론, 언론의 취재 열기로 방에는 발 디딜 틈조차 없었다고 한다. 조국이 독립에 이르기까지 해외에서 온갖 고초를 치른 지사들이 새 조선의 향방을 논의하는 첫 회동이라는 점에서 자연스러운 관심이었다. 북적이는 공간에서 김구와 참석자들은 어떤 구상을 품고 있었을까.

그러나 얼마 지나지 않아 한반도 공론장을 뒤흔드는 사건이 발생한다. 바로 신탁통치 왜곡보도다. 1945년 12월 27일, 당시 「동아일보」는 소련 모스크바에서 열린 미국·영국·소련의 외상회의 결과를 두고 정반대의 보도를 했다. 미국이 제안하고 최대 10년의 기간을 상정한 신탁통치안이 소련 주도로 둔갑된 것이다. 갓 식민지 상태에서 벗어난 조선인에게 또 한 번 외세의 통치를 받을지도 모른다는 생각은 두려움으로 다가왔을 것이다. 보도 직후, 정치적 성향을 불문하고 많은 이가 신탁통치 반대에 열을 올리게 된 배경이다. 그리고 임시정부는 그 선봉을 자처했다.

보도 다음 날인 28일, 임시정부는 경교장에서 긴급 국무위원회를 열고 밤새도록 대책을 논의했다. 곧이어 신탁통치반대국민총동원위원회를 설치하며 반탁운동 전개를 공표했다. 해방년도 마지막 날인 12월 31일, 총동원위원회는 서울운동장(현 동대문디자인플라자)에서 대규모 반탁 시위를 주도했고 같은 날 임시정부 내무부는 포고령 제1호·제2호를 동시 발표했다. 조선의 제반 산업과 행정청 소속 조선인 직원들을 모두 임시정부로 귀속시킨다는 것이 골자였다. 한반도 이남에 진주할 당시 이미 군정의 지시를 따르도록 포고한 미군은 임시정부의 발표를 일종의 쿠데타로 인식했다. 이윽고 당시 하지 군정사령관과 김구가 만나 격렬하게 충돌했지만 임시정부가 한발 물러나는 것으로 사태는 일단락됐다. 그러나 이번 사건으로 미군정이 김구를 사실상 협력 선상에서 제외하며 해방 정국 속 임시정부는 영향력을 잃어 갔다.

응접실에서는 독립운동의 상징과도 같은 김구가 임시정부의 역사성과 정통성을 오롯이 인정받아 신국가 건설에도 투신코자 했던 결의가 읽힌다. 한편으로는 임시정부가 탁치 정국에서 유연하게 대응했더라면 분단과 그 이후 이어진 현대사의 비극이 조금이라도 완화되지 않았을까 하는 아쉬움이 짙게 이는 공간이기도 하다.

이듬해와 그다음 해까지도 반탁의 기치를 치켜든 김구는 삼상회의의 결과로 설치된 미소공동위원회에 이어 좌우합작위원회까지 실패로 돌아가자 태도를 바꾼다. 통일 조국의 꿈이 멀어지는 환경에서 다시 한번 팔을 걷고 나선 것이다. 1947년 10월 한국독립당(韓國獨立黨) 집행위원회는 남북대표회의 개최를 골자로 한 긴급제안을 발표했고 곧이어 10여 개 중도 성향 정당들과 단독정부 반대를 목적하는 협의회를 구성했다. 거기에 1948년에는 유엔과 북측에 남북 대화를 제안하기까지 한다. 이미 기울어진 정국에서 김구의 38선 이북행을 염려하는 사람들은 경교장 앞에 모여들어 울고 빌며 만류했다. 하지만 뜻을 굽히지 않은 김구는 2층 테라스에 서서 통일 조국을 위한 남북협상의 필요성을 연설했다. 38선을 넘는 날에는 인파를 피하기 위해 지하 통로를 통해서야 경교장을 간신히 빠져나갔다.

한반도의 남과 북 모두에 단독정부는 안 된다고 역설한 김구는 끝내 1948년 남과 북에 각기 다른 정부가 탄생한 다음에도 통일을 향한 염원을 멈추진 않았다. 하지만 1949년 6월 26일, 2층에서 집무를 보던 김구는 저격범 안두희(安斗熙)의 총탄에 목숨을 잃는다. 독립운동의 상징은 그

경교장 2층. 김구가 암살로 숨을 거둘 당시의 총탄 자국이 창문에 그대로 재현돼 있다.

렇게 허망하게 스러졌다. 저격 당시의 흔적이 2층 거실 쪽 창가에 재현돼 있다. 과거에는 유리창에 새겨진 탄흔을 코앞에서 볼 수 있었다는데 현재는 경계선이 쳐 있어 그럴 수 없다.

조국의 독립과 통일된 조국을 평생 꿈꾸고 실천해 온 인물은 강단으로 난관을 겪기도 했지만 결국 어디에도 의존하지 않았기에 남북 대화를 떳떳하게 주창할 수 있었다. 한반도의 많은 이가 오늘날까지도 김구를 추억하고 존경하는 까닭은 한반도 평화통일과 자주적 문화 창달이라는 그의 굳은 신념이 여전히 필요하고 유효하다고 느끼기 때문은 아닐는지.

동아일보: 원칙 잃은 저널리즘, 한반도를 갈라놓다

경교장에서 15분, 1킬로미터 정도 걸으면 광화문 한복판에 선 동아일보 사옥을 마주한다. 우리나라 주요 전국지들과 달리 「동아일보」는 1926년

광화문
동아일보사.

대 지어진 사옥이 보전돼 있고 현재 일민미술관으로 쓰인다. 덕분에 과거의 자취를 더욱 생생하게 느낄 수 있다. 그만큼 「동아일보」는 현대사의 질곡이 오롯이 새겨진 언론이기도 하다.

무엇보다 「동아일보」 창간의 주역인 인촌 김성수는 현재 친일반민족행위자로 규정돼 2018년에 서훈이 박탈된 인물이다. 김성수의 친일 행적은 과거부터 논란을 빚어 왔고, 2016년 「동아일보」 측이 제기한 친일반민족행위 결정 처분 취소 소송은 2017년 4월 대법원에서 원고 일부 패소로 확정됐다. 당시 대법원은 김성수가 태평양전쟁 시기 "일제 침략 전쟁 승리를 위해 총력을 기울일 것을 역설하는 글을 「매일신보」에 기고"했으며 진상규명위원회가 "친일반민족행위에 해당한다고 본 것은 적법"하다고 판시했다.

1910년 8월 조선을 병탄해 식민지화한 일제는 곧바로 국내 언론들을 폐간한다. 통치 효율을 목적으로 삼은 언론 통제는 1919년 3.1만세 운동으로 변곡점을 맞는다. 무단통치로는 한계를 절감한 조선총독부가 기만책의 일환으로 신문 발간 일부 허용으로 노선을 튼 것이다. 그 결과 1920년 3월 5일에는 「조선일보」가, 4월 1일에는 「동아일보」와 「시사신문」이 창간됐다. 그중 「시사신문」과 「조선일보」는 친일 진영이, 「동아일보」는 민족 진영이 창간에 앞섰다. 호남 대지주 출신이자 방직 사업체의 사장이었던 김성수의 자본은 친일 협력의 수혜로 성장했지만 적어도 「동아일보」의 출발은 민족지였다.

"조선 민중의 표현 기관임을 자임"한 「동아일보」는 곧장 민중의 인기를 끌었다. 하지만 변화는 창간 4년 만에 도드라졌다. 대표적 친일 문인인 춘원 이광수가 1924년 〈민족적 경륜〉이라는 사설을 통해 자치론을 주장한 것이다. 1919년 만세운동 이후 유화책을 펼친 일제 당국에 호응해 김성수를 비롯한 일부 지식인들은 식민 지배라는 틀 안에서의 자치권 확보 운동을 제기하고 있었다. 이광수의 사설은 그 표상일 뿐이었다. 조선 안팎으로 자치론에 대한 비판이 거셌지만 「동아일보」의 친일 행보가 노골적으로 변한 것도 이 무렵이다. 1930년대 말에는 일본 왕의 사진과 신년사가 1면을 장식했고 조선인 징집과 전쟁 자금 후원을 독려하는 기사까지 실렸다. 이후 전시 동원 체제가 강화되며 1940년 「동아일보」가 폐간됐지만 당시의 폐간을 경영진의 애국적 결단이나 저항으로 해석할 수는 없다.

식민 지배가 지속되며 민족주의 진영의 지도자 상당수가 이광수와 같이 일제에 타협했고 더러는 적극적 친일파로까지 변모했다. 조선의 독립은 변절한 이들에게 위기와 같았을 것이다. 새로 살 길을 모색한 변절자들은 상실된 정치적 정통성을 미군정과 임시정부를 통해 회복하려 했다. 임시정부의 귀국을 촉구하면서도 사회주의와 대척점에 선 미군의 진주를 환영한 것은 양면성을 보여 주는 한 장면이다. 조직적 움직임의 결집체는 1945년 9월 16일 창당된 한국민주당이었다. 한국민주당 탄생의 중심에는 김성수가 있었고 「동아일보」 사장 송진우가 당 수석총무를 맡았다. 당시 「동아일보」에 한민당 기관지라는 평가가 따라붙는 이유였다.

혼란한 해방 정국에서 「동아일보」와 한민당 주요 인사들은 미군정과 긴밀히 교류하며 군정 내 조선인 고문을 맡는 등 과거의 영향력을 회복하는 데 주력했다. 왜곡 보도 사건 이전부터 「동아일보」는 소련의 야욕을 의혹케 하는 기사들을 게재했다. 12월 25일자 지면에 실은 조선독립촉성중앙회의 성명은 "소련은 조선의 절반을 점령하고 있"으며 "미 점령군이 철퇴하게 된다면 소련은 남부조선까지도 주저 없이 점령할 것임은 틀림없다"라고 단언한다. 언론의 취재 보도는 가치판단을 전제한다지만 「동아일보」의 가치판단에 좌우 협력 또는 외교적 해결책이 고려됐다고 보기는 어렵다.

1945년 12월 27일, 「동아일보」 1면 머리기사는 〈소련은 신탁통치주장, 미국은 즉시독립주장〉이었다. 1943년 카이로회담서부터 미국이 최대 기한을 40년, 10년 그리고 모스크바 삼상회의에서 5년으로 줄여 가며 관철을 밀어붙인 한반도 신탁통치 구상이 「동아일보」 지면에서는 소련의 주도로 변신했다. 해당 보도는 갓 해방을 맞은 한반도의 공론장에 큰 파문을 일으켰고 국내에서는 반소·반공의 목소리가 들끓게 됐다.

그러나 삼상회의 결정문이 주한 미군사령부에 공식 전달된 것은 보도 이틀 뒤인 29일이었다. 결정문을 입수한 경위도 불투명했다. 「동아일보」의 보도와 같은 날 주일 미군사령부 기관지 「태평양성조기」에서 같은 내용을 보도했지만 해당 기사를 쓴 기자는 악명 높은 오보로 유명한 사람이었다. 출처도 불분명한 왜곡 보도는 "찬탁=매국, 반탁=애국"이라는 논리를 낳았다. 이 논리의 최대 수혜자는 숨 죽여 살던 식민 지배의 협조자들이었다. 과거 친일을 했어도 반탁 대열에 합류하면 애국자 행세를 할 수 있었다.

삼상회의 결정문의 핵심인 '미소공동위원회를 통한 조선민주주의 임시정부 수립'은 보도에서 은폐되거나 축소됐다. 그런데도 「동아일보」는 정정 없이 반탁 선동을 꾀하는 기사를 연신 내보냈다. 정세를 판단하는 신중한 태도가 어느 때보다 요구됐지만 「동아일보」와 부일 협력자들은 대화와 협력이라는 민주적 가치를 희생시켜 가며 자신들의 영향력을 회복하는 데 주력했다. 1948년, 끝내 남과 북에 단독정부가 수립돼 분단이 시작한 배경에는 무책임하고 기회주의적인 언론도 녹아 있다.

2000년 「동아일보」에서 문을 연 신문박물관은 구사옥인 일민미술관 건물 5~6층에 위치한다. 박물관을 방문한 날, 입구 부근 전광판에는 "역사를 통해 '미래'를 배우는 현장"이라는 문구가 흐르고 있었다. 「동아일보」가 인식하는 해방 정국의 역사는 어떠할까. 「신문의 역사」 전시 속 '1945~1948 해방 공간의 좌우 대립'은 다음과 같이 설명한다.

> "좌익계 신문들은 소련의 지령에 따라 한국을 5년 동안 신탁통치하는 안을 찬성했다. 미군정은 허위 과장기사로 군정을 공격하던 좌익계 신문을 통제하기 시작했다. (…) 우익계 신문들은 이승만, 김구의 한민당을 지지하고 신탁통치에 반대하면서 자유선거가 가능한 남한 지역에서만이라도 총선거를 실시할 것을 촉구하는 논조를 폈다."

왜곡 보도에 대한 반성은커녕 색깔론에 기반한 정국 분석이 도드라진다. '신탁통치와 신문의 태도'의 설명도 이와 유사하다.

> "모스크바 삼상회의에서 신탁통치가 거론되자 신문의 논조는 찬반양론으로 뚜렷하게 나누어졌다. 극단적인 흑백논리로 치달았던 좌우익이 상반된 논조의 신문사를 습격하는 테러사건도 빈번하게 일어났다."

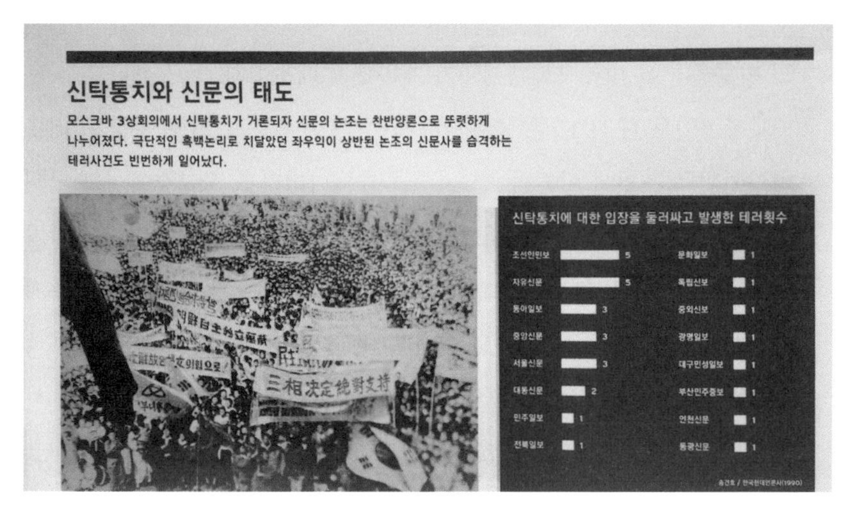

일민미술관 5층 신문박물관의 「신문의 역사」 코너.
신탁통치를 설명하지만 왜곡보도에 대한 반성 없이 색깔론이 은근하게 묻어난다.

해방 정국에서 좌우 대립이 격했던 것은 피상적 사실이다. 대립을 격하게 만든 진원으로 거슬러 올라가면 「동아일보」의 왜곡 보도가 있다. 그런 신문사가 과거에 대한 책임을 회피하고 양비론과 색깔론으로 역사를 설명한다면 우리는 그 역사에서 어떤 미래를 배울 수 있을까.

덕수궁 석조전: 분단 극복의 제1기로, 미소공위의 현장

석조전 내부를 처음 들어가 본 것은 2022년 가을의 일이다. 그해 10월부터 한 달 조금 넘게 열린 대한제국 선포 125주년 기념 특별 전시 「황제 고종」을 관람하기 위해서였다. 서울의 다른 궁에서는 찾아볼 수 없는, 오직 덕수궁에만 있는 신고전주의 양식의 근대 건축물 탐방은 그 자체로 신선했다. 비단 건축의 이질성 때문만이 아니다. 바로 이곳에서 한반도의 명운을 가를 미소공동위원회가 개최됐기 때문이다.

「동아일보」에서 10분, 경교장에서는 15분 정도 걸어 덕수궁 경내를 따라가면 석조전에 이른다. 걸음 수가 늘어나더라도 경교장에서 출발해 정동 돌담길을 따라 덕수궁을 방문해 보는 것도 괜찮을 성싶다. 노래 가사로 회자될 만큼 고즈넉한 분위기가 사색하기 좋은 환경을 마련해 주기 때문이다.

덕수궁은 원래 조선 9대 임금 성종의 형인 월산대군의 후손들이 사는 집이었다. 14대 임금 선조가 임진왜란이 끝나고 이곳을 임시 거처로 삼으며 처음 궁궐로 사용했다. 다음 대 광해군이 창덕궁에 기거하며 임시 거처는 경운궁으로 이름이 바뀌었다. 경운궁은 26대 임금 고종이 아관파천 이후 러시아공사관에서 돌아와 다시 궁으로 사용했다. 고종이 대한제국을 선포하며 황제에 등극하자 경운궁은 황궁에 걸맞도록 영역이 확장됐다. 가장 넓었을 때는 현재 규모의 3배에 달했다고 한다. 하지만

덕수궁 석조전.

1907년 일본이 고종을 강제 퇴위시키며 경운궁은 덕수궁으로 또 한 번 개명됐다. 덕수궁은 고종이 생을 마치는 날까지 머문 공간이었지만 일제강점기가 시작되며 미술품 전시관으로 축소됐다.

덕수궁의 석조전은 1897년 대한제국 선포 이후 건립을 계획해 1900년에 착공, 1910년에 준공됐다. 우리 궁궐에서 보기 드문 근대 건축물이지만 1950년 7월 한국전쟁 시기 북한의 폭격으로 파괴됐다가 2014년에 비로소 준공 당시의 모습으로 복원됐다. 이후 석조전에 대한제국역사관이 개관하며 예약을 하면 시민들이 내부도 구경할 수 있는 문화재로 자리매김했다.

1946년 3월 20일 오후 1시, 바로 이곳에서 제1차 미소공동위원회(이하 미소공위)가 개최됐다. 1945년 말 모스크바 삼상회의의 「조선에 관한 결정문」 제2항에 따른 회의체가 첫발을 뗀 것이다. 그날 회의에는 주한 미군사령관 하지, 소련 수석대표 스티코프를 필두로 양국 대표들이 참석했다. 하지만 조선의 임시정부 조직을 돕기 위해 양국이 머리를 맞댄 역사적 회의체는 금방 좌초할 위기에 처한다. 협의 대상을 두고 양측의 입장차가 선명했기 때문이다.

미국 측이 협의 대상으로 선정한 정당과 사회단체는 주로 우파 세력이었는데 이들 다수는 탁치 반대에 강경했다. 소련 측도 반탁 의사를 포기하지 않는 정당, 사회단체와는 협의할 수 없다는 입장을 견지했다. 평행선을 달린 공위는 같은 해 5월 초 무기한 휴회에 들어섰다. 그러던 차 이승만이 6월 3일 전라남도 정읍에서 단독정부론을 시사하며 해방 정국에 또 한 번 파문이 일었다.

"이제 우리는 무기휴회된 공위가 재개될 기색도 보이지 않으며, 통일정부를 고대하나 여의케 되지 않으니 우리는 남방만이라도 임시정부 혹은 위원회 같은 것을 조직하여 38 이북에서 소련이 철퇴하도록 세계 공론에 호소하여야 될 것이다."

누구도 쉽게 공언하지 못한 단독정부의 가능성이 당시 유력 정치인의 입에서 제기된 것이다. 분단의 두려움은 좌우합작위원회의 구성이라는 결과를 낳기도 했지만 미소공위가 동력을 잃은 것 또한 여파였다.

1947년 반탁운동이 재차 격화되는 와중에 미국과 소련은 그해 1월 공동위원회 재개를 합의했다. 5월 21일, 제1차 미소공위가 열린 석조전에서 제2차 미소공위가 개최됐다. 누가 한반도 문제를 논의할 주체가 될지, 그 기로에 다시 선 것이다. 그러나 제2차 미소공위 역시 참가 단체의 범위를 두고 첨예하게 대립했으며 회의론은 안팎으로 고조됐다.

한편 한국민주당은 공동위원회 참가를 공식 발표하면서도 반탁에 대한 태도를 좀처럼 굽히지 않았다. 두 갈래 길을 동시에 가려는 독특한 노선에는 정략적 의도가 짙게 깔려 있었다. 당의 주요 자산인 미군정과의 우호 관계를 거스르지 않음과 동시에 탁치 반대를 견지한다면 소련이 회담에 이탈하고 단정론에 힘이 실려 정국 주도권을 잡을 수 있다는 분석이다. 한국민주당 선전부는 1948년 미소공위 결렬로 인한 한반도 문제 UN 이관이 "자당 전술의 결과"라고 자평한 바 있다. 미소공위에 참여한 한민당의 목적은 통일정부 수립과 거리가 있었다. 결국 1947년 8월부터 공전하던 미소공동위원회는 같은 해 10월 21일 소련 대표단이 철수하며 막을 내린다.

미소공위의 성립과 좌절은 해방 정국의 결정적 순간으로 꼽히기 충분할 만큼 영향력이 지대했다. 주체로서 한국인이 스스로 분단을 막아 볼 기회였기 때문이다. 만약 이해관계자들이 분단만은 안 된다는 데 인식을 같이하고 대화를 이어 갔더라면… 역사적 가정은 석조전에서 각별해진다.

동대문운동장기념관: 해방 정국의 아우성이 운동장을 울리다

동대문디자인플라자(DDP)는 서울의 유명 관광지 중 하나다. DDP가 들어선 지 20년이 되어 가는 탓에 옅어진 감이 있지만 이곳의 원래 명칭은 동대문운동장이었다. 운동장은 일제강점기부터 2007년에 철거되기까지 많은 사람이 각자의 목적으로 모이는 공간이었다. 군중 결집의 전성기는 단연 해방 정국이었다.

1925년 10월 문을 열 당시의 경성운동장은 최대 2만 6천 명에 가까운 인원을 수용할 수 있었다고 한다. 1920년대 서울의 인구가 20~30만 명이라는 사실에 비추면 지역 인구를 10퍼센트 넘게 품을 수 있는 공간이었다. 규모가 커 집결과 통제 또한 용이하니 대형 집회나 체육 행사를 여는 대표적인 장소로 자리매김했다. 대한제국의 마지막 황제, 순종의 국장도 1926년 6월 경성운동장에서 치러졌다. 일제강점기에는 운동장에서 '경평(서울-평양) 친선 축구대회'가 열리기도 했지만 1937년 중일전

동대문운동장기념관 외부.

쟁이 발발하며 스포츠 경기마저 자취를 감췄다. 빈 운동장은 일제가 주도하는 관제 행사로 채워졌다.

해방을 맞아 서울운동장으로 이름이 바뀌고 사람들은 운동장으로 다시 모여들었다. 1945년 12월 19일, 서울운동장에서 열린 임시정부 귀국 환영 행사에는 무려 15만 명이 참석했다고 한다.

얼마 지나지 않아 모스크바 삼상회의 결정을 두고 정국이 파국으로 치달았다. 그 양상은 서울운동장에도 고스란히 반영됐다. 임시정부 우익 세력이 주도하는 '신탁통치반대국민대회'가 1945년 12월 31일 이곳에서 개최되며 동대문 일대는 반탁 물결로 뒤덮였다. 이듬해 1월 3일에는 서울인민위원회 주관으로 '민족통일자주독립시민대회'가 열렸지만 좌익 계열이 삼상회의 지지로 노선을 급하게 변경하며 집회에 와서야 이를 알게 된 참석자가 많았다고 한다.

대규모 집회가 1945년 3회, 1946년 14회, 1947년 9회, 1948년 3회 열리며 서울운동장은 해방 정국의 성토장으로 기능했다. 하지만 좌익과 우익이 함께 모이는 경우는 드물었다. 1946년 해방 이후 처음 맞는 3.1절 기념 행사를 좌우가 함께 개최하는 안건이 논의됐지만 삼상회의 결정문 해석에 대한 입장 차가 좀처럼 좁혀지지 않으며 끝내 무산됐다. 우익은 보신각에서, 좌익은 파고다공원(현 탑골공원)에서 기념식을 치렀고 시민대회 역시 각각 서울운동장과 남산공원에서 따로 개최됐다. 민족 최대의 기념일은 이렇게 첫해부터 반쪽이 됐다.

1946년 5월 1일에도 메이데이(노동절)를 맞아 행사를 위해 좌익과 우익이 모두 서울운동장에 모이긴 했지만 한 공간에 있진 않았다. 대한노동총연맹(우익)이 주최하는 3천 명 규모의 기념대회는 축구장에서, 조선노동조합전국평의회(좌익)가 주최해 3만 명이 군집한 행사는 야구장에서 치러졌다. 해방 정국 속 좌익과 우익이 좁힐 수 있는 최대한의 거리가 아니었을까.

해방 후 첫 광복절 기념식도 미군정청 공보부가 좌익과 우익을 오전 오후로 나눠 치르는 방안을 검토했지만 실현되진 않았다. 심지어 다음해 3.1절 기념행사에서는 무력 충돌까지 발생했다. 민주주의민족전선(좌익)이 남산공원에서, 기미독립선언기념시민대회(우익)가 서울운동장에서 각기 행사를 마치고 나오는 길에 남대문 일대에서 마주친 양측은 돌팔매질 등 폭력을 행사했고 진압 과정에서 사망자까지 발생했다.

미소공위가 빈손으로 막을 내리며 한반도 문제가 유엔으로 이관되자 1948년 초 서울운동장에는 유엔한국임시위원단 환영대회가 열렸다. 삼상회의를 두고 나눠진 정치 집회는 단독정부 찬반으로 내용이 바뀌었고 좌우 갈등이 고조되며 미군정은 관제 행사 개최만 허용했다.

1985년, 서울운동장은 동대문운동장으로 이름이 바뀌었다. 이후 잠실운동장과 같은 대규모 체육 공간이 형성되며 동대문운동장의 위상은 점차 쇠락했다. 문화관광지 조성과 경제 활성화를 목적으로 2007년에 동대문운동장이 문을 닫았고 그 자리에는 몇 년 뒤 DDP가 들어섰다. 그리고 현재 DDP의 구석 한편에는 동대문운동장기념관이 있다.

기념관이 소개하듯 "이곳에 기록하는 운동장의 역사는 곧 한국 근현대사의 흐름 속 치열했던 시간의 기억"이다. 오늘날도 마찬가지지만 해방 정국 속 조선인들이 의도하고 꿈꾸던 바가 전부 같을 수는 없다. 하지만 언론의 왜곡 보도, 정파적 선동이 정국을 뒤흔들며 민주적이고 평화로운 문제 해결은 시대 속에서 빛을 잃어 갔다.

공교롭게도 남북 통합을 주창했던 김구와 여운형의 장례식은 모두 서울운동장에서 치러졌다. 특히 여운형의 암살은 서울운동장에서 열릴 국제올림픽 참가 기념 경기대회 참석 차 환복을 위해 귀가하던 중 이뤄졌다. 좌우 합작의 날개가 꺾이고 단독정부가 현실이 된 시기였지만 두 인물의 마지막을 배웅하기 위해 각계각층의 인파가 운동장을 메웠다. 그 시절, 광장을 메운 외침들을 떠올려 본다.

몽양 여운형 선생 서거지: 차이를 극복하려는 사랑, 그 좌절

"나뉘면 쓰러질 것이오, 합하면 일어서리라"

종로구 혜화동 로터리 우체국 앞, 조그만 벤치 옆에 들어선 비석에 적힌 문구다. 이곳은 몽양 여운형이 1949년 7월 19일 암살당한 장소다. 외교가, 선교사, 혁명가, 체육인… 여운형을 수식하는 표현은 다채롭지만 결국 그의 삶을 관통하는 단어는 표지석이 말하듯 통합이 아닐까.

1946년 5월, 제1차 미소공동위원회가 협의 대상을 두고 갈등하다 끝내 휴회 상태에서 결렬되며 단독정부 수립의 우려가 고조됐다. 좌익의

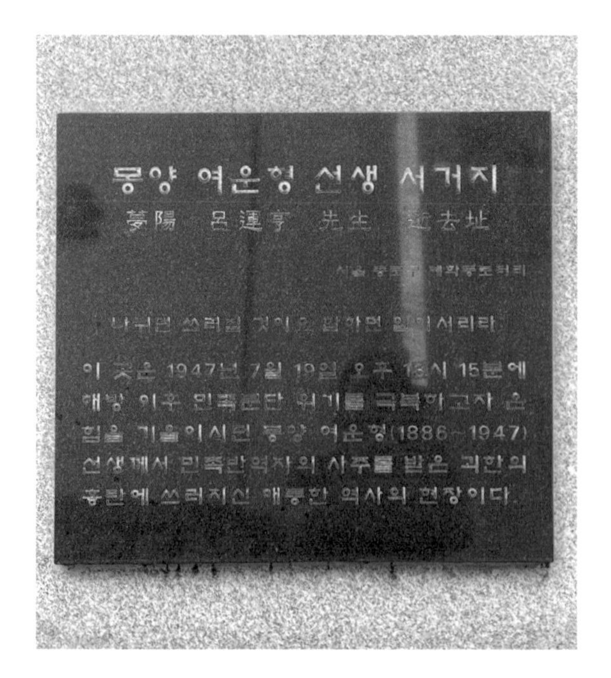

종로구 혜화동 로터리(혜화동 우체국) 앞 몽양 여운형 선생 서거지.

여운형과 우익의 김규식을 위시한 합작 세력이 머리를 모으는 계기였다. 임시정부 시절부터 합작을 경험한 이들은 조국이 위기에 처한 순간에 다시 뭉치기 시작했다. 이승만의 정읍 발언 이후로 이 같은 물밑의 합작 시도는 수면 위로 떠올랐다.

이들은 신탁통치와 친일파 청산 문제를 두고 견해 차이를 보이기도 했지만, 통일국가 수립이라는 대의 아래 끈질기게 대화를 이었다. 합작 세력은 모스크바 삼상회의 결정과 미소공위를 통한 한반도 문제 해결이 단독정부를 막을 가장 현실적인 방법이라는 인식에 결을 같이했다. 결국 미소공위 재개, 상호 테러 금지에 합의한 이들은 1946년 7월 25일, 미소공위가 열렸던 덕수궁 석조전에서 좌우합작위원회 1차 정식회담을 개최했다.

좌우 합작 세력이 우익 측 민주의원과 좌익 측 민주주의민족전선의 반대파를 어렵게 설득한 끝에 양측의 공식 지지를 얻어 냈지만 좌우합작위원회는 금세 위기를 겪는다. 박헌영이 같은 해 7월 말 평양에서 돌아온 이후 일방적 언론 발표 금지라는 합의를 깨고 조선공산당이 작성한 좌우 합작 5원칙을 발표한 것이다. 우익 역시 조선공산당의 발표 이틀 뒤인 7월 29일 좌우합작 8원칙을 발표하며 맞대응했고 좌우합작위원회 2차 정식회담은 결국 무산됐다. 좌익의 분열은 단정론이 확산한 배경 중 하나였다.

그럼에도 합작의 의지를 꺾지 않은 여운형은 같은 해 10월 7일 새로운 7원칙을 발표했다. 토지에 대한 무상몰수가 아닌, 조건부로 대가를 지급하는 유조건 몰수 방식의 토지개혁안 등 우익이 동조할 수 있는 내용을 최대한 마련하며 좌우 세력을 협상 테이블로 복귀시키고자 노력했다. 그러나 7원칙 발표 이후, 10월 항쟁으로 미군정이 공포한 남조선과도입법의원 선거에는 대규모 체포령이 내려진 좌익 세력의 참여가 사실상 불가한 상황이 빚어졌다. 합작 세력은 선거 연기를 번번이 요청했지만 소득이 없었다. 이후 조선공산당은 남한 내 좌익 정당을 합당해 남조선로동당을 창당했고 같은 해 12월 과도입법의원마저 출범하며 좌우 합작은 동력을 크게 잃었다. 그리고 1947년 7월 19일, 혜화동 로터리에서 여운형이 암살당했고 12월 15일 좌우합작위원회는 끝내 해산했다.

> "사랑에서도 목표는 차이의 지점인 세계를 그야말로 하나하나 빠짐없이 경험해 나가는 것이지 종의 재생산을 확보하는 데 놓여 있는 것은 아니라는 말입니다."

프랑스 철학자인 알랭 바디우(Alain Badiou)의 『사랑예찬』에 실린 문장이다. 대뜸 사랑 이야기를 꺼내는 까닭은 여운형이 로맨티시스트로도 불렸기 때문은 아니다. 모든 종류의 사랑에는 갈등이 필연이다. 다른 세계관을 지닌 이들의 만남에는 차이가 있을 수밖에 없다. 그렇다면 사랑에서 중요한 것은 공통점에 매달려 전혀 갈등하지 않는 데 있지 않다. 서로의 차이를 모색하며 대상과 새로운 세계를 창출해 나가는 것이 사랑이다. 그런 의미에서 해방 정국 속 여운형은 이 같은 사랑의 정의에 충실했던 인물이 아닐까. 물론 그 사랑의 궁극적 지향점은 조국 독립과 통일 조국이었을 터다.

정치적 영향력에 손상을 입으면서도 남과 북, 좌우의 소통을 잇고자 분투했던 여운형, 사실 그는 당대 여러 세력에게 두루 비판받았다. 사망할 때까지 열한 차례 테러 시도가 있었고 열두 번째 총격에서 명을 달리한 것이다. 그럼에도 여운형은 "나에게는 다른 길은 없다. 죽어도 이 길을 가야 한다"며 좌우 합작과 통일 조국의 꿈을 마지막까지 버리지 않았다.

만일 우리가 상대를 이해하기보다는 타자화하고 이질화하며 그것을 다시 합리화하는 데 익숙하다면 여운형의 삶은 어두운 역사를 극복하는

데 오늘날에도 시사하는 바가 크다.

해방 정국의 분열은 외인 또는 내인만으로 격화한 것이 아니며 또한 여러 정치 세력의 작용이 만들어 냈을 만큼 필연적인 수순도 아니었다. 그런데도 당대의 분열이 허망하게 다가온다면 우리가 아직까지 분단을 벗어나지 못했기 때문일 것이다. 1945~1948년에도 마찬가지였겠지만 분단 극복을 두고 누군가는 풀 수 없는 문제라고 생각할지 모른다.

오늘날 남과 북은 물리적·심리적으로 거리를 좁힐 수 없게 됐으며 통일하지 않아도 각자가 지금처럼 떨어져 살아도 괜찮겠다는 발화가 눈에 자주 띈다. 그러나 아물지 않은 상처와 잠재하는 갈등 가능성을 외면한 채 각자도생하자는 말은 더 큰 갈등을 후대로 미루겠다는 말과 다름없다. 우리는 이미 공동체가 분단되는 과정과 분단 이후의 시간에서 분단이 빚은 대립과 그것이 낳은 상처를 숱하게 목격해 왔다. 그렇기에 통합의 씨앗을 찾아 심으려는 노력은 더욱 절실하다. 또한 분열을 극복해 보려는 시도들은 갈등이 첨예했던 80년 전에도 분명 존재했다. 분열을 걸으며 통합을 상상해 보는 길은 홀로 걷는 길이 아닌 셈이다. 통합은 과정이다. 평화와 공존을 위한 소통은 꾸준히 이어야 할 숙제다. 한반도 분단 극복의 실마리를 고민하는 이들과 이 길 위에서 만나기를, 분열을 걸으며 통합을 상상해 보는 시간이 되길 바란다.

'인권우체통'에 부치는 편지: '남산'의 폭력과 고통 그리고 기억

김종곤

'가짜'를 '진짜'로

헌법 제1조 2항에서도 규정하고 있듯이 대한민국의 주권은 국민에게 있다. 또 대한민국을 통치하는 권력은 국민으로부터 나온다. 그래서 우리는 어느 영화의 대사처럼 국가의 중심은 곧 국민이며 국가는 국민의 생명과 안전을 보장하는 것을 최우선으로 한다고 믿는다. 또 국가의 정당한 권력이 법에 따라 사용돼야 하는 것은 법치주의를 내세우는 대한민국에서 너무나도 당연한 것이라 믿는다.

하지만 우리는 국가권력이 국민을 보호하기보다는 법 위에 앉아 공권력을 휘두르고 살해를 저지른 수많은 역사를 알고 있다. 그런 국가권력은 법치주의에는 예외가 없다고 말하면서 정작 자신은 법의 효력을 정지하고 예외가 된다. 그렇기에 아이러니하게도 국가권력은 늘 두려움의 대상이었다.

그렇다고 국가권력이 완전히 법의 테두리 바깥에 있는 것은 아니다. 또 어떤 이유도 제시하지 않고 폭력을 자행하는 것도 아니다. 예를 들어 국가권력은 헌법에서 대통령의 권한으로 인정하고 있는 비상계엄을 선포하고 국민들의 기본권을 제한했을 뿐만 아니라 반정부 인사들을 강제로 체포, 구금했으며 급기야 군대를 동원해 시민들의 입을 틀어막았다.

밀란 쿤데라(Milan Kundera)는 『지혜』에서 "권력은 자신의 범죄를 질서라는 이름으로 위장한다"고 말한 바 있다. 그처럼 국가권력이 폭력을 행사할 때면 어김없이 국가 안보니 공공의 안녕질서를 명목으로 내세워 정당성을 얻으려고 했다. 요컨대 국민을 향해 폭력을 휘두르는 국가권력은 법의 테두리 바깥에 있으면서도 법을 이용하며 국가 본연의 의무인 국민의 안전을 이유로 제시한다.

그렇기에 국가폭력의 부당함과 모순성은 은폐되기 쉽다. 분단된 대한민국에서 국가폭력이 명목상 내세우는 위협의 대상은 북한과 간첩이었다는 점에서 오히려 그것은 정의로운 것으로 둔갑하기 일쑤였다. 많은 사람이 5.18 항쟁을 북한과 연계한 폭동이라고 믿었던 것처럼 말이다.

하지만 북한의 도발이니 간첩이니 하는 것은 대부분 실체가 없었다. 그럼에도 우리 사회가 상당한 위험에 직면했고 즉각적인 대응이 시급한 것처럼 말하면서 사람들을 불안에 떨게 했다. 마치 다른 사람에게 주목받길 원하고 극적으로 과장된 감정을 표현하는 히스테리(연극성 성격장애) 환자처럼 말이다.

그러나 국가권력과 히스테리 환자 사이에는 엄연한 차이가 있다. 히스테리 환자는 자신이 왜 그런 행위를 하는지 스스로 알지 못하지만 국가권력은 그렇지 않다. 국가권력의 불안 제스처는 분명한 목적성을 지닌다. 한나 아렌트(Hannah Arendt)가 "정치의 절반은 이미지를 만드는 것이고,

나머지 절반은 사람들이 그 이미지를 믿게 만드는 것"이라고 말한 것처럼 불안을 조성하는 정치는 일차적으로 대중의 정치적 지지를 이끌어 내는 효과를 냈다. 동시에 정치적 반대 세력을 제거하는 데 정당성을 부여하며 그 결과 권력을 안정화하고 유지시키는 데 일조했다.

다시 말하자면 국가권력이 말한 위협이라는 것은 대부분 실체가 없다. 그렇기에 국가권력은 가짜를 진짜로 만들어야 했다. 우리는 이것을 소위 조작(fabrication)이라 한다. '조작하다'는 의미를 지닌 영어의 동사 'fabricate'는 어원적으로 보자면 '이야기를 짓다', '거짓말을 하다', '누구를 속이다' 등의 뜻을 가지고 있다. 한마디로 말해 조작은 이야기를 지어 거짓말로 누군가를 속이는 행위다. 우리의 역사에서 그 행위의 최일선에 있었던 것이 바로 국가정보기관이었다.

이제는 잘 알려져 있다시피 중앙정보부(이하 중정)과 안전기획부(이하 안기부) 등은 정보와 보안 업무의 조정·감독이라는 권한을 지니고 불법적인 감청과 도청, 감시를 수행했다. 그뿐만 아니라 수많은 재야 인사와 정치인, 노동자, 언론인, 학생들을 체포·구금하고 온갖 협박과 고문으로 거짓된 자백을 받아 간첩으로 만든 폭력 기구였다. 그렇기에 국가정보기관의 현장은 진실의 신체와 정신이 굴욕적으로 짓밟힌 인권유린의 현장이다. 또 그런 점에서 짓밟힌 그 신체와 정신에 손을 내밀어 일으켜 세워야 하는 의무를 우리에게 부여하는 장소이기도 하다.

출입이 금지된 권력의 공간, '남산'

중정은 8.15 해방 직후 최초의 정보기관이었던 보안사에 비해 한참 늦은 1961년 6월 10일에 창설됐다. 그런데 쿠데타 세력들은 이미 1961년

5월 16일 오전부터 김종필을 중심으로 정보 기구를 만들려고 했으며 5월 28일에 열린 국가재건최고회의 내무위원회에서 중앙정보부설치안을 제1호 안건으로 의결했다. 이후 5월 31일 국가재건최고회의 제12차 본회의에서 설치안이 통과됐고 6월 10일 관련법이 공포됐다. 「국가재건최고회의법」 제18조 1항에 따르면 "공산세력의 간접침략과 혁명과업 수행의 장애를 제거하기 위하여 국가재건최고회의에 중앙정보부를 둔다"고 명시하고 있다. 바꿔 말하면 그 목적이 쿠데타 세력을 위한 정치적 칼날이며 그 칼날이 내부로 향하고 있음을 확실히 밝힌 것이다.

실제로 요시찰업무조정규정이 제정되면서 그 이전에는 방첩부대 소관이었던 요시찰업무에 대한 수사 기획과 감독을 중정이 전담하게 됐다. 이제 중정은 반혁명 세력과 간첩 색출 그리고 국가안보 관련 정보 활동을 목적으로 정치인에서부터 일반 민간인에 이르기까지 사찰과 감시뿐만 아니라 수사할 수 있는 권한을 가지게 된 것이다. 그런 만큼 당시에 "하늘에 나는 새도 떨어뜨린다"는 말이 있었을 만큼 중정부장의 권력은 막강했다.

민청학련 사건으로 사형선고를 받았던 전 국회의원 이철의 말에 따르면 중정은 "'영혼이 없는 권력'의 상징", "'무소불위 권력'의 또 다른 이름"이었다. 막강한 권력을 지닌 중정은 쿠데타 세력의 민정이양을 위한 공화당 창설에 깊숙이 개입했을 뿐만 아니라 박정희가 사망하기까지 동백림 사건(1967년), 서울대 최종길 교수 사망 사건(1973년), 인민혁명당재건위원회 사건(1974년), 전국민주청년학생총연합회 사건(1974년) 등 정권 연장을 위한 온갖 공작을 일삼았다.

그런데 1979년 박정희가 사망하면서 중정의 위상에 변화가 생긴다. 박정희를 살해한 김재규가 당시 중앙정보부장이었기에 12.12쿠데타로 정권을 찬탈한 전두환 신군부는 중정 산하 부서를 축소하고 인력을 감축시켰다. 1981년 전두환이 제11대 대통령에 취임하고 한 달여 뒤인 4월 8일 중정의 이름은 국가안전기획부로 변경된다. 직무범위상 거의 변화가 없었다는 점에서 안기부 역시 새로운 쿠데타 세력의 정치적 도구였던 셈이다.

이러한 역사를 가진 중정과 안기부는 서울시 중구와 용산구에 걸쳐 있는 남산 일대 예장동에 위치하고 있었다. 김대중 정권이 들어서고 안기부의 후신인 국가정보원이 1995년 서초구 내곡동으로 이전하기까지 약 23년 동안 두 정보기관은 남산 북쪽 기슭에 자리하고 있었다. 남산은 1997년 1월 10일 시민들에게 개방되기 전까지는 철저하게 출입이 통제됐다. 영화「남산의 부장들」제목에서 알 수 있듯이 남산은 한때 중정과 안기부의 대명사였다.

이들 정보기관이 사용한 건물은 총 41동이었으며 총 면적은 약 8만 2천 제곱미터였던 것으로 알려져 있다. 국가정보원이 이전하면서 일부 건물이 해체됐고 서울시가 이전받은 이후에도 일부 건물이 해체돼 현재는 소방재난본부(옛 중정·안기부 6국), 문학의 집(옛 중정부장·안기부장 공관), 서울유스호스텔(옛 중정·안기부 본부), 서울시청 별관(옛 중정·안기부 제5별관) 등 용도가 변경된 몇몇 건물과 빈터만이 남아 있을 뿐이다.

두 세계의 경계와 대립:
명동역—소방재난본부—문학의집·서울

명동역 1번 출구를 나오면 옛 정보기관들이 위치했던 곳으로 올라가는 길목을 만난다. 담쟁이넝쿨이 자라고 노란 나비로 장식을 한 길목 초입 벽에는 '기억의 터'라는 문구와 함께 화살표로 올라가는 방향을 표시하고 있다. 이곳 남산에는 옛 정보기관만이 아니라 1910년 8월 경술국치가 이뤄졌던 통감관저 터와 일본군 '위안부'를 기리는 '기억의 터'가 자리하고 있다. 그래서 초입의 저 안내 문구는 과거 제국주의에 의한 주권 찬탈과 수탈, 피식민지 여성의 성노예화 그리고 정보기관의 폭력을 모두 포함한 인권유린의 역사를 기억하는 장소를 가리키는 것일 게다.

그런데 문득 "무엇을 기억해야 할 것인가?"라는 의문이 든다. 옛 정보기관의 현장을 둘러보러 왔으니 여기가 과거에 사람들을 끌고 와 잔혹한 고문을 저지른 공간이었다는 것을 기억해야 하는가? 하지만 그것은 이곳을 방문하지 않고도 조금만 관심을 가지고 인터넷에 검색만 하면 쉽게 알 수 있는 것이다. 더구나 대부분의 국가 폭력이 그 실상을 파

명동역 1번 출구 담벼락 '기억의 터' 안내 문구.

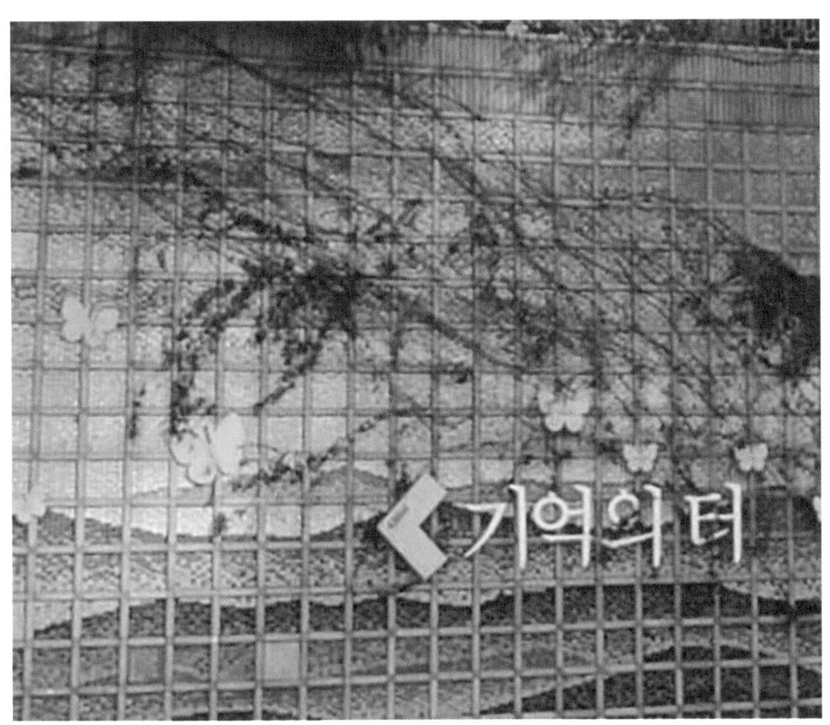

악할 수 있는 흔적을 거의 남기지 않는다는 점에서 현장을 통해 알 수 있는 정보는 그리 많지 않다. 그럼에도 이곳을 방문하면서 기억해야 할 것은 무엇인가?

고민이 이즈음 다다랐을 때 물음을 바꿔야 한다는 생각이 들었다. 몰랐던 사실을 아는 것 역시 중요하고 필요하지만 '무엇(what)'에만 집중하는 것은 자칫 역사를 지식으로 소유하고 소비하는 데만 그칠 수 있기 때문이다. 물론 역사적 사실을 온전히 소유할 수도 없는 노릇이다. 남산에서 벌어진 일들, 그곳에서 피해자들이 경험했던 시간들 그리고 그들의 고통은 우리가 아무리 알려고 해도 거리를 완전히 좁히지 못하고 부단히 간극을 두기 마련이다. 오히려 역사를 특정한 지식의 형태로 정리하는 것은 그 역사를 교과서적으로 규정하는 것일 수 있다. 그것은 어떤 역사

옛 중정·안기부 사무동(현 소방재난본부).

의 일부를 전체인 것처럼 착각하게 만들고 더 이상 역사적 진실에 다가갈 필요를 느끼지 못하면서 영원히 망각의 구멍을 만들 수 있다. 기억하고자 하는 행위가 역설적이게도 망각을 낳는 것이다.

남산을 둘러보면서 더 고민하기로 한다. 올라가는 벽면에 쓰인 문구처럼 '할머니들이 살아온 세월보다 더 멀지 않은 길'을 따라 '할머니들이 살아온 역사보다 더 힘들지 않은 오르막'을 걷다 보면 멀리 남산 서울타워를 뒤에 두고 있는 옛 정보기관 사무동(현 소방재난본부)이 처음 눈에 들어온다. 여기에는 정보기관의 수사와 행정 기능을 담당하는 사무실뿐만 아니라 유치장도 함께 있었다. 어디로 가는지도 모르고 갑자기 끌려온 사람들이 수사나 취조를 받기 전에 머물렀을 것이다. 이곳에 도착해서야 여기가 남산이라는 것을 알았을 것이고 죄가 없으니 금방 풀려날 것이라

옛 중정부장·안기부장 관저(현 문학의집·서울).

는 희망을 품어 보지만 불안한 마음을 감출 수가 없었을 것이다. 하루에도 희망과 불안이 수십 번 교차하면서 더디게 흘러간 시간들이 분명 저 건물에 쌓여 있을 것이다.

이런 생각을 하면서 소방재난본부를 지나쳐 산기슭을 따라 조금 올라간다. 약 50미터 거리를 두고 문학의 집·서울이 나온다. 이곳은 옛 정보기관장이 살았던 2층짜리 관저다. 앞마당에는 넓지도 좁지도 않은 잘 꾸며진 잔디 정원이 있다. 북향(北向)인 사무동과 다르게 산속인데도 남향(南向)을 하고 있어 해가 잘 들고 있다. 마치 연극이나 영화에서 관객들에게 어떤 메시지를 전달하기 위해 소품이나 무대장치 등을 배치하는 미장센(mise-en-scène)을 깔아 놓은 것처럼 남산의 기억으로 가는 길 초입에서 마주하는 두 건물은 어둠과 빛이, 죽음과 삶이, 고통과 쾌락이 등을 맞대고 있는 두 세계를 보여 주는 것 같다.

인권의 감각, 상상의 감각:
서울유스호스텔—소릿길—서울시청 남산별관

정보기관이 이전한 지 26년이라는 세월이 지났다고는 하지만 박정희, 전두환 군사정권을 비호하고 정권 유지를 위해 천인공노할 각종 인권유린을 자행한 기관이 있었던 장소임에도 시민들이 접할 수 있는 정보가 없어도 너무 없다. 그저 과거에 이곳이 어떤 용도로 사용된 공간이었다는 정도만 제시할 뿐이다. 정보기관의 진실은 이미 저만치 도망가 버려서 그것에 다가가기에는 너무 늦었고 겨우 희미한 흔적을 숨 가쁘게 쫓아가는 기분이다.

정보기관은 '그때-그곳'만이 아니라 '지금-여기'에서도 기억을 어둠 속에 가두고 죽음의 세계로 몰아가는 듯하다. 과거의 권력자들은 죽었지만 침묵과 망각이라는 그들의 목적이 현재에도 성공하는 것 같다. 그렇다면 그들이 더 이상 성공하지 못하게 하려면 무엇을 해야 하는가? 이곳이 과거에 인권유린의 현장이었다는 것을 기억하면 될 일인가?

한층 무거워진 마음이 다리를 무겁게 하지만 다시 길을 따라 걷는다. 통감관저 터와 일본군 위안부 기억의 터를 지나 모퉁이를 돌 때쯤 철판에 새겨진 「세계인권선언문」이 눈에 들어온다. 마침 현장 수업을 온 학생들이 등 뒤로 지나면서 "세계인권선언? 나 저거 아는데 천부인권 아니야?", "이거 배웠는데 시험 전에 데려왔어야 하는 거 아니야?"라며 한마디씩 던진다. 배워서 알고 있다니 꼰대의 마인드로 대견하다며 칭찬을 해주고 싶었다.

그러나 한편으로는 우리 사회가 아이들에게 세계인권선언의 역사와 내용 그 자체를 그저 배워서 알게 하는 것, 시험에 나오는 것으로 만들지는 않았나 싶어 우려가 된다. 학생들을 폄하하려는 것이 아니다. 알고 있

「세계인권선언문」.

다는 것은 중요하다. 알아야 인권침해를 판별하고 대항할 수 있는 가능성이 생기니까 말이다. 그러나 아는 것이 자기반성과 일상에서 사용하는 언어와 행위 등을 면밀하게 포착하는 것으로 연결되지 못한다면 힘을 발휘하지 못한다.

예를 들어 남산에 올라오면서 학생들이 장난을 치면서 내뱉었던 '애자스럽다'는 말이 그렇다. 단순히 장난을 치는 말이라 하더라도 그 말은 자연스럽게 장애인을 혐오와 차별의 대상으로 위치시키고 평등권을 침해하는 폭력을 수행하는 것이다. 「세계인권선언문」 제2조 만인에 대한 차별금지 조항을 알고 있는데도 그런 발언을 자연스럽게 쓴다면 그 앎이라는 것은 무색할 따름이다.

마찬가지로 「세계인권선언문」 제9조에 따라 "어느 누구도 자의적인 체포, 구금 또는 추방을 당하지 아니한다"는 것을 선언할지라도 정치사상이 다르다는 이유로 '어느 누구'에 예외를 두는 것을 당연시 여기고

세계인권선언 제9조.

'자의적인'지 아닌지를 따지지 않고 공권력 행사를 방조하고 지지한다면 이 또한 앎의 무색함이다. 아는 것도 중요하지만 인권침해를 보고도 지나치게 하는 우리의 고정관념과 습관적 행위들에 대한 민감한 감각이 필요한 것이다.

여러 가지 생각이 뒤엉켜 혼란스러움을 느끼며 본격으로 숲길을 따라 들어가면 드디어 옛 정보기관의 본관이 나타난다. 낭떠러지 바로 옆으로는 남산 제1호 터널로 이어지는 도로가 있고 수많은 자동차들이 왕래하지만 숲으로 둘러싸여 있는 탓에 남산은 눈에 잘 띄지 않는다. 일반인의 출입이 완전히 통제돼 있었던 데다 이러한 지리적 조건은 더더욱 여기에서 어떤 일이 벌어지는지 외부에서 알 수 없게 만들었다. 남산의 심장 본관은 6층으로 이뤄져 있고 맞은편 제6별관과 지하 통로로 이어져

옛 중정·안기부 본관(현 서울유스호스텔).

옛 중정·안기부 제6별관.

있다. 제6별관은 지상 구조물이 없는 지하 3층으로 이뤄져 있는데 '지하 벙커', '지하고문실'로 불렸다. 일반인들에게 공개는 하지 않아 그 내부를 확인하지는 못한다.

본관을 지나쳐 좀 더 들어가면 84미터 길이의 터널이 하나 나오는데 '소릿길'이다. 예전에는 철문이 있었지만 지금은 없어진 상태다. 터널 입구에는 버튼이 하나 있는데 그걸 누르고 팔도에서 가져온 바닥돌을 밟으며 들어가 본다. 철문 소리, 타자기 소리, 물소리, 발자국 소리, 노랫소리 등 다섯 가지 소리가 터널 내부의 스피커를 통해서 약 4분 30초 동안 흘러나온다. 2015년에 설치(감독 서해성, 연출 배다리)했다고 하는데 당시 고문실의 소리를 재현하고 있는 것이다. 터널의 끝자락에는 대공수사를 맡았던 옛 중앙정보부·안기기획부 제5별관이 있다. 정보기관에서 가장 악명 높은 고문실이자 간첩을 만들던 곳이다. 하지만 그 전에 사람을 짐승이 되게 하는 곳이다.

철문은 안과 밖의 경계이지만 그것이 열리는 소리는 짐승이 되는 시간의 시작을 알리는 것이다. “알몸뚱이로 사내들의 엄청난 악력에 완전히 결박당한 채, 샤워꼭지는 오기섭의 얼굴을 정확히 겨냥하고 엄습한다. ‘쏴앗, 쏟아져 내리기 시작하는 물줄기, 물줄기…’, 짜릿한 고통은 순식간에 그를 엄습한다. (중략) 견뎌내야 한다. 추한 꼴을 보이지 않아야 돼. 이 자들 앞에서, 암, 당당하게 굴어야 해. 주문을 외듯 그렇게 혼자 다짐을 한다. 그러나 그것이 얼마나 어설픈 허세에 지나지 않는다는 것쯤은 나도 알고 있다. 지금 저들의 눈에 나는 단지 한 마리의 짐승에 지나지 않을 뿐이리라. 언젠가 여름날, 개 잡는 광경을 본 적이 있다. 개는 자루에 넣어져 나뭇가지에 걸려 있고, 어깨 없는 런닝셔츠를 입은 사내 셋이 몽둥이와 팽이로 그것을 미친 듯 두들겨 팼다. 자루 속에서 날뛰던 개는

(왼쪽) 소릿길. (오른쪽) 옛 중정·안기부 제5별관(현 서울시청 남산별관).

이내 축 늘어지고 말았다. 자루 밑으로 빨간 핏물이 떨어지고 있었다. (중략) 아이구, 그나저나 쥐꼬리만 한 월급에 이것저것 떼고 나니깐 마누라 얼굴 보기가 민망하더라구. 어이, 그쪽 좀 잘 잡아. 물이 튀기잖아, 참. 이 친구는 제법 잘 참는데. 독종이라 그렇지. 쓰발, 암만 생각해도 때려치우고 장사나 할까. 이번이 보너스 타는 달인데 (중략) 이젠 버둥거릴 힘도 없다. 정신이… 정신이 혼미해져 가기 시작한다. 진흙 뻘 속으로 서서히 빠져드는 느낌. 발목… 무릎… 허벅지… 허리, 그리고 이젠 가슴팍까지 깊이깊이 빠져들어 가고 있다. 물소리… 콸콸콸… 콰르르르 이윽고 턱까지 차오르는 진흙, 쇠바퀴소리. 거대한 탱크의 바퀴가 보인다."(임철우, 『붉은 방』, 76~78쪽)

물은 복날 개를 잡는 몽둥이었으며 수사관들에게 고문은 개를 잡는 그냥 일이었다. 그래서 월급이 적다는 둥, 장사를 해야겠다는 둥 또 누군가는 노래를 흥얼거리며 고문을 한다. 고문을 받는 사람은 자루에 사로잡혀 도망갈 수 없는 개처럼 절대적 힘의 불균형 속에서 죽음인가, 자백인가를 선택하도록 강요받는다. 처음에는 콧물과 침, 눈물을 흘리며 살려 달라고 비는 나약한 자신과 마주한다. 완강히 버티던 자신은 없어지고 고문자가 원하는 대로 말하는 비루한 자신과 마주 선다. 그렇지만 자신을 버려야 살 수 있다. 고문을 견딜 수 없는 순간이 오면 자신의 정체성은 상실되고 고문자의 협조자로 그리고 고문자의 욕망을 채우기 위해 그와 완전히 동일시된다.

이처럼 '소릿길'의 소리들은 그 표지판에 쓰여 있는 것처럼 "고통스러운 기억을 드러내면서 하나의 서사를 향해 움직인다". 물론 소릿길에서 피해자의 고통을 떠올려 보는 상상은 진짜가 아니라 허구다. 하지만 완전한 거짓도 아니다. 유사하면서도 상이한 '비-유사성'이다. 그것은 저곳에서 고문을 받았던 사람들이 증언할 수 없었던 말을, 침묵을, 눈물을 언어의 세계로 데려오면서 그들의 고통을 앎의 차원이 아니라 신체의 차원에서 훨씬 더 생생하게 감각하게 한다. 그것은 '남산=인권유린의 장소'라는 도식에는 드러나지 않으며 그 사이에 어떤 간극을 만들고 새로운 의미를 경험하게 하게 한다. 그렇기에 기억이 어떤 앎으로 정형화되지 않기 위해서는 바로 그 간극을 산출하는 것이 돼야 한다.

심장의 두근거림으로 기억하기: 기억6

왔던 길을 돌아서 소방재난본부 맞은편으로 내려오면 거기에는 지상 3층, 지하 2층으로 지어졌던 옛 정보기관 6국 터가 있다. 1974년 민청학련 사건이 이곳에서 만들어졌다. 지금은 기억6이라는 이름으로 작은 기억 공간이 자리를 대신하고 있다. 6국은 여러 재야인사와 학생, 노동자들에 대한 감시와 사찰, 취조를 수행했다. 건물 2, 3층에서는 통상적인 조사가 이뤄졌지만 지하에서는 다른 별관들과 마찬가지로 고문을 포함한 강압 취조가 이뤄졌다. 여기에 들어오면 살점을 떼내어 주지 않고는 나갈 수 없다는 뜻에서 그들 스스로 6국의 6을 고기 '육(肉)'으로 바꾸어 '육국(肉局)'이라 했다고 한다. 또 육국은 남산 270미터보다 높은 곳에 위치하며 정부 위에 정부, 국가 위에 국가라 자부했다고 한다.

기억 공간의 외관은 우체통 형상을 하고 있다. "고통스러운 역사를 기억하고, 그 역사와 대화하고, 나아가 시대를 성찰하기 위한 뜻"에서 그렇게 만들었다고 한다. 내부로 들어가면 왼쪽 콘크리트 벽면에 한 남성이 등만 보인 채 돌아서 6국을 설명하는 모놀로그 연극이 영상으로 비춰지고 있다. 영상 속 남성은 강한 어조로 자신들이 정보기관의 핵심이면서 대한민국을 발전시킨 주역이라 말한다. "진짜 애국하는 사람은 얼굴

옛 중정·안기부 6국
(현 기억6).

이 없다"면서 음지에서 일했지만 양지를 지향하면서 우리 사회 내부의 적을 색출하고 처단하는 데 일조했다고 한다. 그래서 고문과 강압 취조는 정당한 것이라 강변한다.

정면 벽면에는 고문 피해자들의 증언이 글자로 나타나고 그 벽면 아래 지하에는 당시 6국 취조실을 재현한 공간이 있다. 글자는 그곳을 향해 흘러내려 가면서 지하로 사라진다. 왼쪽 벽면 남성의 목소리가 흘러나오는 가운데 지하 취조실로 침몰하는 피해자들의 목소리는 소리도 없을뿐더러 그 형체는 일그러져 있다. 글자들은 약간의 시간차를 두고 여럿이

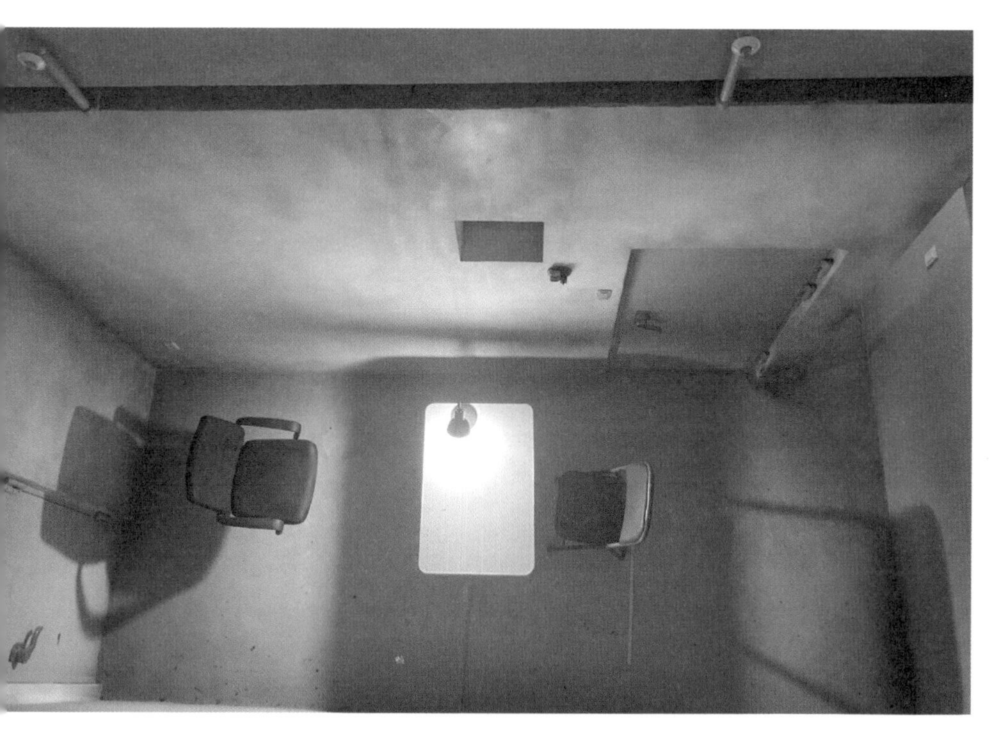

기억6 내 복원된 취조실.

나타나고 이내 사라지기에 모든 글자를 읽기 힘들다. 시간을 가지고 그 곳에 한참을 서 있어야 했다.

이는 남성의 목소리와 같이 우리 사회가 발전주의를 내세워 과거의 잘못을 정당화하고 여전히 폭력과 인권침해를 부인(denial)하는 한, 피해자들의 목소리는 들리지 않는다는 것을 말하는 듯하다. 더 나아가 들리지 않는 피해자들 목소리가 다시 지하 취조실로 흘러들어 가는 것은 위로받아야 할 피해자가 그때처럼 취조실에 다시 앉혀지고 그로써 그들의 말은 또다시 분절되고 훼손된다는 것을 말하는 듯하다.

그렇기에 재차 말하자면 기억한다는 것은 단지 과거의 역사를 안다는 것에 그쳐서는 안 된다. 기억한다는 것은 벽면에서 당당하게 말하는 남성의 목소리가 더 이상 힘을 갖지 않게 하는 실천으로 이어져야 한다. 그러기 위해 폭력(혹은 인권유린)에 분노해야 하지만 그것보다는 심장의 취약성(vulnerability)이 우선적으로 필요해 보인다. 폭력 앞에서 두근거리고 그것을 두려워하는 심장 말이다. 폭력을 민감하게 포착할 수 없다면 그

기억6 벽면에 흘러내리는 피해자들의 목소리.

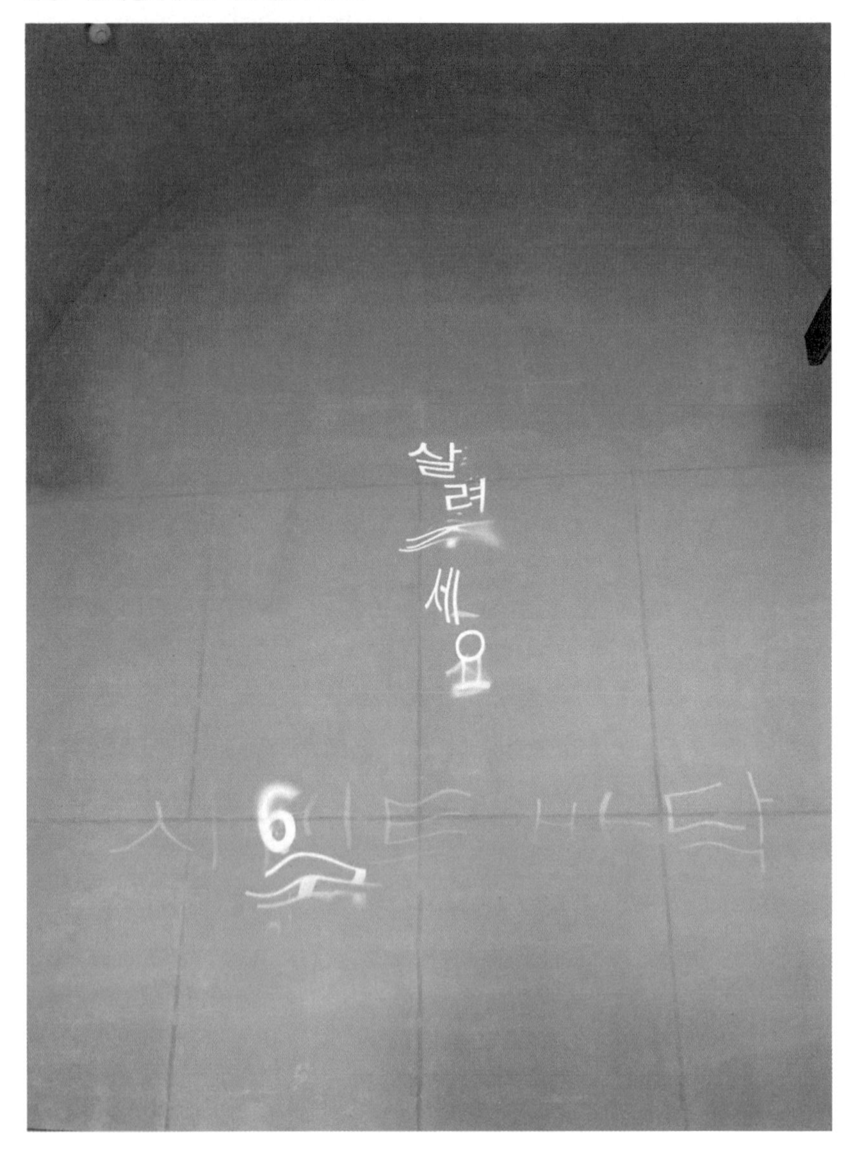

것에 분노할 수도 없다. 인권유린과 폭력의 현장에서 작은 흔적을 통해 감각적으로 피해자의 고통을 상상하는 것이 그러한 심장을 만들어 가는 하나의 과정이 될 수 있다. 그럴 때 우리는 남성의 목소리를 향해 조용하라고 소리치고 취조실의 철문을 열어 일그러진 피해자의 말을 언어의 세계로 건져 올릴 수 있다. 그래서 '인권우체통'에 부치는 편지는 몇 줄의 글이 아니라 기억하기의 실천 그 자체가 아닐까 한다.

미싱 돌리던 '여성'들의 인간 선언: 1970년대 여성노동자의 기억으로 걷는 청계 산책

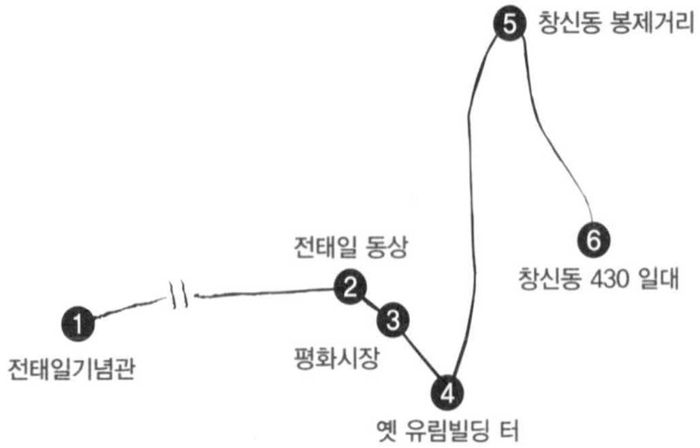

5 창신동 봉제거리
전태일 동상
6 창신동 430 일대
2
3
1 전태일기념관
평화시장
4 옛 유림빌딩 터

이태준

"우리는 기계가 아니다!"

반세기가 지났어도 한 줄 문장이 전해 주는 뜨거움에 가슴이 벅차오른다. 전태일. 그의 삶과 죽음은 인간답게 사는 것이 무엇인지 그리고 인간이 되기 위해 무엇과 싸워야 하는지 고민하는 이들에게 시작점이 되곤 했다. 이 땅에 살아가는 민중이 얼마나 질긴 생명력을 지닌 역사의 주체인지를 깨닫게 해줬다. 매년 11월 13일 '전태일 열사 정신 계승!'으로 대표되는 한국의 노동운동은 그의 죽음을 기억·애도하기 위해 수십만의 인파가 모여들고 전태일로 일어서기를 계속하고 있다.

개발과 산업화를 앞세운 한국 정부에서 전태일은 불온한 존재였다. 오늘날 『전태일평전』으로 알려진, 그의 생애를 다룬 『어느 청년 노동자의 삶과 죽음』은 바다 건너 일본에서 처음 출판됐다. 번역되어 들어온 도서 또한 당국의 검열에 걸리지 않게 몰래 읽혀야 했다. 반공·반북으로 세워진 분단국가에서 근로기준법을 준수하라는 노동자의 요구는 적(북한)을 이롭게 하는 빨갱이 짓으로 치부됐다.

전태일이 역사로 복원되기까지 시민 항쟁을 통한 한국 민주화의 전진이 큰 역할을 했다. 한국 사회는 전태일의 외침을 헛되이 하지 않겠다는 약속을 통해 저항 기억을 구성했고, 철옹성 같던 독재와 분단 체제에 균열을 내며 민주주의 역사의 한 축으로 전태일과 노동운동을 이입했다. 청계천 복원 사업이 본격화되면서 청계천 주변에는 전태일 동상이 2005년에 세워졌고 그의 삶과 사상·실천을 전시한 전태일기념관이 2019년에 문을 열었다.

전태일기념관과 노동인권의 길: 근대화의 물결과 변화하는 서울

청계천로를 따라 걷다 보면 하얀 글씨로 빼곡하게 채워진 붉은 벽돌 건물을 만날 수 있다. 바로 전태일기념관이다. 외벽에 적힌 글은 전태일이 대통령 박정희와 근로감독관에게 인간적인 요소를 말살하는 평화시장의 노동 실태를 고발하고자 작성한 진정서 일부다. 정중한 어투와 달리 전태일은 여공의 피와 땀을 갈취해 이룬 허구적 번영에 대한 날카로운 지적과 이러한 현실을 알면서도 묵인하는 국가권력을 매섭게 비판하고 있다.

전태일은 자신이 분신하기 1년 전인 1969년 11월에 이 진정서를 작성했지만, 끝내 대통령과 근로감독관에게 전달하지 않았다. 진정서 몇 장으로는 노동자를 쥐어짜는 살인 노동과 살벌한 생산 시스템이 멈춰 서

전태일기념관 외벽.

지 않는다는 것을 알아서였을까. 이로부터 50년이 지난 대한민국에서는 아직도 한 해 500여 명의 노동자가 장시간·새벽 노동을 하다 과로사한다. 2020년 10월, 하루 14~15시간 밤샘 노동 끝에 쓰러진 30대 택배 노동자가 마지막 남긴 메시지는 "나 너무 힘들어요"였다.

전태일기념관에서 평화시장까지, 전태일을 기억하며 노동의 가치를 존중하는 세상에 대한 소망이 적힌 수천 개의 동판이 보도블록을 대신해서 약 1.8킬로미터 정도의 거리를 메우고 있다. 「노동인권의 길」 아래로 흐르는 청계천은 현재는 시민들이 여유를 만끽하는 도심 속 쉼터지만 과거 오랫동안 서울의 대표적인 도시 빈민 거주지였다.

조선 시대 인공 하수도로 건설된 청계천에는 가난한 이들의 빡빡한 삶을 대변하듯, 금방이라도 무너질 듯 위태로운 상태의 판잣집이 다닥다닥 붙어 있었다. 악취가 진동하는 이곳에 자리 잡은 이들 중에는 한국전쟁으로 고향을 떠나 온 이북 출신 피난민도 있었다. 피난민들은 집 안에 재봉틀을 들여놓고 을지로5가 미 육군 극동공병단 기지에서 버려지는 미군복을 수선하거나 염색·탈색해 생계를 유지했다. 살아남아야 했던 이들은 1953년 10월 상우회를 조직하고, 고향에 대한 그리움과 통일의 간절함을 담아 자신의 터전을 평화시장이라 불렀다.

길거리 노점에 불과했던 평화시장이 오늘과 같은 모습을 갖추게 된 것은 청계천 복개 사업 때문이었다. 청계천 복개는 식민지 시기부터 논의됐다. 불결하고 더러운 천을 정비하는 일은 식민지 근대화의 상징과도 같았다. 하지만 제국주의 침략과 제2차 세계대전 발발 등으로 복개는 계획 차원에만 머물렀다. 해방 후에는 귀환 동포와 피난민들이 청계천에 몰려들었다. 이때부터 복개는 천(川)을 땅으로 메꾸는 작업만을 의미하지 않았다. 촘촘히 늘어선 판자촌을 들어내야 했지만 한국전쟁 후 남한 행정력은 이를 수행할 여력이 남아 있지 않았다.

1959년 평화시장에 발생했던 대규모 화재는 국가 재건·도시 개발의 숙원을 실현하는 호조건을 형성했다. 상인들은 평화시장재건위원회를 발족했고 평안도 후창군 출신 유인규를 회장으로 앉혔다. 그는 공화당 서울시 부위원장을 지냈을 정도로 반공과 개발을 앞세운 정권에 우호적인 인물이었다. 평화시장 업주 절반이 이북에 고향을 두었다는 점에서 월남민 출신 유인규에 대한 신뢰도 깔려 있었을 테다.

서울시 또한 본격적으로 판자촌을 철거하고 시멘트를 부어 청계천을 묻어 버리는 복개에 착수했다. 5.16쿠데타는 행정 시비를 잠식시킨 채 단숨에 동대문 일대의 복개를 완공하는 데 결정적이었다. 혁명의 세례를 받은 청계천은 더러운 하천에서 벗어나 매끈하고 넓은 도로를 드러냈다. 1962년 드디어 그 위에 7,400여 평의 3층 현대식 건물, 평화시장이 들어섰다. 길이 약 600미터, 당시 아시아에서 가장 긴 상가였던 평화시장은 서울 도시화의 대표적 상징이었다.

이제까지 경험해 보지 못한 변화가 눈앞에서 펼쳐지고 있었다. 서울은 끊임없이 낡은 것을 허물고 새로운 것을 올려 냈다. 쿠데타로 집권한 권력이 통치를 위해 동원한 것은 분단 트라우마를 자극하는 반공만이 아니었다. 군부는 빈곤과 혼란의 위협에 맞서, 경제 건설의 사명을 다하기 위해 자신들이 등장했음을 밝혔다. 4.19에서 5.16으로 혁명을 날치기한 꽤 그럴싸한 명분을 제시한 것이다. 조국 근대화의 깃발을 내건 군부를 믿고 근면 성실히 일하기만 한다면 반드시 성공이 보장된 내일을 선사하겠노라고 국가는 대중에게 약속했다.

그 무렵 국민은 굶주림에 허덕인 삶에도 근대화의 빛줄기가 비추리라는 기대로 부풀었다. 고단한 이 시기가 지나면 언젠가 학교에 다니거나 기술을 배워 출셋길이 활짝 열리리라 생각했을 것이다. 빈농 출신 군인이 혁명의 과업을 안고 국가원수가 된 세상이 아니던가. 빈곤 탈출은 국가만의 목표가 아니었다. 빈곤 국가 대한민국에 살았던 모든 개인의 당연하고도 간절한 바람이었다.

전태일 동상: 한국 여성노동 운동의 전사(前史)

바쁘게 지나가는 오토바이들 사이로 전태일 동상이 서 있다. 굶주림에서 벗어나고자, 어린 여공을 지키고자, 삶을 파괴하는 노동을 멈추고자 전태일은 오랜 시간 괴로워했고 망설였다. 끝내 완전한 결단을 내린 그는 철저하게 어린 동심들 곁에 머물기를 맹세했다. 더는 그의 손에 근로기준법이 들려 있지 않다. 국가는 자신들이 만든 법전에서 단 한 줄도 이행하지 않았다. 근로기준법으로 작업장을 바꿀 수 있겠다던 실낱같은 희망이 거대한 기만으로 바뀌자 그는 가차 없이 근로기준법을 불태웠다. 그렇지만 그가 자신의 몸에 불을 붙인 이유가 무엇인지 반세기가 지났어도 정확하게 가늠하기란 어렵다. 그의 삶을 정리하다 보면 조금이나마 그 이유에 가까워질 수 있지 않을까.

동대문 일대에서 구두통을 들고 떠돌이 노동으로 전전했던 태일이 평화시장에 발을 들인 것은 1964년이었다. 그의 나이 열일곱이었다. 삼일사 시다로 취업한 그는 하루빨리 기술을 배워 가족과 함께 거주할 집 한 채를 마련하겠다는 미래를 계획했다. 3년간 고생 끝에 태일은 통일사의 미싱사가 됐지만 반년 만에 이를 관두고 미싱사보다 보수가 적은 재단 보조로 전직했다.

미싱사로 일하던 해의 추석 대목에 그는 아침부터 저녁 11시까지 쉴 새 없이 미싱을 돌렸지만 급여는 턱없이 적었다. 재단사는 작업장 내 미싱사, 재단보조, 시다 등의 작업량을 지시하고 사장으로부터 급여를 받아 나누는 관리자였다. 태일은 주인과 직공들 사이에서 양심껏 중립을 지키지 못한 재단사를 탓하며 자신이 재단사가 되어 억울한 일이 없게끔 공임을 타협하겠다고 결심했다. 재단 보조로 경력을 쌓은 태일은 1967년 1월 한미사의 재단사가 됐다.

그쯤 바깥세상은 근대화로 이룬 번영에 쾌재를 부르짖고 있었다. 평화시장은 호황의 연속이었다. 만들기만 하면, 걸칠 수만 있으면 팔려 나갔다. 특히 의류 제조업은 1960년대 초반에 주를 이루던 내수에 그치지 않고 1960년대 후반에 들어서면서는 수출 주도 산업으로 전환되면서 무섭게 팽창했다. 평화시장을 중심으로 1968년 동화시장, 1969년 성동시장(신평화), 1970년 통일상가 등이 개장했다. 전국에 공급되는 의류의 80퍼센트를 청계에서 담당했다. 10퍼센트 이상의 경제 성장률 고공 행진을 증명이라도 하듯 청계로 위에는 고가도로가 준설되기 시작했다. 한강의 기적은 둘째치고라도 청계는 분명 기적의 나날을 보내고 있었다.

역설적으로 물건이 팔려 나갈수록 태일과 청계 여공들에게는 혹독한 그늘이 드리워졌다. 본래 의류 제조업은 노동집약적 산업으로 노동자를 쥐어짜 내지 않고서는 이윤을 창출하기 어려웠다. 어느 날 태일과 함께 일하던 미싱사가 각혈을 토해 냈고 이후 해고당했다. 고장 난 기계는 수리라도 맡기지만 병 걸린 노동자는 치료조차 받지 못한 채 버려졌다. 자신의 교통비를 털어 어린 시다들에게 풀빵을 사 준 태일의 온정은, 동심은 물론 생명마저 갉아먹는 고통스러운 노동에 대한 분노로 바뀌게 됐다.

태일은 자신의 일터를 하나의 인간이 다른 하나의 인간을 비인간적인 관계로 상대하는 곳이라 했다. 노동자를 돈벌이의 총알받이로 세우는 이곳은 평화와는 무관한 전쟁터였다. 태일은 한문투성이인 『근로기준법 해설』을 부여잡고 사투를 벌였다. 하루 8시간·주 60시간 근무, 환풍기 설치, 주휴제 실시 등 그는 법전에서 인간이 누려야 할 최소한의 평화적 조건들을 건져 올렸다. 이 법만 지켜진다면 가진 자만 누리는 평화를 노동자에게도 나눌 수 있으리라 믿었다. 1969년 6월 26일 재단사가 중심이 되어 꾸려진 모임인 바보회를 조직하고, 노동청에 평화시장 노동실태 개선을 요구하는 청원서를 들이밀었다. 하지만 돌아온 것은 평화를 독점한 이들의 따가운 경멸과 사늘한 냉소였다.

바보회 활동으로 태일은 직장에서 쫓겨났다. 평화시장으로 돌아오기까지 1년 동안 그는 자신의 삶을 일기에 정리했고 괴로운 번뇌를 마치며 결심을 쥐었다. 1970년 9월 16일 태일은 바보회 후신으로 삼동회를 다시 결성했다. 착취와 억압이 상식이 돼 버린 세계를 바로잡기 위해서는 청원이 아니라 투쟁이 필요했다. 10월 7일 「경향신문」에는 〈골방서 하루 16時間 노동〉이라는 기사가 실렸다. 삼동회는 신문 300부를 사들여 평화시장 곳곳에 뿌렸다. 성장의 열매에 배불러 온 자들이 숨기고 싶었던, 광기 어린 착취가 만천하에 드러났다. 그런데도 억압은 견고했다. 회유

전태일 동상.

와 배신이 노동자들의 목소리를 꺾으려 했다. 11월 13일 운명의 날은 다가오고 있었다.

전태일 동상과 평화시장 입구 사이에 전태일 열사 분신 장소 동판이 땅에 박혀 있다. 자신의 처지를 연민하기보다 자신으로써 착취와 억압을 무너뜨리고자 했던 불꽃이 여기에 타올랐다. 저항, 사랑, 인간 선언 등 그 어떤 숭고한 수식어를 갖다 붙여도 수긍되는 불꽃이었다. 이 불꽃은 쉽게 꺼지기는커녕 불덩이가 되고 불길이 되어 번져 나갔다. 그렇다. 태일이 불을 지핀 곳은 자신의 신체뿐이 아니었다. 불길은 착취와 폭력 앞에 놓인 모든 존재에게 불씨를 전달했고 인간이 되고자 몸부림치는 이들의 마음속 깊숙이 자리 잡은 두려움을 태워 버렸다. 그의 일기장에 적힌 문구 "그대들의 전체의 일부인 나"처럼 전태일은 누군가의 숨결 속에서 태어나기를 반복하고 있다.

동상에 전태일을 고정한 채 1970년 11월 13일 죽음으로 서사를 마치는 「전태일의 길」은 태일의 의지와 어긋나 있다. 여기에는 그가 머물기 바랐던 그대도, 전체도 찾아볼 수 없기 때문이다. 우리는 그저 일부가 되지 못하고 외로이 서 있는 태일을 마주할 뿐이다. 역사에 전태일 이름 석자를 안주시키기 위해 우리가 포기했던 목소리는 무엇인가.

당시 평화시장 노동자의 80퍼센트를 차지했던 여성노동자를 설명하는 단어가 동정을 꾹 눌러 담은 풀빵뿐이라는 점은 전태일을 명명한 공간이 지닌 뚜렷한 한계일 테다. 이 한계를 딛는 방법은 여성의 기억을 통해 다시금 역사와 불화하며 서사에 균열을 내는 정치를 수행하는 일이다. 우리의 치열한 기억의 분투로 금기됐던 전태일을 이곳에 새겨 놓은 것처럼 말이다. 태일이 바라던 서로가 다 용해된 장소로 가기 위해 우리는 태일과 함께 일터에서 생활하고 그가 떠난 자리에서 끊임없이 해방을 조직했던 여성노동자의 기억을 이곳에 불러와야 한다.

평화상가:
다락에서 피어난 시다의 꿈

지금부터 여성노동자의 기억으로 찾아갈 곳은 무언가 적혀 있기보다 비어 있거나 다른 장소로 대체된 상태일 가능성이 크다. 여성의 노동, 경험, 공간은 남성 중심-가부장 권력이 작동하는 사회에서 가볍게 여겨진다. 오랫동안 여성만의 영역으로 간주했던 가사와 돌봄이 노동으로 불리지 않았던 것처럼 말이다. 마찬가지로 1970년대를 대통령 박정희의 경제 신화와 그 대척점에 있는 노동운동가 전태일의 분신으로 설명하는 데는 익숙하지만 근대화 프로젝트와 민주노조 건설이 교차하던 그 한가운데에 여성노동자들의 삶과 투쟁이 존재했다는 사실은 어디에도 기록돼 있지 않다. 여성의 기억은 공기 중에 부유하거나 오직 노동으로 틀어져 버린 신체로 증명될 뿐이다. 반면 여성을 향한 폭력은 악착같이 자리를 옮겨 가며 장소에 출현한다.

오늘날 평화시장에서 찾아볼 수 없는 장소 중 하나는 다락이다. 현재에는 제품 판매 점포로 채워진 평화시장의 2~3층은 과거에는 벌집처럼 공장이 빼곡히 들어서 있었다. 공장문을 열면 평균 건평 6.7평의 방에 하나같이 1.5미터 높이의 2칸 다락이 설치돼 있었다. 다락은 더 많은 노동자를 배치해 생산력을 배로 증대시켜 주는 데 효과적인 구조였다. 다락 안에는 머리를 찧을까 고개도 제대로 들지 못한 채 연신 발판을 눌러 대던 미싱사와 그 옆에 무릎 꿇고 앉아 몰려오는 졸음에 신음을 씹어 대던 시다들이 존재했다. 이들 대다수는 여성이었다.

가난한 집안의 딸들은 태어날 때부터 쓸모로 판단됐다. 태어난 아이가 여성일 경우 윗목으로 밀려지기 일쑤였다. 그중 생명줄이 긴 여성만이 살아남아 없는 살림에 끼니만 축내는 식구(食口)라도 될 수 있었다. 가부장적 질서 아래 가르쳐야 할 존재는 아들뿐이었다. 집안일과 농사일에 손이 부족한 상황에서, 아니 집안 형편이 나쁘지 않았어도 계집에게 배움은 분수에 맞지 않은 일이었다. "배워서 뭣 할 거냐"라는 아비의 호통은 여성에게만 떨어졌다.

국가는 산업 역군을 바랐다. 북한과의 체제 경쟁에서 승리하기 위해 박정희 정부는 노동계급을 최대한 동원해야 했다. 정부의 저곡가 정책은 저임금에 기반을 둔 노동을 유지할 조건이면서도 산업화에 국민을 동원하는 기제로 작동했다. 이에 아들 하나 잘 키워 가난을 극복하자는 가족 전략이 결합하면서 그 틈바구니에서 밀려난 열셋에서 열다섯 살 청소년 여성들은 낯선 도시 서울로 떠밀려졌다. 이들이 서울로 향한 이유는 남동생 학비를 벌기 위해, 오빠의 결혼 목돈을 마련하기 위해, 가장의 빈자리를 메꾸기 위해서였다. 또는 식모살이를 할 바에야 착실히 기술을 배워 기술자가 되고자 했다. 무엇이 됐든 딸들은 가족과 남자 형제를 부양할 때만이 쓸모 있는 인간으로 인정받을 수 있었다.

기술 없는 청소년 여성들이 갈 수 있던 일터는 정해져 있었다. 햇빛 한줄기 들어오지 않는, 감옥인지 지옥인지 분간되지 않은 다락뿐이었다. 이마저도 시다바리 자리를 꿰차지 못할까 봐 나이를 속이기까지 했다. 창문도 환풍 시설도 설치되지 않아 먼지를 들이마실 수밖에 없던 다락에서 여성들은 하루 14~16시간을 일해야 했다. 생리휴가는커녕 명절 대목을 앞두고서는 점심시간과 주말까지 반납했다. 각성제를 먹어도 감기는 눈에 다리미로 손등을 데고 미싱 바늘에 손가락을 박는 일이 예사였다. 영양실조, 신경통, 폐결핵 등을 앓는 일도 다반사였지만 쫓겨날까 두려워 피 토하며 쓰러질 때까지 가위질을 멈출 수 없었다.

각혈이 곧 죽음으로 인식되면서 청소년 여성노동자는 초경을 각혈로 오해하기도 했다. 배고픔은 참는다 해도 월경에는 속수무책이었다. 그들의 벌이로는 일회용 생리대를 사용하는 것은 언감생심이었기에 월경 주기가 돌아오면 면 생리대를 챙겨야 했다. 불시에 업주들이 가방 검사라도 하는 날이면 생리대를 들킬까 초조해했다. 생리통은 둘째치고라도 긴 시간 작업에 생리대가 부족한 날이면 말없이 울음을 삼켰다.

국가는 가부장제 억압을 충분히 이용했다. 일터는 철저히 성별 위계에 따라 구별됐다. 1970년 삼동회가 조사한 평화시장의 노동 실태를 살펴보면 남성에게만 허용된 직종인 재단사와 재단보조는 각각 15,000~30,000원, 3,000~15,000원의 임금을 받지만, 여성이 다수를 차지하는 직종인 미싱사와 시다는 각각 7,000~25,000원, 1,800~3,000원을 받았다. 애초 저임금-장시간 노동 구조에 성별에 따른 분업과 임금 격차까지 더해지니 한국 섬유 산업은 수출 시장에서 가격 경쟁력이 높을 수밖에 없었다. 세계가 놀라는 경제성장은 여성의 희생을 강요하는 가부장

평화시장.

제 억압과 가족주의 신화가 결합함으로써 달성된 것이었다.

재단사는 작업장에서 미싱사, 재단보조, 시다 등을 관리·감독하는 꼭대기에 위치했다. 태일은 남성노동자였기에 재단사라는 생존을 위한 탈출구가 존재했지만, 여성노동자들은 일을 덜어 주는 좋은 재단사를 만나는 것밖에 기댈 게 없었다. 여성노동자에게는 재단사라는 직종이 허락되지 않았고, 그래서 자신의 임금을 협상할 위치에도 설 수 없었다. 소수의 남성에 의해 다수의 여성노동자가 통제받았다. 여성노동자들은 남성 업주와 남성노동자의 야단과 구박, 언어폭력에 상습적으로 시달렸다.

농촌에서 올라와 서울에 방 한 칸 마련하기 어려운 여성노동자들의 경우 다락에서 숙식하곤 했다. 다락에서는 업주나 남성노동자로부터 성적 괴롭힘과 성폭력이 빈번하게 발생했다. 그 정도가 어찌나 심각했던지 "평화시장에는 처녀가 없다"라는 소문이 횡행할 정도였다. 갈 곳이 없는 여성은 다락에서 불안과 공포의 나날을 보내야 했다. 성폭력이라는 개념이 자리 잡은 것은 1980년대 이후였다. 1970년대 직장에서 성폭력이 발생하면 가해자를 처벌하기는커녕, 피해 여성에게 정조를 잃었다는 비난을 쏟아 내는 분위기여서 여성은 자신이 겪은 고통을 꺼내기조차 어려웠다.

지금이라고 다를까. 피해 여성에게 자기 몸을 지키지 못한 책임을 묻는 일은 최근에도 지독하리만큼 반복되고 있다. 고위 공직자 위계에 따른 성폭력 사건에서 재판부는 피해 여성이 성적 자기 결정권을 행사하지 않은 책임을 물으며 가해자의 행위를 성폭력으로 인정하지 않았다. 오히려 미투 운동이 대권 후보로 거론된 남성 정치인의 앞길을 막았다는 의미로 '대권 후보 잔혹사'라는 제목이 달린 기사가 발행되기도 했다. 성차별·성폭력 사건에서 가해 남성은 처벌에 억울해하고 피해 여성의 입에 재갈을 물리려는 시도는 다락이 사라진 오늘날에도 계속되고 있다.

미싱 돌리는 소리에 정신없는 작업장을 빠져나와 여성노동자들이 한껏 숨을 들이켰을 평화시장 옥상으로 올라가 보자. 여성노동자들은 이곳에서 바람에 묻어 온 계절의 변화를 잠시나마 느낄 수 있었을 것이다. 평화시장 옥상은 분단 이후 최초의 민주노조인 청계피복노동조합(이하 청계노조)의 사무실이 있던 곳이기도 했다. 아쉽게도 공장도, 노동자도 사라진 공간에는 평화시장주식회사 사무실이 들어서 있다. 하지만 노조 사무실을 쟁취했던 기억은 쉬이 잊힐 수 있는 것이 아니다. 노조 결성은 전태일 분신의 결과이면서도 아들의 죽음으로 노동운동에 나섰던 이소선의 첫 투쟁이기도 하기 때문이다.

방송을 통해 태일의 분신 소식을 들은 이소선은 "죽지 않을 거다"라며 버스를 타고 병원으로 향했다. 태일은 뜨거움을 토해 내며 이소선에게 마지막 당부를 남겼다. "제가 못다 한 일 어머니가 이뤄 주세요." 정부는 이소선을 회유하기 시작했다. 월급 3만 원도 되지 않던 그의 시신에 보상금 3천만 원이 제시됐다. 하지만 이소선은 노동조합결성 인정을 포함한 여덟 개의 근로조건 개선을 요구하며 태일의 장례를 거부한 채 완강하게 싸웠다. 결국 이소선은 정부로부터 노조결성 지원을 약속받았고 11월 18일 아들 태일을 떠나보냈다. 이때부터 시작된 이소선의 투쟁은 노동운동가로서 평생을 살아가는 계기가 됐고 전태일에게 영원한 생명력을 부여했다. 1970년 11월 13일은 전태일의 분신만이 아닌 민주노조운동이 태동하는 날이 됐다.

11월 27일에 청계노조가 결성됐지만, 태일의 목소리는 작업장의 벽을 쉽게 뚫지 못했다. 미싱에 코를 박고 실밥 떼어 내는 데 바빴던 여성노동자에게 태일의 죽음이 의미하는 바가 무엇인지는 전달되기 어려웠다. 민주노조는 물론이고 노동조합도 익숙하지 않았을 때였다. 업주들은 노조 활동을 방해하기 위해 태일의 분신을 두고 "깡패가 자기 분을 못 이겨 죽었다"라는 식의 무섭고 해괴한 악선전을 퍼뜨렸다. 한겨울에 차려진 노조 사무실은 썰렁하다 못해 서늘했다.

노조의 생명력은 조합원에게서 나온다. 노조의 존재 이유를 알리기 위해 간부들이 가장 공들인 투쟁은 체불임금을 대신 받아 주는 것이었다. 평화시장에서는 일하다가 그만두게 될 경우, 업주가 임금 지급을 차일피일 미루면서 결국에는 주지 않는 경우가 빈번했다. 노조는 노동자를 대표해 임금을 주지 않는 사장을 상대하곤 했다. 청계노조는 떼인 임금을 착실히 받아 주는 곳으로 유명세를 떨쳤다. 서울 시내 다른 공장에서까지 청계노조로 체불임금 진정이 들어올 정도였다. 노동자의 권리를 지키기 위해 업주와의 힘겨루기는 필연적이었지만 건강한 일터를 꾸리는 과정에서 협력의 순간도 있었다. 대표적으로 1971년 9월 업주들이 정부가 매긴 과한 세금으로 철시에 돌입하자 노조가 나서서 부당하게 매긴 세금을 시정하라는 성명을 발표한 일을 들 수 있다.

평화시장 여성노동자들에게 아름다운 추억은 노동교실에 배어 있다. 배움은 여성에게 쉬이 허락되지 못했지만 포기할 수 없는 꿈이기도 했다. 생지옥 '다락'을 버텼던 이유에는 입학금만 벌면 다시 학교에 가겠다는 꿈이 있었다. 여성노동자에게 교복 입은 친구들은 선망의 대상이었고 혹시나 출근길에 등교하는 친구를 마주칠까 두려워했다.

세상은 여성노동자의 배움만 좌절시킨 게 아니었다. 학생과 공순이 사이에는 위계와 차별이 작동했다. 교복 입은 학생은 5원짜리 회수권을 구매해 버스를 탔던 데 반해, 청소년 여성노동자의 경우 성인 요금인 10원을 꼬박꼬박 내야 했다. 교복 입지 못한 서러움은 교통비 5원을 더 내야 하는 억울함이 됐다. 국가는 4천만 땀방울이 성장의 기적을 일궜다며 노동자를 칭송했어도 일상에서 여성노동자가 겪은 '공순이'라는 멸시와 박탈감을 당연히 여겼다.

그러던 중 침침한 작업장에서 중학교 과정 교육을, 그것도 무료로 가르쳐 주겠다는 수강생 모집 팸플릿이 여성노동자의 시선을 사로잡았다. 200여 명의 노동자가 7평 공간의 노조 사무실로 모여들었다. 작업장에서 7번 시다, 1번 오야로 불렸던 여성노동자들은 처음으로 자신의 이름을 밝히며 서로를 확인했다. 노동교실에서는 영어와 국어만 아니라 미용, 부채춤, 이성 교제 등을 배웠고 야유회, 소풍 등을 통해 추억도 쌓았다. 나와 비슷한 처지의 또래가 있다는 사실만으로도 외로웠던 지난 시간을 달랠 수 있었다. 둘도 없는 친구에게 자기 얘기를 털어 놓다 보면 험난한 세상을 또 버텨 볼 힘도 생겼다. 자기 생각을 말할 수 있고 자신의 꿈을 허락한 장소였던 노조는 여성노동자들에게 학교였고, 사회였고, 사람으로 인정받는 유일한 세계였다.

1972년 9월 15일 청계노조의 부녀부장이었던 정인숙이 새마을운동 공로자로 청와대에 초청받았다. 영부인 육영수를 만난 자리에서 정인숙은 평화시장 여성노동자들이 마음껏 공부할 수 있는 교실이 필요하다고 청했다. 이듬해 5월 21일, 정부와 사업주의 지원을 받아 동화시장 옥상에 새마을 노동교실이 문을 열었다. 하지만 개관이 곧 폐관이 됐다. 정부와 사업주는 군부독재를 비판한 함석헌이 개관식에 초청되자 이를 문제 삼았다. 하다못해 개관식 초청장 글씨에 자주색을 사용한 것까지 시비 삼았다. 동화상가주식회사 사장인 유인규는 노조 간부 해임을 요구하며 노동교실의 문을 걸어 잠갔다.

1975년 2월 7일 오후 1시, 점심시간이 되자 200여 명의 여성노동자들이 동화상가 옥상으로 올라갔다. 그들은 노동교실 반환을 요구하며 농성에 돌입했다. 불과 10개월 전 유신 권력이 긴급조치 4호를 발동해 민청학련 관련자 180명을 구속하고, 선고 18시간 만에 여덟 명에게 사형을 집행했던 살벌한 시국에 벌어진 일이었다. 여성노동자들은 간부들에게

해를 끼치지 않기 위해 노조와 논의조차 하지 않고 싸움을 벌였다. 죽기 살기로 "우리의 소원은 배움! 꿈에도 소원은 배움!"을 외쳤다. 미친개가 호랑이를 잡는다고, 갑자기 벌어진 농성에 당황한 정부와 사업주들은 노동교실을 다시 열 것을 약속했다. 4월 30일, 을지로6가 유림빌딩에 새로운 노동교실이 문을 열었다. 노조를 통해 쌓았던 여성노동자들의 우정이 일궈낸 뿌듯한 승리였다. 이 소중한 경험은 이후 권리를 찾는 투쟁에서 두려움을 이겨 내게 해주는 용기가 됐다.

옛 유림빌딩 터: 빼앗기지 않기 위한 싸움

현재 유림빌딩은 건물 자체가 사라진 상태다. 물론 이곳에 유림빌딩이 있었다는 사실도, 여기에서 여성노동자들이 우정을 쌓고 투쟁을 조직했다는 기록도 남아 있지 않다. 원래 그런 것은 없었다는 듯이 장소에는 아무것도 남겨져 있지 않다. 노동교실은 유림빌딩 3, 4층에 있었다. 3층은 강당, 4층은 가정집 구조였으며 이곳에서 노동교실을 비롯해 노조 회의 등이 열렸다.

저녁만 되면 여성노동자들은 유림빌딩으로 발걸음을 재촉했다. 매일 저녁 8시부터 2시간 동안 배움이 열렸고 뜨거운 눈총으로 교실의 빛을 밝혔다. 늦게 퇴근하는 날에도 10분이라도 노동교실에 참가하기 위해 뛰어가곤 했다. 공부하든, 투쟁에 대해 토론하든, 친구들을 만나 무엇이든 떠들어야 하루를 하루답게 마감하는 기분이었으리라.

그렇지만 퇴근이 늦어지는 날의 아쉬움은 어쩔 수 없는 것이었다. 노동교실을 쟁취했던 경험은 저녁 8시에는 무조건 공장의 불을 내려야 한다는 투쟁으로 나아가게 된다. 감히 노조라는 것들이 공장의 전깃불을 내리자 사장 중에는 톱을 들고 나와 겁박하는 이도 있었다. 그런데도 그들은 겁먹지 않고 작업을 멈췄다. 나의 권리이자, 우리의 꿈을 위해 약속한 투쟁이었기에 용기를 낼 수 있었다. 여성노동자들은 단식투쟁까지 감행하며 끝내 저녁 8시 퇴근, 주휴제 등을 얻어 냈다. 근로기준법이 완전히 준수된 것은 아니지만, 조합원이든 조합원이 아니든 평화시장의 모든 노동자가 누릴 수 있는 벅찬 변화였다.

청계노조 투쟁은 평화시장에만 머물지 않았다. 전국의 사업장마다 민주노조를 건설하기 위한 움직임이 있었고 청계노조는 서울·인천 지역의 노동운동에 힘을 보탰다. 1977년 7월 협신피혁공업사 노동자 민종진의 질식사 문제를 해결하기 위한 연대투쟁이 예라 할 수 있다. 이런 가운데 7월 19일 노조의 버팀목이었던 이소선이 법정모독죄로 구속됐다. 정

옛 유림빌딩 터(중구 장충단로 249).

부는 이소선이 노동교실의 실장이라는 이유만으로 노동교실도 봉쇄했다. 급기야 건물주는 9월 10일까지 건물을 비워 달라고 통보했다. 노동교실을 무너뜨리겠다는 압력이 절묘하게 모이고 있었다.

이소선과 노동교실을 가만히 앉아서 빼앗길 수는 없는 노릇이었다. 7년 전, 전태일이 여성노동자들의 근로조건 개선을 위해 싸웠다면 이제 여성노동자들이 이소선을, 노동교실을 지킬 때였다. 건물주가 요청한 퇴거 하루 전날인 9월 9일이 자연스럽게 투쟁 날짜로 계획됐다. 싸움을 준비하면서 교실을 되찾자는 희망보다 구속되지 않을까 하는 불길함이 더 강하게 여성노동자들을 지배했다. 그럼에도 9월 9일 오후 1시, 친구들과 만나기로 약속한 노동교실로 향했다. 여성노동자들은 소중한 것을 빼앗기만 했던 세상에 반드시 던져야 할 외침이 있었다. "어머니를 석방하라!", "노동교실 돌려 달라!"

몇 명의 조합원들은 정문을 지키고 있던 전경과 실랑이 끝에 교실로 들어갔다. 곧 유림빌딩 주변으로 기동경찰이 가득 깔렸다. 정문이 봉쇄되자 여성노동자들은 다른 건물 옥상을 통해 유림빌딩 옥상으로 건너갔다. 발을 헛디디면 추락할 수도 있는 아찔한 진입이었다. 공권력도 교실 진입을 시도했다. 그러자 노동자들은 몸에 휘발유를 끼얹고 할복을 시도하는 등 위태롭고 절박한 투쟁을 전개했다. 그런데도 권력은 물러서기는 커녕 이 기회에 청계노조를 무너뜨리겠다며 사납게 달려들었다.

오후 2~3시쯤 소방차가 도착했고, 소방호스를 통해 물대포를 뿜어냈다. 물대포는 노동자들이 쌓은 바리케이드와 여성노동자들을 차례로 정조준했다. 교실은 아수라장이 됐다. 그 순간 창문에 서 있던 조합원 임미경은 '누군가 죽으면 또 살길이 열리지 않을까'를 고민했더랬다. 임미경의 다리를 붙잡은 것은 이숙희였다. "미경아 그러지 마, 그러면 안 돼." 그야말로 9.9투쟁은 사수(死守) 투쟁이었다. 여성노동자들이 목숨을 내걸더라도 지켜야 했던 것은 자신과 친구의 꿈을 허락한 유일한 사회 '노동교실'이었다.

기록되지 못한 여성노동자의 운동: 창신동 봉제거리

(종로구 창신4가길 24-1, 창신동 647번지 일대)

9.9투쟁의 결과, 노동자들이 전원 연행됐다. 경찰서로 끌려간 조합원들은 구타와 수모를 당했다. 형사는 신순애의 따귀를 날리며 "이 ××이, 꼭 북한에 좋은 짓만 한다"라고 윽박질렀다. 퇴거 마지막 날인 9월 9일이 공교롭게도 조선민주주의인민공화국(북한)의 건국일이라는 것을 형사를 통해 알게 됐다. 형사에게 "북한에서 김일성한테 수령 아버지라고 하듯, 이소선한테 어머니라고 부른다"라는 식의 억지를 들어야 했다. 배움에 대한 열망으로 시작한 싸움, 잠 좀 자면서 일하고 싶다는 소망이 빨갱이 짓으로 매도당했다. 투쟁에 나섰던 조합원 중 다섯 명, 신순애, 이숙희, 임미경, 신승철, 김주삼이 구속됐다.

9.9투쟁에 참여했던 어린 조합원들의 경우, 지워지지 않은 상처를 안고 결국 노조와의 연결이 끊기기도 했다. 이숙희는 어린 조합원들이 감내했을 상처를 보살펴 주지 못했다며 지금까지도 미안해하고 있다. 한편 경찰은 당시 14세의 나이로 농성에 참여했던 임미경을 구속하기 위해 주민등록번호까지 조작했다. 그렇게 재판에 섰던 청소년 여성노동자 임미경은 "누구의 지령을 받았냐"라는 판사의 어리석은 질문에 "여덟 시간 일하고, 여덟 시간 휴식하고, 여덟 시간 자라고 법에 나와 있는데 왜 지키지 않느냐"라며 따져 물었다.

9.9투쟁은 노동자들의 발길이 닿는 곳마다 주홍글씨처럼 따라붙었

다. 정보 요원들의 감시는 예사였고 "당신 딸이 간첩이다"라며 부모와 가족까지 괴롭혔다. 평화시장에서 취업 거부를 당한 것도 모자라 과거 전력이 알려진 순간 전세방 반납과 이혼 요구까지 받았다. 데모보다 무서운 것이 빨갱이라는 누명이었다. 자신의 과거를 묻지 않는 곳을 찾아 평화시장을 떠나야 했다. 평화시장 건너편 창신동에 봉제 공장이 활발히 운영되고 있을 때였다. 그중 창신동 647번지 일대는 현재도 봉제 공장이 밀집해 있고 봉제거리가 조성돼 있다.

좁은 골목이 "드르륵, 드르륵," 미싱 소리로 채워진다. 배운 기술이 재봉밖에 없던 여성노동자에게 창신동은 일터이자 신혼집이었다. 먹고살기 위해 재봉틀 하나 들여 놓고 다시 일을 시작했다. 청계에서 재단사였던 남편은 하청 사장이 됐고 여성노동자는 하청 공장의 1인 종업원이 됐다. 형편이 좀 나아지면서 남편은 다시 청계노조로 발길을 돌렸다. 그렇게 노조로 돌아갔던 남편이 구속되자 구속된 남편의 석방을 위해 겨울바람에 아이 업고 옥바라지까지 감당했던 것도 여성노동자들의 몫이었다. 한국 사회 남성들에게 노동운동은 권력의 중심으로 진출하는 경력이 됐다. 하지만 여성노동자에게는 혹여나 자기 자식에게 해라도 될까 봐 자식이 성인이 될 때까지 숨겨야 했던 비밀이었다.

창신동 봉제거리에는 봉제 용어, 봉제 과정, 봉제 산업의 역사와 봉제인 기억의 벽 등이 간략하게 전시돼 있다. 하지만 여기에서도 봉제노동자의 투쟁은 제대로 설명돼 있지 않다. 독재와 맞서 싸운 전태일에 대한 설명도 "1970년대 전태일 열사의 분신으로 노동자 인권 문제가 개선됨"이라는 짤막한 한 줄이 전부다. 여성노동자들의 투쟁이 언급되지 않은 것은 둘째치고라도 "인권 문제 개선됨"으로 끝나는 설명에서 여전히 여성노동자들은 전태일의 동정을 받는 위치로만 머무는 기분이 든다. 저녁 늦은 시간까지 창신동의 미싱은 멈추지 않는데도 무슨 인권 문제가 개선

창신동 봉제거리.

됐다는지 도무지 이해할 수 없다.

1978년 7월 출소한 신순애는 교실을 빼앗겨 조합원들이 모일 장소가 사라지자 이곳 창신동에 쪽방을 얻었다. 노조의 중견이 된 20대 신순애는 쪽방에서 자신보다 어린 조합원들과 한글 공부를 함께했다. 그렇게 시작한 공부는 2014년 신순애가 환갑을 맞이했을 때 평화시장 여성노동자들의 삶과 투쟁을 담은 『열세 살 여공의 삶』을 출간하는 데 이른다. 한국 민주노조의 조직가였던 여성노동자의 삶과 투쟁이야말로 봉제인의 자부심을 기억하는 봉제거리에 가장 어울리는 역사일 테다.

창신동 430 일대: 나이도, 이름도 묻지 못했던 이야기를 찾아

(종로구 종로44길)

국가에 의해 산업화와 민주화의 역사가 장악됐다는 점에서 여성노동자의 목소리는 담론 안에서 '들리지 않는 목소리'였다. 하지만 여성노동자는 들리지는 않았지만 '목소리'를 갖고 있다는 점에서, 그래서 자신만의 기억이라도 구성할 수 있었다는 점에서 '서발턴(subaltern, 하위주체)'이라도 될 수 있었다. 문제는 서발턴조차 되지 못해 역사와 다툴 기억조차 갖지 못한 유령과 같은 존재들이다. 1960~1970년대 자본주의 산업화 신화에서 기억조차 누락돼 버린 여성들의 이야기를 찾아 평화시장 대각선 건너편인 창신동 430으로 발걸음을 옮겨 보자.

농촌에서 도시로 이동하는 청소년 여성들을 쌍수 들고 반긴 곳은 공장만이 아니었다. 낯선 도시에 떨어진 혈혈단신 여성에게 폐병 걸리는 일터를 제외하고 선택할 수 있던 곳은 바로 남성 중심 가부장제가 창출한 성매매 집결지였다. 혁명의 고귀한 정신을 강조했던 박정희 정부는 1961년 윤락행위방지법을 통해 성매매 금지를 조치하는 듯했지만 시행령을 빌미로 제도 도입을 8년이나 미뤘다. 오히려 1962년 내무부, 보사부, 법무부 등을 통해 전국 104곳 결집지역과 기지촌을 특정했다. 국가는 국가의 통제에서 벗어난 성매매를 금지했을 뿐이었다. 한국에서 성 산업은 국가의 묵인·관리 아래 사회에 뿌리를 내렸다. 창신동 430은 1960년대 종로, 양동과 더불어 서울의 대표적인 성매매 집결지였다. 서울의 사대문 안팎에 있는 세 곳 중에 창신동의 경우 특정 지역으로 지정되지는 못했다. 깨끗하고 새것들이 들어서는 도시화 과정에서 성매매 집결지는 서울 사대문 밖으로 밀려나야만 했을 것이다.

창신동 430은 봉제거리처럼 골목들이 뻗쳐 있다. 골목 안으로 깊숙이

들어가자 무슨 연유인지는 모르겠으나 조선시대 기생으로 추정되는 벽화도 그려져 있다. 이곳의 과거를 알 수 있는 사건 중 하나는 1967년 8월 22일 창신동 430 일대에서 벌어진 집중단속이다. 〈問題地帶—昌信洞私娼街(문제지대—창신동사창가)〉 기사는 동대문경찰서에서 주택가에 파고든 사창가를 뿌리 뽑기 위해 창녀포주소탕작전에 나섰다고 밝혔다.

정확히 1년 전인 1966년 8월 21일, 창신동 윤락업소의 포주인 정애심이 매월 상납금 선도위원회를 통해 경찰에 납금했다는 사실을 폭로해 경찰에게 망신을 줬다는 것을 미뤄 짐작해 보건대, 보복성이 짙은 단속이

창신동 430 일대,
옛 성매매 집결지 일대.

었을 가능성도 있다. 경찰이 상납금을 받은 윤락업소에 윤락허가증을 나눠 주었다는 점, 보육의원 원장이 성매매 여성들의 성병 검진을 맡아 왔다는 점을 가늠한다면 국가는 명백하게 성매매 산업의 주체였음을 알 수 있다.

1969년 서울시 공식 집계를 살펴보면 창신동에서 270여 명의 여성이 성매매에 종사했고, 서울 지역 성매매 종사 여성 중에 16.2퍼센트가 전직(前職)으로 '여공 및 노동'이라고 응답했다. "평화시장에 있던 아이를 창신동 윤락가를 지나는 길에 만났다"라는 평화시장 노동자의 구술과 "낮에는 평화시장에서 일하고 밤에는 사창가에서 몸 판다"라는 소문 등이 겹쳐지는 대목이다. 1979년 유신 권력의 몰락을 앞당겼던 YH여성노동자들이 발표한 호소문 제목은 "정부와 은행은 근대화의 역군을 윤락가로 내몰지 말라"였다.

일을 찾아 집 밖으로 나선 여성들을 향한 혐오의 메타포 중 하나는 잠재적 윤락 여성이었다. 그도 그럴 것이 열악한 노동 환경에 몸이 망가지거나 취업이 불가능한 상태에 놓인 여성이 사회에 살아남기 위한 선택지로서 성매매가 있었다. 성매매 집결지는 여성노동자의 일터 가까운 곳에 존재했다. 평화시장 옆에 창신동 430이 있었듯이.

여성에게 작업장의 다락이 '그늘'로 불렸듯이 집결지는 '음지'로 불렸다. 여성에게 허락된 장소는 성장과 번영의 뒤편인 어두운 곳이었다. 또한 여성 노동자들이 일터에서 성별 위계에 따른 차별을 겪었다면, 성매매 종사 여성은 남성의 안전을 위해 성병 검진을 강요받았다. 남성은 청결한 존재로, 여성은 불결한 존재로 위치된 것이었다. 노동운동에 나섰던 여성노동자들이 공권력에 쫓겨 다녔고, 성매매 여성은 국가권력의 보호와 관리의 대상으로 전락해 경멸적 시선을 감내해야 했다. 삥땅 친 것이 없나 작업장에서 여성의 신체를 뒤질 수 있었던 가부장 남성 권력은 집결지에서 여성에게 어떠한 폭력을 가해도 처벌을 피해 갈 수 있었다. 가히 이 나라의 근대화란 여성의 신체와 성(性)을 식민화해 쌓아 올린 성찬이 아닐까 싶다.

성녀(聖女)와 창녀(娼女)는 사전에 정의된 반면, 성남(聖男)과 창남(娼男)은 이 세상에 없는 단어라는 점에서 가부장주의는 곧 역사이자 문명이었음을 깨닫게 된다. 이는 정확히 남성 가부장제만이 여성의 가치를 결정할 수 있었다는 점에서 권력의 편성 관계를 드러내며 여성이란 가부장제 권력에 의해 해석될 뿐 자신의 말을 가지지 못한 존재임을 증명한다. 그러나 우리는 알고 있다. 남성을 성남과 창남으로 구분할 수 없듯, 여성 또한 성녀와 창녀라는 이분화의 구도로 설명되지 않는다는 사실 말이다. 그렇다면 가부장제 권력이 생산한 담론과 인식 그 자체에 문제를 제기해야 하지 않을까. 그래야 담론과 인식 그 너머에서 스스로의 발화로 자신의 경험을 말하는 여성들을 만날 수 있다. 그리고 우리는 사람이란 존재 자체가 복수성을 지녔다는 점을 인지하며, 타자의 이야기를 듣기 위한 윤리를 배울 수 있다. 남성의 이야기로 장악된 장소에도 분명 여성의 이야기가 존재한다. 그리고 그곳에서 여성들은 각자의 경험과 차이를 건네며, 억압에 맞선 연대의 가능성을 주문하고 있다.

3

배제된 기억 불러오기: 식민-이산, 독립-건국, 분단-전쟁

중국 동포 디아스포라의 삶의 현장을 걷다

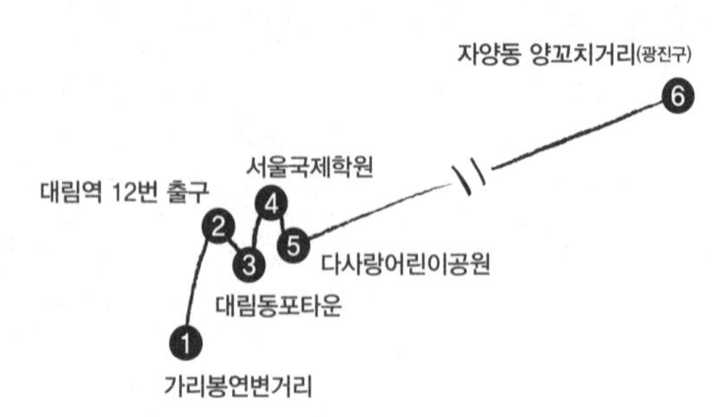

전은주

코리안 드림의 출발지: 가리봉연변거리

(구로구 가리봉 우마3길 19)

"가리봉역을 아시나요?"

가리봉역은 금천구 가산동 468-4번지와 464-2번지에 있는 지하철 1호선과 7호선의 옛 역 이름이다. 이제는 가산디지털단지역으로 이름이 바뀐 지 20년이 다 돼 간다. 비록 역명은 사라져도 가리봉동과 가리봉연변거리는 여전히 중국 동포 디아스포라의 마음속에 짙은 향수로 남아 있다.

오늘날 가산디지털단지역에 내려 도림천 방향으로 500미터쯤 걸으면 가리봉시장으로 향하는 우마길이라는 표지판과 만난다. 테마거리로

가리봉시장으로 향하는 표지판.

불리는 이 동네는 한때 중국 동포 디아스포라의 꿈의 출발지이자 삶의 터전이었다.

> "창문을 열어도 / 하늘 한쪽 볼 수 없는 / 서울 가리봉 지하 쪽방에서 / 소주 한잔에 고독을 안주하는 / 순희야, 너는 행운의 여자냐"

동포 시인 송미자의 시 「순희야, 너는 행운의 여자냐」에는 중국 동포 디아스포라의 첫 정착지였던 가리봉동 지하 쪽방이 등장한다. 그 지하 쪽방에 사는 순희는 분식집에서 하루 열네 시간 동안 일한다. 일이 끝나고 집으로 돌아오면 외로운 쪽방에서 고독을 달래야 한다. 그 방은 창문을 열어도 하늘 한쪽도 보이지 않는 어둡고 숨 막히는 공간이다.

그곳에서 순희는 소주 한잔으로 시름을 달래다가 한국이 아버지의 고향이지만 자신에게는 타향임을 절실히 자각한다. 그러면서 '너는 행운의 여자냐'라고 자문한다. 고향 사람들의 처지에서 보면 그는 분명 누구보다 먼저 코리안 드림의 티켓을 손에 넣은 행운의 여자였을 것이다.

중국 동포의 이주사를 보면 19세기 중반 이후 자연재해, 조선왕조의 학정, 일제의 식민 정책 등으로 조선인들이 여러 가지 목적으로 간도로 향한다. 그들 중에는 독립운동가, 의병, 문인, 교육자 들도 있지만 많은 이가 간도에서 생명을 부지해야 하는 하층민들이다. 그들에게 간도는 새로운 삶을 개척해야 할 공간이며 기회의 땅이다.

그곳에서 그들은 황무지를 개척하고 벼농사를 지으며 마을을 이루고 마음속에서 들끓고 있는 고국의 해방을 위한 투쟁의 용기도 펼친다. 그리고 중국 내전 등에 기여해 마침내 중국 건국과 더불어 연변조선족자치주라는 자신들의 고향 공간을 구축한다. 이는 그들이 척박하고 거친 지리적 상황을 정복하고 민족적 정신을 결속한 강한 개척 정신의 결과다.

그러나 그들은 중국의 여러 정치적 상황의 변화와 과경민족(跨境民族)이라는 불안정한 위상 때문에 소수민족으로서 불안과 공포, 정치적 배제와 차별을 경험한다. 그리하여 자신들이 구축한 고향 연변이 평화와 자부심을 주는 안락한 공간이기보다는 소외와 궁핍을 주는 불안한 공간이라고 인식하게 된다. 이러한 자각은 고향의 의미를 성찰하게 하는 계기가 된다.

특히 한국은 한중수교 이전까지 정치적으로 완벽히 차단된 공간이었기 때문에 그리워도 갈 수 없는 고향이었다. 따라서 그들이 중국에서 결핍과 소외를 느낄 때마다 상상 속의 고향인 한국은 현실적으로 낯선 공간임에도 불구하고 끊임없이 미화된다. 그들의 인식 속에 한국은 안정적이고 넉넉하며 정체성을 보장받을 수 있는 그리운 고향으로 자리 잡게 된다.

문화대혁명이 공식적으로 종결된 1976년 이후, 중국 사회는 개혁개방이라는 새로운 정치적 변화를 선택한다. 그러나 전통적 중공업 지역이던 동북3성(헤이룽장성, 지린성, 랴오닝성)은 이 정책의 범주에서 제외된다. 연변을 비롯해 이 지역에 살던 중국 동포의 경제 사정은 갈수록 피폐해진다. 그 시점에 1992년 한중수교가 이루어져 한국으로 이주할 수 있는 길이 열리자 많은 중국 동포는 부푼 꿈을 안고 코리안 드림을 향해 나선다. 마치 신경숙 소설의 『외딴방』의 소녀처럼 "잘 있거라, 나의 고향. 나는 생을 낚으러 너를 떠난다"를 선언하고 한국행을 선택하고 그 소녀처럼 가리봉동 쪽방에 자리를 잡는다. 소설 속 주인공이 1970년대 말 구로공단의 여공으로 외딴방으로 들어갔다가 3년 만에 죽음을 경험하고 쪽방을 탈출한다면, 1990년대 초반 구로공단이 쇠퇴한 후 텅텅 비어 버린 쪽방에 중국 동포가 들어가서 살기 시작한다.

1970~1980년대 한국 저임금 노동자의 열악한 주거 환경이 그대로 중국 동포 이주민의 초기 정착 터전이 됐다. 무엇보다 보증금 100만 원에 월 10만 원 미만으로 주택 임대료가 저렴했다. 물론 그러한 쪽방은 집주인이 일반 주택을 개조해 여러 개로 쪼개어 만든 방으로 입주민은 공동 화장실을 사용해야 했다. 반지하 방은 아예 그런 공동 화장실조차 없는 경우도 많았다. 그곳에서는 새벽마다 전철역 화장실을 사용하려고 휴지를 들고 긴 줄로 늘어선 진풍경과도 만날 수 있었다. 그럼에도 불구하고 공단 내에는 한국 노동자들이 기피하던 3D 일자리가 많아 한 사람이 먼저 이주해 가리봉동에 자리 잡으면 그의 친척과 고향 사람들이 곧 그 가리봉동으로 모여들었다.

사람이 모여들자 상권도 형성되기 시작했다. 중국 동포에게 필요한 생활필수품을 판매하는 식료품점, 의류점이 들어서고 그들의 입맛에 맞는 중국 식당, 술집, 다방들이 생겨났다. 나아가서 그들의 비자나 국제결혼, 취업, 환전 등의 문제를 대행해 주는 각종 여행사, 직업 소개소, 환전소 등이 우후죽순처럼 늘어났다.

가리봉시장 입구.

"가리봉동에 가면 모든 것이 다 있다."

연변에서 나돌던 소문 그대로였다. 일터가 있었고 먹을 것과 잠자리가 있었고 친인척과 고향 사람들이 있었다. 그리하여 연변을 떠나온 중국동포라면 낯선 땅에서 서로 의지하며 살기 위해 거의 모두가 가리봉동을 거쳐 가게 된다. 그때부터 가리봉동은 2003년 재개발 구역으로 지정되기 이전까지 가장 큰 중국 동포 디아스포라의 밀집 거주 공간이 된다.

지금도 '서울 속 연변', '구로구 연변동', '중국동포타운' 등으로 불리는 이 지역은 여전히 중국 식료품점, 음식점, 잡화점, 노래방, 환전상, 직업 소개소, 여행사 등이 모여 있다. 골목을 따라 가리봉시장길을 들어서면 한글보다는 중국어가 쓰인 간판들을 더 많이 볼 수 있다. 하지만 한때 중국 동포, 한족 할 것 없이 북적거리던 예전의 모습과는 달리 지금은 한적하다 못해 스잔한 기운이 감돈다. 이제 그들의 새로운 삶의 터전은 명실공히 대림동으로 넘어간 듯하다.

삶을 관통하는 통로:
대림역 12번 출구

2000년대 중반부터 본격적으로 중국 동포들이 가리봉동에서 대림동으로 이주를 시작했다. 2004년 가리봉동 재정비촉진지구 재개발 사업이 진행되자 부동산 가격이 급등했고, 집과 일자리를 잃은 중국 동포는 인근 지역인 대림동으로 대거 이주했다. 대림동은 저층 주거지의 반지하, 옥탑방이 많아서 초기의 가리봉동과 마찬가지로 임대료가 저렴했다. 특히 대림동은 지하철 2호선과 7호선이 지나기 때문에 주변 가리봉동과 구로동으로 쉽게 이동할 수 있고 주변 광역도시인 부천, 광명, 인천까지도 쉽게 접근할 수 있다. 게다가 시흥, 안산, 수원 등과도 버스가 연결돼 경기도 지역에 거주하던 중국 동포를 비롯한 중국 국적 이주자들이 쉽게 오갈 수 있다. 그리하여 대림동은 강남 일대의 식당에서 일하던 중국 동포 여성과 수도권 인근의 공단 또는 건설 현장에서 일하던 중국 동포 남성 모두에게 편리한 장소가 됐다.

거기에 2004년 재외동포법의 개정과 2007년 방문취업제도의 시행이 중국 동포의 입국을 폭발적으로 증가시켰다. 중국 동포가 많아지자 가리봉동에서 그랬듯이 그들만의 고유문화를 재현하는 상권이 다시 형성되기 시작했다. 상권이 커지자 커뮤니티가 발달되고 이는 다시 비중국 동포, 한족을 포함한 기타 중국 국적 이주자들을 유입시키는 데도 큰 영향을 끼쳤다. 그리하여 오늘날의 번창한 대림동포타운이 만들어진 것이다.

대림동포타운을 찾는 많은 사람들은 지하철 2호선과 7호선의 환승역인 대림역 12번 출구를 이용한다. 12번 출구를 나서면 서울 시내의 다른 지하철역과는 다른 생경한 느낌이 먼저 든다. 좀 예민한 사람은 마치 엉뚱한 곳에 잘못 내린 것 같아 잠시 어리둥절해할지도 모른다. 그 이유를

대림역 12번 출구.

다음 세 가지로 정리할 수 있다.

첫 번째는 후각 때문이다. 개찰구를 빠져나가기도 전에 먼저 코끝을 강하게 자극하는 독특한 향신료 냄새를 맡을 수 있다. 이는 중국식 향신료인 마라향이다. 물론 외국 여행을 자주 다녀본 사람은 그 지역이 지니고 있는 향신료 냄새를 통해 그곳이 이국이라는 것을 깨닫게 된다.

이곳에 도착하는 순간 풍겨 오는 이 독특한 중국 냄새를 맡으면 외국인들이 공항에 도착하면 김치 냄새가 느껴진다고 말하는 것이 결코 과장이 아님을 알 수 있다. 각 나라나 각 지방 사람들이 쓰는 독특한 향신료에 따라 공간도 각기 다른 냄새를 지니기 때문이다. 물론 이 냄새를 맡는 중국 동포 또는 중국 국적 이주자들은 친숙한 이 냄새를 통해 이미 고향에 온 듯한 안도감을 느낄 수 있을 것이다.

두 번째는 청각 때문이다. 연변말이라고 하는 중국 동포가 사용하는 사투리는 물론이고 여기저기서 알아들을 수 없는 중국어가 큰 소리로 들려온다. 그 말뜻을 모르고 들으면 마치 말다툼을 하는 것처럼 들릴 수도 있다. 물론 한국에서도 경상도 사람들의 대화는 마치 싸우는 것처럼 들

대림중앙시장으로 향하는 골목길.

린다고 말하는 기록도 있다. 대림동에서도 이들의 표정은 다정할지언정 말소리는 마치 다투는 것처럼 들린다. 언어가 지닌 억양이 그 집단의 어떤 인식을 드러낸다는 점에서 대림동에서 사는 이주민들의 인식도 꽤나 투쟁적이라는 것을 알 수 있다.

세 번째는 시각 때문이다. 가파른 계단을 올라 12번 출구를 빠져나오면 좀 낯선 광경이 펼쳐진다. 그건 중국어 간자체와 한국어가 혼용돼 적힌 간판들 때문이다. 그런 것들이 낮에는 좀 초라하게 보일지는 몰라도 밤이 되면 휘황찬란한 LED 조명의 반짝거림 속에서 무척이나 화려하게 번쩍거린다. 또한 거리의 좌판마다 한국의 장터에서는 쉽게 볼 수 없는 낯선 음식들이 즐비하게 진열돼 있다.

사람들은 다양한 향신료 냄새, 여기저기 울려 퍼지는 연변 사투리와 중국어, 큼직큼직한 중국어 간판들이 후각과 청각과 시각을 마비시키는 이곳을 중국의 소도시 하나를 날 것 그대로 옮겨 놓은 것 같다고 말한다. 그러나 실제로 연변 이외의 중국의 그 어느 소도시에 가도 중국어와 한국어 간판이 함께 걸리고 중국어와 한국어가 함께 들리는 곳은 없다. 그래서 한국인들이 '차이나타운'이라고 부르는 이곳을 중국 동포는 '동포타운'이라고 부른다. 이곳은 마치 연변의 한 거리를 그대로 옮겨 놓은 것 같기 때문이다.

제2의 고향: 대림동포타운

(영등포구 대림동 1050-43)

중국 동포가 모두 가리봉동이나 대림동에만 사는 건 아니다. 서로 다른 동네, 심지어 멀리 땅끝마을에 가서 살더라도 필요에 따라서 꼭 들러야 하는 곳이 바로 대림동이다.

첫 번째는 한국 체류 생활에 필요한 정보 때문이다. 대림동 12번 출구에서 나와 대림중앙시장으로 이어지는 골목을 따라 가면 유난히 행정사, 여행사, 환전소, 통신사 같은 가게들이 많이 보인다. 이 가게들의 취급 항목을 꼼꼼히 살펴보면 흥미롭게도 간판만 다를 뿐 내용은 거의 같다. 행정사가 도맡아야 할 것 같은 중국 동포의 체류 자격 변경, 건강보험 가입, 공증 인증, 산재 노무 등을 여행사나 환전소 간판을 내건 가게에서도 다룬다.

행정사 간판을 단 가게에서도 환전과 항공권 구매 대행을 모두 다룬다. 이를테면 '순희 랭면'이라는 간판을 단 가게에서 마라탕, 훠궈 등 다양한 중국요리를 함께 파는 것과도 같다. 그러므로 대림동에 가면 한 영업소에서 여러 가지 일을 볼 수 있고 한 음식점에서 입에 맞는 여러 가지 맛 좋은 음식을 먹을 수 있다.

대림동에서 나눠 주는 광고 전단지는 이색적인 문구로 가득하다. 이곳의 전단지는 서울의 다른 지역에서 흔히 나눠 주는 아파트 신축 분양

여행사와 행정사 업무를 겸비한 가게.

또는 신규 가게 홍보 전단지와는 다르다. C3·H2·F1·F4·F5 등의 암호 같은 낯선 문자들과 'H2에서 F4로', 'F4를 위한 최고의 요리 학원'과 같은 광고 문구가 적혀 있다. 그뿐만 아니라 전단지들은 유형별로 형틀, 도장, 모공, 철근 등의 건설기능사 자격증, 미용·요리·제과·제빵·세탁기능사 같은 자격증을 딸 수 있는 길을 안내한다.

그럴 수밖에 없는 이유가 있다. H2 취업 비자는 유효기간이 3년에 불과하기 때문이다. 또 연장 신청에 성공하면 1년 10개월을 추가적으로 체류할 수는 있으나 그 뒤에 출국 후 재입국을 해야 한다. 게다가 단순 노무 업종에만 종사해야 한다는 직종 선택의 제한이 있어 안정적인 이주 생활을 기대할 수 없다.

그러나 법무부가 2012년 신설한 F4 재외동포비자는 유효기한이 없고 3년마다 갱신만 하면 국내에서 계속 체류할 수 있어 중국 동포는 이 비자를 무척 선호한다. 물론 아무나 취득할 수 있는 것이 아니다. 대학 졸업자나 기업 대표 또는 국가기능사 자격증 소지자가 자격 조건이다. 그러므로 국가기능사 자격증을 딸 수 있도록 돕는 학원이 우후죽순 들어선 것이다. 어쩌면 대림동 학원가들의 수강생 모집 경쟁은 노량진 학원들에

못지않을 것이다.

대림동에는 또 중국 동포에게 일자리를 알선해 주는 직업 소개소가 많다. 직업 소개소의 광고 입간판에는 식당이나 함바, 낚시터 등에서 주방 이모를 모집하는 내용이 적혀 있다. 그중에서도 가장 많은 것이 남녀 가리지 않는 간병인 모집에 대한 것이다. 그 밖에도 '세탁 공장 월급 250만 원, 휴식 4회', '찜질방 화부 월급 200만 원, 휴식 2회', '사우나 청소 월급 230만 원, 휴식 2회' 같은 것도 빼곡히 적혀 있다.

한국 정부의 외국인 출입국 정책은 해마다 바뀐다. 상황에 따라 입국 문호가 넓어지기도 하고 좁아지기도 하고 또는 주기적으로 자진 신고 기간을 마련해서 불법체류자들을 제도권 안으로 편입시키려는 노력도 한다. 그런 점에서 중국 동포는 체류 자격을 얻기 위해서, 일자리를 구하기 위해서, 출입국 정책 소식을 얻기 위해서 누구나 꼭 한 번쯤은 대림동을 들러야 한다.

두 번째는 고향을 그리워하는 향수 때문이다. 고향을 떠나온 중국 동포의 고향에 대한 향수는 고향을 대체할 수 있는 다른 무언가를 찾게 한다. 그 그리움들이 모여 대림동에다 두고 온 고향과 똑 닮은 제2의 고향을 만든 것이다. 이곳 대림동에는 고향의 독특한 관습과 전통, 고향의 냄새와 흔적, 고향 사람들의 말투와 표정 그리고 삶의 경관과 기호 같은 것이 그대로 담겨 있다. 그들은 그걸 상기하고 싶어 한다.

화려하게 번쩍거리는 '화룡냉면', '훈춘양꼬치', '용정반점' 같은 간판은 모두 고향의 지명을 따온 것이다. 대림중앙시장으로 들어서면 연변에서만 맛볼 수 있었던 '입쌀밴새(만두)', '찹쌀순대', '찰떡', '영채김치' 등이 좌판마다 보기 좋게 진열돼 있다. 물론 이 밖에도 한족 주인들이 경영하는 중국의 각 지역 음식을 대표하는 '쓰촨마라탕', '베이징코야(오리)', '충칭소면' 등 간판도 보인다. 중국인이 좋아하는 '유툐', '마화', '샤오롱바

중국 월병, 과줄 등
식품 외에 우황청심환이
함께 진열된 좌판대.

오' 같은 간편식이나 겉보기에 좀 험상궂은 돼지 부속물 요리, 꼬챙이에 꿰어서 굽는 통오리구이 등도 있다.

바로 이곳에서 중국 동포는 한족 음식과 중국 동포 음식을 함께 팔던 고향의 풍경을 상기하면서 고향에 대한 향수를 달랜다. 고향은 언제나 마음을 느긋해지게 하고 안정을 취하게 만든다. 그리하여 중국 동포 시인 최종원은 시 「대림역 12번 출구」에서 "집에 온 듯 / 마음이 평온해지는 대림동거리 / 여기에 미처 적지 못한 / 술 취한 쉼표들이 / 숨 쉬고 살아간다"라고 노래한다.

특히 대림동의 주말은 가라오케에서 흘러나오는 노랫소리가 24시간 끊이지 않는다. 한국에 사는 중국 동포의 생일잔치, 환갑잔치, 동창회 등의 모임은 언제나 이곳에서 열린다. 오죽하면 고등학교 졸업 후 한 번도 만난 적 없던 동창을 몇십 년 만에 대림동 길거리를 스치다 서로 알아봤다는 말이 있을 정도다.

물론 그런 모임은 단순한 술자리를 위한 모임만이 아니다. 고달픈 한국살이에 지쳤다가 고향을 닮은 곳에서 서로 말이 통하고 정이 통하는 사람끼리 모여 방전된 배터리를 충전하듯 몸과 마음을 다시 재충전하는 자리다. 그래서 대림동의 화려한 간판과 음악 소리와 이색적인 향내 너머에는 중국 동포 디아스포라의 삶의 애환과 고달픔, 인내와 오기, 희망과 용기가 복합적으로 내재돼 있다.

한국에서 설립한 첫 번째 학원: 서울국제학원

(영등포구 대림로 153)

대림역 12번 출구에서 명지성모병원 방향으로 250미터 떨어진 상가 건물에는 '영수야 어디야?'라는 큰 광고판이 높게 걸려 있다. 이 건물의 3층에 중국 동포 출신 1971년생인 문민 원장이 한국에서 첫 번째로 문을 연 국제학원이 자리 잡고 있다.

중국 헤이룽장성(黑龍江省)에서 태어난 그는 어린 시절부터 부친이 혼잣말처럼 되뇌며 그리워하던 경상북도 김천에 대한 막연한 동경을 품고 자랐다. 그 후 그는 헤이룽장성 오상조선족사범학교를 졸업하고 1990년부터 조선족 초등학교 교사로 재직했다. 한중수교로 아버지의 고향으로 갈 수 있는 길이 열리자 그는 한국에서 교사를 해보려는 당찬 꿈을 안고 1995년 한국으로 이주했다.

> "한국에 오자마자 교육청을 방문해 교사로 근무할 수 있는지 알아봤죠. 보기 좋게 거절당했어요. 한마디로 자격이 안 된다는 것이었습니다. 한국에서 교원대나 사범대를 졸업해 교사 자격증을 취득해야 할 수 있는 건데, 지금 생각해 보면 그야말로 무데뽀였지요."

그러나 그는 좌절하지 않고 처음부터 다시 시작했다. 1997년 한국외국어대학교 중국어과에 입학해 교직을 이수하고 2003년 서울대학교 대학원에 진학해 교육학을 전공했다. 졸업 후 출판사, 노사발전재단, 이주동포정책연구소 등에서 근무하는 동안에도 틈틈이 중국 동포에게 한국 적응법을 가르치는 취업 교육 강사로 활동했다. 또한 주말마다 구로구의 중국동포교회 등에서 귀화 시험을 준비하는 동포를 대상으로 한국사와 한국 문화에 대한 무료 강좌를 열기도 했다.

2014년, 그는 드디어 19년 전에 설레는 마음으로 비행기에 몸을 실으며 당차게 꾸었던 꿈을 실현했다. 중국 동포 출신 교사로서 처음으로 한국에서 국제학원을 설립한 것이다.

> "2013년부터 취업비자로 체류 중인 동포에게도 가족 초청이 허가되자 그들의 자녀들이 입국하는 경우가 많아졌어요. 이들을 중도 입국 청소년이라고 해요. 제가 구로도서관에서 이 친구들을 대상으로 '어울림 주말학교'를 열었는데 평일에도 학교가 열렸으면 좋겠다는 학부모들의 요청이 많았습니다. 물론 학교를 세우고 싶었지만 그건 쉽게 허가를 받을 수 있는 일이 아니라서 먼저 학원을 세우기로 작정했지요. 학원에서는 이들에게 국·영·수 등 교과목을 가르치기도 하지만, 한국어와 한국문화 이해를 가르치는 데 더 정성을 기울였습니다. 중도 입국 청소년들은 말이 중국 동포지 더러는 자기 이름을 한글로 쓸 줄도 모르는 친구들도 있고, 연변사투리 때문에 학교에서 놀림을 받는 경우도 많았거든요. 저는 그 친구들이 한국에 빨리 적응할 수 있도록 디딤돌 역할을 하는 학원을 꾸려 가기로 작정했습니다."

2024년 10월이 되면 서울국제학원도 10주년을 맞이한다. 그동안 학원을 거쳐 간 학생이 600명도 넘는다. 학원은 여전히 한국어와 중국어를 동시에 가르치는 이중 언어 교육의 장으로서 오랫동안 중도 입국 청소년

서울국제학원의 문민 원장.

들에게 한국어 응급실 같은 존재였다. 물론 10년이면 강산도 변하는 만큼 학원에도 많은 변화가 일어났다.

첫 번째는 '중도 입국 청소년'이란 용어 대신 '조기 유학생'이 생겼다. 이제 문 원장은 그들을 중도 입국 청소년이란 용어 대신 조기 유학생이라고 부른다. 언제부터인가 중도 입국 청소년이란 표현이 한국에서는 한국어 못하는 학생, 학력이 낮은 학생 등의 부정적 의미로 사용되면서 학생 스스로가 먼저 주눅이 들어 학구열을 잃어버리는 경우가 많았다. 이에 문 원장은 학생들이 스스로 자부심을 지닐 수 있도록 이중 언어의 장점을 지닌 조기 유학생으로 부르기 시작했다. 그러자 학생들도 더욱 진취적으로 공부했다. 덕분에 학원은 해마다 명문대 입학생들을 배출하게 됐다.

두 번째는 원생의 범주가 다양해졌다. 초기 학원에는 중도 입국 청소년 중심으로 중국에서 중학교나 고등학교를 다니는 중에 입국한 학생들이 많았다. 그러나 10년이 지난 지금은 초등학교 학생의 수도 부쩍 늘었다.

"한중수교 초반에는 일자리를 찾아서 한국으로 오는 중국 동포가 많았고, 2000년대 후반부터는 유학으로 오는 중국 동포 젊은이들이 많아졌지요. 세월이 흐르니 이제 그 유학생들이 한국에서 자리를 잡고 결혼을 하고 출산한 아이들(중국 동포 4세대)이 우리 학원에 오기 시작합니다. 그 아이들은 스스로를 한국인이라고 말해요. 서울이 고향이고요. 그러나 부모들은 여전히 중국 동포로 중국 국적을 지니고 있으므로 중국어도 가르쳐야 한다고 생각하고 우리 학원으로 아이들을 보내지요."

세 번째는 '유학'에서 '온학(ON學)'으로 전환시켰다. 코로나 팬데믹 기간에 여느 학원들이 그랬듯이 서울국제학원도 위기를 맞았다. 원생 수가 급감하고 학원은 곧 문을 닫게 생긴 것이다. 이때 문 원장이 고안해 낸 새로운 교육 방식이 바로 인터넷 화상으로 상담하고 교육을 실시하는 '온학'이다.

"산동성 위해시에 있는 한족중학교 3학년 중국 동포 학생이 한국 고등학교 입학을 목표로 미리 입국해 학원에서 공부하기로 했습니다. 그런데 마침 코로나 때문에 입국의 길이 막히게 된 것이지요. 그래서 계속 미루다가 화상으로 공부를 시작했습니다. 의외로 효과가 너무 좋은 거예요. 그 뒤로 이제는 한국 유학을 앞둔 학생들이 중국에서도 미리 온학을 통해 우리 학원에서 공부할 수 있도록 교육 방식을 넓혀 가고 있습니다."

2022년 경북대학교 사회과학연구원 인문사회연구소에서는 한국으로 귀환해 재한 동포 사회에서 리더로서 역할을 하고 있는 대상자를 물색했다. 그중 한 명으로 문민 원장이 뽑혀 재외한인 구술생애사 『재한동국동포 교육자 문민의 생애사—중국 동포 3세의 귀환이주 삶과 미래』가 발간됐다. 이 순간에도 문민 원장의 꿈이 이루어진 국제학원에는 학생들의 글 읽는 소리가 낭랑하다.

"중국 동포 노인들은 갈 곳이 없어요": 다사랑어린이공원

대림역 12번 출구와 서울국제학원 사이의 중간 지점에서 골목길로 들어서서 200미터쯤 걸어가면 다사랑어린이공원이라는 표지판이 보인다. 이 공원 바로 건너편에 대동초등학교 운동장이 있어서 학생들이 뛰어노는 웃음소리가 이곳까지 가득해 아주 밝은 분위기다.

이 어린이공원은 어린이보다는 중국 동포 할아버지나 할머니 이용객들이 많기로 유명하다. 매일 오후 2시와 6시에 이곳을 방문하면 아주 특별한 광경을 볼 수 있다. 야외 벤치에 올려놓은 작은 스피커에서는 한국에서 한창 유행인 트로트가 흘러나오기도 하고, 가끔 경쾌한 중국 노래가 흘러나오기도 한다.

점심시간이 끝날 때쯤부터 하나씩 둘씩 모여들어 벤치에 앉아 이야기를 나누던 어르신들은 시간에 맞춰 누군가가 음악을 틀면 약속이라도 한 듯이 제자리에서 일어나서 음악에 맞춰 어깨높이로 팔을 흔들면서 춤을 춘다. 이 광경은 중국에서 1990년대 중반부터 유행해 지금은 모스크바의 붉은광장, 파리의 루브르박물관까지 진출해 미국의 「월스트리트저널」에 소개된 중국의 '광장무(廣場舞)'와 유사하다. 한마디로 중국 동포의 광장무인 셈이다.

광장무는 음악에 맞춰 많은 사람이 같은 동작을 하면서 광장에서 함께 추는 춤으로 중국의 각 도시에서 인기가 아주 높은 문화 운동이다. 중국의 그 어떤 도시를 가더라도 광장에 가면 아침저녁으로 광장무를 추는 사람들을 흔히 볼 수 있다. 이 춤의 주축은 1950~1960년대생 여성인 '따마(큰엄마)'들이다. 중국은 1990년대 말에 국유 기업의 구조 조정을 실시했고 이 시기 평생직장을 잃은 여성들은 과거 중국 문화대혁명 기간에 정규교육을 받지 못했기 때문에 개혁개방 이후 노동시장에서도 밀려났다. 기댈 곳이 없던 그들은 자발적으로 광장이나 동네 공터에 모여 음악을 틀고 광장무를 추기 시작했다. 건강 체조의 일종으로 불리는 이 춤은 문화대혁명 당시 강제로 동원돼 마오쩌둥에 대한 충성을 표현해야 했던 '충자무(忠字舞)'와도 다른 것으로 평가받는다.

대림동에서 만나는 광장무는 중국의 그것과는 달리 조금 더 이색적이다. 이곳 사람들은 흥겨운 멜로디에 저마다 웃음기 넘치는 표정으로 춤을 추지만 팔을 위로 뻗고 흔들거나, 발을 구르며 추거나, 둘이서 손을 맞잡고 추는 등 제각각 자유로운 춤판을 벌인다. 비록 춤의 모양새는 제각각 달라도 그들은 함께 춤을 추며 슬픔과 우울을 떨쳐 내고 소통과 위로의 시간을 갖는다. 어쩌면 이곳은 그들에게는 각박한 한국살이의 숨통을 열어 주는 곳이라고 볼 수 있다.

날씨가 따뜻한 계절에는 어림잡아 30~40명이 모여 춤을 춘다. 옷깃을 꽁꽁 싸맬 수밖에 없는 추운 겨울날에는 춤 대신 매일 10~20명의 어르신들이 모여 함께 카드놀이를 하기도 하며 두런두런 이야기를 나눈다. 주로 60~80대 연령에 속하는 이들이 왜 이곳에 모며 매일 춤을 추는지 속사정을 들어 보면 또 다른 이야기들이 펼쳐진다.

> "딱히 갈 곳이 없어요. 경로당은 한국 국적이 아니면 안 된다고 하더라고요. 귀화해서 한국 국적으로 바뀌었다고 해도 중국 동포라고 하면 괜히 깔볼까 봐 다들 잘 안 가요. 누구는 갔다가 하루 만에 도로 나왔다고 하더라고요. 그냥 추워도 이 공원에 모여서 놀며 이런저런 이야기를 나누는 게 마음이 더 편해요."

> "51세에 한국에 왔어요. 벌써 73세나 됐어요. 그동안 고깃집, 횟집, 별의별 식당에서 다 일했어요. 이젠 애 둘 다 대학 나오고 애들이 한국에서 결혼하고 정착했

어요. 나는 일은 안 해요. 그런데 집 안에서만 있다 보니 너무 우울해져서 여기 나오기 시작했는데, 이제 이곳에 안 오면 너무 허전해요."

물론 이들의 광장무가 모두에게 긍정적인 영향을 주는 건 아니다. 처음에는 소음 기준을 몰라 노랫소리를 크게 틀었다가 시끄럽다는 민원을 받은 적도 있고 인도와 자전거 도로까지 나가 춤을 춰 통행 방해로 신고를 당한 적도 있었다. "길거리에 왜 사교댄스를 추나?"는 한국 사회와의 문화적 차이 때문에 갈등도 종종 벌어졌다.

이제는 주민들에게 방해가 되지 않게 소음 기준에 맞춰 음악을 틀고 자체적으로도 다른 이들에게 민폐가 되지 않도록 서로서로 잘 단속하고 있다. 광장무가 중국에서는 보편화된 문화이지만 한국의 문화로 보면 낯

날씨가 추워지자 춤 추는 대신 모여 앉아 이야기를 나누는 중국 동포 노인들.

설어 빚어진 사소한 마찰일 것이다. 그들도 한국의 법을 잘 지켜 가면서 그 안에서 공존하며 살아가려고 노력하는 중이다. 현실적으로 중국 동포 노인의 수는 계속 늘어나고 있으나 이들을 위한 복지시설이나 경로당은 거의 찾아볼 수 없다는 점도 개선돼야 할 것이다. 그렇게 그들은 오늘도 이곳에 와서 흥겹게 춤을 추고 있다.

'동포만의 리그'에서 '우리들의 리그'로: 자양동 양꼬치거리

(광진구 자양동 16-35)

2020년대로 접어들면서 탕후루 열풍이 대한민국을 강타했다. 알록달록한 색감과 달콤한 맛 덕분에 탕후루는 한국의 MZ 세대 사이에서 국민 간식으로 떠오르면서 새로운 식문화로 자리 잡았다. 중국의 전통 길거리 음식이었던 탕후루는 원래 산사나무 열매인 산사자(山査子)로 만든 간식이다. 산사자가 워낙 시어서 먹기 힘든 과일이었으므로 달콤하게 먹으려고 설탕과 물엿 시럽을 입힌 데서 유래했다.

중국의 동북부 지역에 가면 겨울마다 초·중학교 앞에는 탕후루 장수들이 학생들 하교 시간에 맞춰 득달같이 나타났다. 한국에서도 인천 차이나타운이나 대림동에 가면 산사자 탕후루를 만날 수 있지만 언제부터인지 딸기, 포도, 감귤, 키위 등으로 만든 탕후루가 유행을 타기 시작했고 갑작스레 전국적으로 탕후루가 선풍적인 인기를 끌었다.

탕후루보다 10년 정도 먼저 인기를 끈 대표적인 중국 음식이 바로 마라탕이다. 2010년대 초반까지 마라탕은 가리봉동이나 대림동에서만 판매하는, 중국인 또는 일부 중국 동포만이 찾는 잘 알려지지 않은 메뉴였다. 대림동 상권에서도 마라탕이라는 메뉴를 추가한 가게는 손꼽힐 정도로 적었다. 그러다가 2010년대 중반을 넘어가면서 중국인 유학생의 수효가 기하학적으로 늘어나기 시작했고, 이들을 대상으로 하는 전문 음식점이 늘어나기 시작했다. 그중 하나가 바로 마라탕이었다.

마라탕은 얼얼한 매운맛 덕분에 한국의 젊은 층을 중심으로 인기를 끌었고 마라라면, 마라치킨, 마라떡볶이 등 여러 파생 메뉴가 만들어질 정도로 화끈한 마라 열풍을 일으켰다. 현재는 차이나타운을 넘어 한국의 주요 먹자골목마다 마라탕 가게가 없는 곳이 없을 정도로 늘었다.

그런데 마라탕보다 10년 정도, 탕후루보다는 20년 정도 먼저 인기를 끈 중국 음식이 바로 양꼬치다. 가리봉동의 중국 동포 상권의 형성과 거의 비슷한 시기에 시작된 양꼬치 가게들은 초창기에는 연변식 발음의 '양꿰'이란 이름으로 등장했다. 찾아가는 손님들도 대부분 중국 동포나 중국 국적 이주민이었다. 그러다가 알음알이로 양꼬치를 찾게 된 한국인 손님들이 늘어났고 "양꼬치엔 칭따오"라는 유행어까지 나올 정도로 유명해졌다. 물론 가리봉동이나 대림동의 양꿰 가게들도 한국인 손님들을 유치하기 위해 한국식 발음으로 모두 양꼬치로 바꿔 달았다. 양꼬치 가게들이 가장 많이 모여 있는 곳이 바로 광진구 자양4동의 양꼬치거리다.

대림역과 마찬가지로 서울 지하철 2호선과 7호선의 교차점인 건대입구역 5번 출구에서 뚝섬 쪽으로 약 200미터 정도 내려오면 동서로 625미터에 걸쳐 양꼬치거리가 형성돼 있다. 이곳은 중국 동포 3세대들을 주축으로 형성된, 서울에서 가장 젊은 동포타운이라고 할 수 있다.

중국 동포 1세대는 대체로 일제강점기 때 두만강이나 압록강을 건너 중국으로 건너간 조부모 세대를 가리킨다. 그리고 2세대는 중국의 문화대혁명 영향으로 제대된 교육을 받지 못한 채 농사만 짓던 부모 세대들을 가리킨다. 그 2세대들은 1세대들의 영향으로 모국에 대한 강한 그리움을 지니고 있다가 한중수교 이후 한국으로 이주해 불법체류자의 신분

자양동 양꼬치거리 입구.

도 마다치 않았다. 그들은 낮에는 공장에서 기계처럼 돌아치고 밤이면 가리봉동 쪽방이나 반지하방에서 쪽잠을 자며 억척스레 돈을 벌었다.

한중수교 30년이 지난 오늘날, 활발하게 한국 사회에 뿌리를 내리고 전문직에 종사하는 중심 세력은 바로 중국 동포 3세대다. 그들은 대체로 1970~1980년대에 태어나 부모들이 한국에서 고된 노역으로 벌어서 송금해 준 돈 덕분으로 경제적으로 비교적 여유 있는 성장기를 보내며 대학 교육까지 보장받을 수 있었다. 이들은 이중 언어 능력뿐만 아니라 중국과의 다양한 네트워크도 확보하고 있었다. 따라서 중국 동포 2세들이 주로 육체노동에 종사하며 열심히 가리봉동에서 대림동으로 삶의 터전을 피눈물 나게 개척했다면 중국 동포 3세대들은 자신들의 인적, 물적 자산을 활용해 돈을 모아 가게를 열고 무역, 한국 화장품 수출, 여행사 등 다양한 사업을 하기 시작했다. 그리하여 자양동을 중심으로 중국 동포 3세대 중산층이 등장했다.

그들은 아예 대림동에서 벗어나 다양하게 영역을 넓히기 시작했다.

물론 그에 따른 몇 가지 조건이 필요했다. 첫째, 가리봉동, 대림동이 그랬던 것처럼 집값이 저렴해야 했다. 둘째, 교통이 편리해서 언제든지 쉽게 대림동을 찾을 수 있는 곳이어야 했다. 셋째, 먼저 이주한 중국 동포들이 모여 사는 곳이면 더 좋았다. 이런 조건을 갖춘 곳이 자양동이었다.

자양동은 성수공단을 중심으로 소규모 제조업 공장이 많아 집값이 저렴했다. 또 대림동과 마찬가지로 지하철 2호선과 7호선의 교착지라 교통이 편리할 뿐만 아니라 동서울터미널과 잠실이라는 거대 교통 환승지가 인근에 있어 인천이나 안산, 서울 외곽의 일자리 접근성도 좋은 편이었다. 그런 까닭에 일찌감치 중국 동포가 많이 모여 살게 된 자양동 일대는 곧 중국 동포 3세대 중산층들의 자유로운 무대가 됐다. 2011년에는 중국동포상인위원회의 건의가 채택돼 광진구 일대가 공식적으로 중국 음식문화거리, 이른바 양꼬치거리로 지정되기에 이른다.

이곳의 음식점이나 가게들은 발 빠르게 가리봉동이나 대림동과의 차별화를 추구했다. 무엇보다 주요 고객을 한국인으로 삼아 공략한 것이 특징이다. 대림동의 음식점과 서비스 업종의 주요 고객이 중국 동포와 중국 국적 이주자였다면 자양동 중국 음식점의 주요 고객은 한국인이었다. 게다가 이곳 가게들은 거의 한 집 건너 한 집마다 간판에 한국인이 좋아하는 메뉴만 내세웠다. 양꼬치 테마 거리인 만큼 양꼬치 가게가 가장 많았고, 그다음으로 마라탕과 마라샹궈, 최근에는 탕후루 가게도 많이 생겨났다. 물론 동종 가게들이 모여 손님을 집중적으로 공략하는 방식은 한국인의 호기심을 자극하고 그들의 기호를 자극하기에 충분했다. 어쩌면 양꼬치거리 맞은편에 있는 건국대학교 학생들을 계산에 넣은 것도 있을 것이다.

그런 까닭으로 이곳은 대림동과 비교하면 생활 정보를 제공하는 직업 소개소나 행정사가 별로 눈에 띄지 않는다. 대림동의 길거리 좌판처

양꼬치거리의 밤 풍경.

럼 한국인들의 비위를 상하게 할 것 같은 돼지부속물이나 오리 모가지 같은 음식들도 진열돼 있지 않다. 오히려 은행이 즐비하게 늘어섰고 최근엔 중국은행까지 생겨나면서 중국 국적 관광객들도 이곳에 들렀다가 컨테이너 박스로 건축된 쇼핑 전문점이나 길 건너편 롯데백화점에서 쉽게 쇼핑을 할 수 있게 됐다.

중국 동포의 상권이 가리봉동에서 대림동으로, 대림동에서 자양동으로 확장되는 추세는 그곳의 중심 세력이 중국 동포 2세대에서 3세대로 넘어가는 현상의 증거라고 볼 수 있다. 이러한 기세에 힘입어 중국동포 타운 또한 더 이상 동포만의 리그가 아닌, 한국인을 포함한 우리들의 리그로 확장되고 있다. 이는 그들이 중국 동포 사회에만 안주하는 것이 아니라 한국 사회로 스며들기 위해 적극적으로 노력하고 있음을 증명한다.

3.1운동의 사적지가 모여 있는 삼일대로 탐방

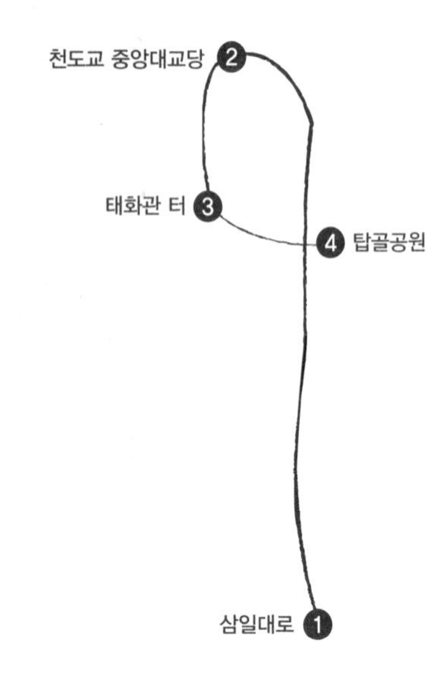

이병수

삼일대로, 3.1운동의 발상지이자 중심 무대

잘 알려져 있듯이 3.1운동은 신분, 직업, 계급, 지역 그리고 종교를 초월해 거족적으로 일어난 독립운동으로서 민족독립운동사에서 가장 중요한 사건이다. 안국역에서 종로2가로 이어지는 삼일대로는 바로 3.1운동의 시작과 확산에 중요한 역할을 한 역사적 장소들이 모여 있는 곳이다. 다시 말해 3.1운동이 기획되고 전개된 사적지들이 집중돼 있는 장소다. 대표적으로 탑골공원, 천도교 중앙대교당, 태화관 터 등 3.1운동의 주요 거점이 위치하고 있다. 이 때문에 삼일대로는 이른바 3.1운동의 발상지이자 중심 무대라 할 수 있다.

삼일대로는 1966년 3.1운동 50주년을 기념해 삼일로라고 명명됐다. 2010년에 남산 제1호 터널 구간을 편입하고 한남고가차도까지 구간을 연장하면서 지금의 삼일대로라는 이름으로 변경됐다. 좀 더 넓게 보면 삼일대로에는 3.1운동의 배경이 되는 다양한 건축물뿐만 아니라 운현궁과 우정총국 등 구한말 대한제국의 역사문화 자원도 분포하고 있다. 나아가 동쪽에는 세계문화유산으로 등재된 종묘, 서쪽에는 인사동 문화의 거리, 남쪽에는 종각, 북쪽으로는 북촌 한옥마을이 인접하는 중심적 위치에 있다.

남산 제1호 터널을 지나 도심으로 오는 버스는 거의 대부분 삼일대로를 지난다. 하지만 급속한 도시화의 개발 과정에서 3.1운동의 흔적은 사라졌거나 방치돼 왔다. 그래서 서울시는 안국역—탑골공원 구간에 대해 2016년부터 재생 사업을 기획한 후 3.1운동 100주년이 되는 2019년에 역사와 문화 공간으로 조성했다. 그 핵심은 3.1운동 준비와 전개 과정에 중요한 공간적 배경이 됐던 역사적 장소를 7대 거점으로 선정한 것이다. 3.1운동 테마 역사로 조성된 안국역의 5번 출구 앞, 독립선언문이 보관됐던 독립선언문 배부 터, 3.1운동 이후 다양한 민족운동 집회 장소였던 천도교 중앙대교당, 3.1운동의 기초가 된 민족계몽운동의 산실 서북학회 회관 터, 민족대표 33인이 독립선언식을 한 태화관 터, 만세시위가 시작된 탑골공원 후문 광장, 삼일대로가 내려다보이는 삼일전망대가 설치될 낙원상가 5층 옥상이 그것이다.

안국역 5번 출구에는 3.1운동의 전개 과정을 시간순으로 구성한 타임라인 바닥판을 설치해 놓았다. 이곳에서 종로2가까지 삼일대로가 펼쳐진다. 안국역 5번 출구에서 나와 삼일대로로 들어서면 얼마 안 가서 독립선언문 배부 터와 천도교 중앙대교당을 볼 수 있다. 서북학회 회관 터를 지나 좀 더 가면 태화관 터가 나온다. 삼일대로를 기준으로 태화관 터에서 300미터 떨어진 맞은편에 탑골공원이 있다. 천도교 중앙대교당, 태화관, 탑골공원 세 곳을 중심으로 3.1운동이 기획·준비되고 전개된 사연을 살펴본다.

천도교의 총본산 중앙대교당은 대원군이 살았던 운현궁 길 건너편에 있다. 안국역 5번 출구에서 100미터 정도 떨어져 있어 5분 정도 걸으면 쉽게 찾을 수 있다. 천도교는 서양의 서학(기독교)에 대항해 민족의 생존을 모색한 동학의 뒤를 이었다. 천도교는 동학의 3대 교주였던 의암 손병희가 교단 내에 침투해 있던 친일파들과 결별하고 동학을 근대 종교로 재편하려는 목적으로 1905년에 출범한 동학의 후신이다. 이후 천도교는 인내천 사상을 기반으로 남녀노소, 빈부귀천의 차별이 없는 인간평등주의를 전개하고 안정된 조직과 재정을 갖춘 사회 세력으로 성장, 100만 명 이상의 교세로 확장했다.

천도교의 중앙대교당은 1918년에 공사가 시작돼 1921년에 완공됐다. 공사비는 교인들의 성금을 모아 충당했다. 당시 화폐 30만 원 정도(현 450억 원 상당)를 모았고 총공사비 27만 원을 들여 지었다. 나머지 3만 원은 독립선언문을 인쇄하고 다른 교단인 기독교 지도자에게 성금을 보내는 등 3.1운동에 필요한 자금으로 활용했다. 중앙대교당의 공사가 지체된 이유도 천도교 책임자들이 3.1운동에 연루돼 투옥된 데다 기금의 일부분이 3.1운동 자금으로 쓰였기 때문이다.

중앙대교당의 기초석은 단단한 화강석을, 벽은 붉은 벽돌을 사용해 쌓았다. 지붕의 옆면은 사람 인(人) 자 모양인 맞배지붕인데, 철근 앵글을 통해 중앙에 기둥이 없어도 되게끔 만들었다. 그 결과 200평이 넘는 교당 내부의 활용도는 높아졌다. 흰색의 콘크리트 천장에는 일정 간격으로 배달민족을 상징하는 박달나무 꽃잎무늬가 새겨져 있다. 민족의 혼을 담으려는 천도교인의 노력이 배어 있음을 알 수 있다.

당시 천도교 중앙대교당은 당시 1898년에 지어진 명동성당, 1926년

천도교인과 3.1운동은 떼려야 뗄 수 없는 관계에 있었다.

에 지어진 조선총독부 건물과 함께 서울의 3대 건축물로 손꼽혔으며 순수하게 우리의 성금만으로 지은 건물로서는 가장 규모가 큰 것이었다. 지금은 주변에 고층빌딩이 들어서 높은 줄 모르지만, 당시만 해도 중앙대교당은 서울 전역에서 볼 수 있을 만큼 위용을 자랑했다. 100년의 시간이 지났지만 지금까지 변함없이 천도교인의 종교 의식과 문화 공간으로 쓰이고 있다.

교당 내부는 기둥이 하나도 없어 공간이 넓기 때문에 1920~1930년대 다양한 집회를 여는 장소로 활용됐다. 일반 대중에게 공개돼 각종 민족 행사들이 개최됐던 민족운동의 산실이었다. 중앙대교당은 종로의 YMCA 회관과 더불어 민간 차원에서 우리 민족의 여론을 대변하는 몇 안 되는 장소였다. 곧 여성, 노동자 등 사회적 약자와 총독부의 집중적 감시를 받던 집단이 주로 이용하는 장소였다. 1922년 12월 서울 시내의 인력거꾼들이 동맹파업에 돌입하면서 중앙대교당에서 총회를 열었고, 1923년 1월 공식 발족한 조선물산장려회가 설날을 맞아 물산장려 대강연회를 개최하는 등 일제하 각종 단체의 집회와 강연회가 중앙대교당에

천도교 중앙대교당은 여전히 그 자리를 지키고 있다.

서 열렸다.

해방 직후에도 굵직굵직한 정치, 사회단체들의 집회가 열렸음은 물론이다. 1945년 해방을 맞아 환국한 백범 김구는 임시정부가 돌아왔다고 보고할 장소를 물색하던 중 맨 먼저 찾은 곳이 바로 천도교 중앙대교당이었다. 중앙대교당에서 열린 김구의 귀국보고대회에서 한 말은 3.1운동과 관련한 천도교의 역할을 웅변하고 있다.

> "이 교당이 없었다면 3.1운동이 없고, 3.1운동이 없으면 상해 임시정부가 없고, 상해 임정이 없으면 대한민국 독립이 없었을 것이다."

당시 조선의 종교 중 가장 많은 신도 수를 가진 천도교는 남녀노소 모두가 평등한 세상을 꿈꾸었던 실천 종교였다. 천도교는 학교의 운영에 직·간접적으로 관여했고, 계몽운동과 사회교육을 실시했다. 또한 「개벽」, 「어린이」 등의 잡지를 발간하고 농민운동, 노동운동, 어린이운동까지 각 부문별로 주도적인 문화운동을 펼쳤다.

중앙대교당은 다양한 운동의 거점이 되었을 뿐만 아니라 특히 소파 방정환을 중심으로 하는 어린이운동의 출발점이기도 했던 곳이다. 이를 잘 보여 주는 것이 천도교 중앙대교당 입구에 있는 '세계 어린이운동 발생지'라는 표지판이다. 중앙대교당에서 방정환이 어린이날을 선포한 인연으로 세워졌다. 방정환은 손병희의 사위였고, 1919년 3.1운동이 일어나자 독립선언문을 돌리다가 일본 경찰에 검거되기도 한 천도교인이었다. 그는 1921년 천도교 소년회를 조직하고 잡지 「어린이」를 창간하는 등 어린이운동을 전국적으로 확산시켜 나갔다.

중앙대교당에서 가까운 위치에 있는 천도교 직영인 보성사는 1919년 3.1운동 당시 「기미독립선언서」를 인쇄했던 곳이다. 보성사는

3.1운동 직후 일제가 불태워 현재는 터만 남아 있으며 조계사 후문 맞은편 수송공원 내에 위치해 있다. 천도교는 보성사에서 인쇄한 총 2만 1천매의 「기미독립선언서」를 천도교 전국조직망 등을 가동해 각지에 보냄으로써 거족적인 3.1운동의 발판을 마련했다. 이런 천도교의 노력이 없었다면 3.1운동이 그렇게 전국적으로 퍼지지 못했을 것이다.

3.1운동을 모르는 사람들은 없지만 천도교가 3.1운동을 주도적으로 기획하고 준비한 사실을 아는 사람들은 많지 않다. 당시 모든 종교 가운데 최대의 교세를 자랑했으나 지금은 명맥만 유지하고 있는 형편인 점과 무관하지 않을 것이다. 그러나 천도교는 3.1운동과 뗄 수 없는 관계에 있다. 중앙대교당 건축 자금의 일부도 3.1운동 자금에 사용됐을 뿐만 아니라 「기미독립선언서」를 인쇄해 전국 각지에 배포했으며 33인의 민족대표 가운데 15인이 천도교 신도였다. 천도교는 3.1운동뿐만 아니라 이후 독립운동의 적극적 지원 세력이기도 했다. 천도교의 총본산 중앙대교당은 단순한 종교집회가 이뤄진 장소를 넘어 3.1운동, 나아가 민족운동이 전개된 진앙지였다.

태화관, 영욕이 엇갈리는 역사의 현장

종각역 3-1번 출구로 나와 사거리가 나올 때까지 직진해서 길을 건너지 말고 오른쪽 길로 꺾어 걷다 보면 태화관(泰和館) 터가 나온다. 태화관 터는 2019년 3.1운동 100주년을 맞아 명칭 공모를 통해 '3.1독립선언광장'으로 개명됐다. 광장은 독립선언서 돌기둥, 판석 100개, 바닥조명 330개, 소나무 세 그루와 느티나무 한 그루, 독립 돌 10개, 물길 등으로 조성됐다.

종로구 인사동에 있는 태화관은 1919년 3.1운동 때 민족대표들이 모여 독립선언식을 거행한 곳이다. 태화관 자리에는 태화빌딩이 건축돼 있으며 건물 앞에는 3.1운동 때 독립선언식이 있었던 장소임을 표시하는 표지석이 설치돼 있다. 태화빌딩 입구 한쪽 구석에 세워진 비석에는 "이 집터는 조선조 중종이 지은 순화공주의 궁터로… 3.1독립운동 때는 독립선언식이 거행됐고… 그러나 도심 재개발사업으로 건물이 헐리게 되어 새 집을 짓고 여기에 그 사연을 밝혀 둔다"는 내용의 음각비문이 새겨져 있다. 당시의 건물은 1919년 5월 화재 사고로 소실됐다. 그해 6월에 발생한 보성사 화재 사건과 함께 일제의 방화에 의한 것으로 추정된다.

태화관은 당시 유명한 요릿집이던 명월관(明月館)의 부속 건물 혹은 분점이었다. 명월관은 한일강제병합으로 대한제국이 멸망하면서 실직한 궁중 요리사 안순환이 궁궐 요리를 일반인들에게 소개하면서 큰 인기를 끈 요릿집이다. 그러나 1918년 명월관이 소실되자 안순환은 순화궁(順和宮)에 명월관의 분점 격인 태화관을 차렸다.

순화궁의 건물주는 매국노 이완용이었다. 순화궁은 여러 세도가의 소유가 됐다가 구한말 안동 김 씨의 소유로 넘어가고 그 후 몇 차례 주인이 바뀌었는데, 결국 이완용 소유로 귀결됐다. 1907년 고종의 강제 퇴위에 격분한 군중들이 이완용의 서대문 집을 불태워 버리자 일제가 이완용에게 순화궁을 내줬다고 한다. 이완용은 여기서 5년쯤 살다가 안순환에게 집을 빌려줬고 그때부터 명월관의 분점인 태화관이 됐다.

그런데 이완용은 자기 소유 건물에서 반일 독립선언식이 거행된 사실을 큰 부담으로 생각했다. 그래서 태화관 저택을 매물로 내놓았다. 워낙 규모가 큰 집이라 큰 부자가 아니면 재원이 든든한 단체라야 살 수 있었다. 이완용에게서 이 건물을 매입한 새 주인은 미국의 감리교 여선교부였고 이로부터 태화복지재단의 역사가 시작됐다. 그러나 태평양전쟁이 발발하자 총독부가 이 건물을 강제 징발해 종로경찰서로 사용하면서 수많은 애국지사를 고문하고 탄압하는 장소로 변했다.

해방 후 태화관을 되찾은 감리교 선교사들은 태화기독교사회관으로 명칭을 바꿔 각종 사회 활동을 펼쳐 나갔다. 그러다가 1979년 재개발 바람에 헐리게 되고 지금의 태화빌딩이 들어섰다. 이처럼 태화라는 이름이 100년을 넘어 계속 이어졌지만 태화관은 친일파의 음모적 회합, 민족대표의 3.1독립선언식 거행, 일제 탄압의 상징 등으로 역사의 명암이 엇갈리는 건물이다. 한때는 조선의 세도가들이 드나들던 집이었지만 시대를 거치며 매국노 이완용이 을사조약 등을 모의하기도 했던 곳, 민족대표들이 모여 독립선언식을 거행한 곳, 그곳이 바로 태화관이다.

1910년 국권 상실 이래 기회만을 찾고 있던 일부 민족 지도자들은 윌슨의 민족자결주의 원칙 발표, 재일 유학생의 2.8독립선언, 고종의 붕어 등이 한데 겹쳐 항일 의식이 고조되자 독립을 꾀할 가장 좋은 기회가 왔다고 판단해 거족적인 독립운동을 본격적으로 계획했다. 처음에는 비교적 활동이 자유로웠던 종교 단체와 교육기관에서 각각 독립만세운동의 추진 계획을 세웠지만 나중에는 거족적이고 일원화된 독립만세운동을 위해 서로 통합하게 됐다.

그 결과 국내에서 가장 큰 세력을 형성하고 있었던 천도교가 주도하면서 기독교계와 함께 시위운동의 조직, 날짜, 장소, 대표자(천도교 측 15인, 기독교 측 16인) 등 구체적인 추진 계획을 세웠다. 날짜를 3월 1일로 택한 것은 고종의 국장일이 3월 3일이므로 전국 각지로부터 온 많은 사람이 서울에 몰릴 것이 예상됐기 때문이다. 게다가 3월 2일은 일요일이어서 기독교 측에서 반대해 최종적으로 3월 1일로 정해졌다. 이후 불교계에서 한용운, 백용성 2인이 참여해 민족대표는 모두 33인으로 결정됐다.

독립선언식이 치러진 태화관은 당초 물망에 올랐던 장소는 아니었다. 그 대신 당시 서울 시내 중심부에 위치해 많은 사람이 모이기 좋은 탑골공원으로 예정돼 있었다. 그러나 거사를 하루 앞둔 2월 28일 밤 민족대표들의 사전 모임에서 선언식 장소가 탑골공원에서 태화관으로 변경됐다. 만약 손병희 등 민족대표들이 탑골공원에서 독립선언식을 거행할 경우, 학생들과 경찰이 폭력적으로 충돌해 학생들이 희생되는 상황을 우려했기 때문으로 알려져 있다.

당시 탑골공원에서는 수천 명의 학생·시민들이 독립선언의 장소가 변경된 것을 모른 채 민족대표들이 나타나기만을 기다리던 상황이었다. 학생대표들은 민족대표들이 나타나지 않자 태화관으로 달려와 갑작스러운 장소 변경에 항의하며 탑골공원으로 가기를 거세게 요청했다. 그러나 손병희 등은 폭력 사태가 우려된다며 그들을 돌려보냈다. 이에 물러난 학생대표들은 학생들대로 따로 거사를 추진키로 했다. 그리하여 같은 날, 같은 시간에 다른 장소, 다른 주체에 의해 독립선언이 각각 이뤄졌다.

민족대표들은 탑골공원에서 불과 300미터 떨어진 태화관에 모였다. 민족대표들은 태화관이 이완용의 소유 별장이며 조선총독부 관리나 친일파들이 즐겨 찾는 장소임을 너무나 잘 알고 있었다. 이들이 친일파의

태화관이 있던 자리에 세워진 기미독립선언문 기념비.

심장부인 태화관에서 독립선언식을 거행한 이유는 의도적이었다. 이완용은 당시 친일파 가운데 1905년 을사늑약, 1907년 정미7조약, 1910년 강제병합 조약 등 대한제국기의 3대 매국조약에 모두 참여한 유일한 인물이었다. 태화관은 1905년 이완용과 이토 히로부미의 을사늑약 밀의, 1907년 고종을 퇴위시키고 순종을 즉위케 한 음모, 나아가 1910년 강제병합 조약 준비도 모의됐던 장소였다. 민족대표들은 이처럼 친일파들이 온갖 모의를 한 이완용 소유 별장에서 독립선언식을 거행함으로써 대한제국을 능멸한 모든 매국적인 조약을 무효화한다는 의지를 만천하에 공개하고자 했던 것이다.

민족대표 33인 중 4인은 지방에 있었으므로 태화관에 모인 민족대표는 총 29인이었다. 태화관 별실에 모인 민족대표들은 보성사 사장 이종일이 인쇄해 가져온 「기미독립선언서」 100여 장을 나눠 보면서 간략히 행사를 진행했다. 독립선언서는 이미 민족대표들이 읽은 바 있으므로 낭독을 생략하기로 하고 한용운이 선언식 인사말을 하고 그의 선창으로 '독립만세'를 삼창했다. 손병희는 태화관 주인 안순환을 불러 총독부에 전화를 걸게 함으로써 이들은 일본 경찰에 연행됐다.

민족대표들이 애초에 예정된 탑골공원이 아니라 태화관 별실에서 따로 독립선언식을 거행한 그날의 행적은 지금도 여전히 논란이 되고 있다. 몇 년 전 한 역사 강사가 태화관을 룸살롱 술판으로, 손병희의 부인을 술집 마담으로 멀칭해 물의를 일으킨 적이 있다. 그의 가벼운 언행은 비난 받아 마땅하지만 민족대표들이 탑골공원의 만세운동이라는 역사의 중요한 현장에 있지 않았고 자발적으로 붙잡혀 감으로써 이후의 운동을 지도하지 않고 방기했다는 문제 제기만큼은 되새겨 볼 만하다.

애초 천도교 측에서는 독립운동의 3대 원칙으로 대중화·일원화·비폭력의 3대 원칙을 결의했다. 엘리트 위주의 독립운동이 아니라 민중들이 독립운동의 주체가 돼야 하고 여러 갈래로 전개됐던 독립운동을 하나로 통일하며 평화적 시위를 통해 독립을 쟁취한다는 원칙이었다. 그런데 민족대표들이 학생, 시민들과 분리돼 따로 독립선언식을 거행한 것은 일원화 원칙을 포기한 대신 비폭력 원칙을 더 중시했기 때문이라고 볼 수 있다.

민족대표들이 무엇보다도 비폭력을 중시한 것은 모든 종교에서 공통적으로 중시되는 가치가 평화라는 점, 그들 대부분이 종교인이란 점과도 깊은 연관이 있다고 여겨진다. 태화관의 태화(泰和)의 뜻이 '큰 평화(The Great Peace)'란 점도 그런 면에서 상징적이다. 그러나 그 이후의 역사적 흐름에서 독립운동의 3대 원칙 가운데 대중화와 일원화는 이뤄졌지만 비폭력 평화운동은 오히려 전개되지 못했다.

3.1운동은 주체가 대중, 즉 민중이었음을 확실하게 보여 줬다. 남녀 학생들과 기생·과부와 같은 사회 저층의 여성들, 노동자·농민들이 사회 상층부나 지도자들의 지도 없이 자발적으로 3.1운동의 주역이 됐다. 그리고 3.1운동을 계기로 상해 임시정부가 보여 주듯 여러 갈래의 독립운동이 일원화됐다. 그러나 3.1운동은 일제가 경찰과 군대를 동원해 시위 군중을 총칼로 진압함으로써 점차 대응 폭력으로 맞서 많은 희생이 뒤따랐다. 나아가 3.1운동은 해외에서 독립군의 무장 투쟁을 본격적으로 유발시키는 계기가 됐다.

탑골공원, 만세운동이 처음 시작된 곳

탑골공원은 종각역 3-1번 출구로 나와 오른쪽 방향으로 도보 10분 거리에 있다. '종로' 하면 떠오르는 탑골공원은 노인들의 휴식 공간으로 알려져 있지만 무엇보다도 1919년 3월 1일로 기억되는 역사의 현장이다. 이날 학생대표들을 비롯해 수천 명이 모인 가운데 학생대표의 독립선언문 낭독을 시작으로 만세운동이 시작된 곳이다. 당시 '파고다공원'이라 불리다가 1992년 '탑골공원'으로 명칭이 바뀌었고 2011년 '서울 탑골공원'으로 명칭이 다시 변경됐다.

탑골공원의 정문은 삼일문이다. 삼일문을 지나면 곧장 손병희 동상과 3.1독립선언 기념탑이 보인다. 탑골공원 안에는 중앙에 팔각정이 위치해 있고 원각사지 10층 석탑, 대원각사비 등 문화재 외에도 만해 한용운 시비, 3.1정신 찬양비, 3.1운동 벽화 등이 자리 잡고 있다.

탑골공원은 다른 도심 공원과 달리 역사적 유래가 깊은 곳이다. 고려시대 사찰인 홍복사(興福寺)로 시작됐지만 조선 시대 태종의 억불 정책으로 절은 없어졌고 세조 때 그 터에 다시 세운 절이 원각사(圓覺寺)이며 새로 만든 탑이 원각사지 10층 석탑이다. 연산군 때는 원각사를 없애고 승려를 내쫓았으며 그 자리에 기생방(妓生房)을 만들어 흥청망청 놀았다.

연산군이 쫓겨난 이후에도 원각사는 복구되지 않고 10층 석탑만 남았다. 원각사지 10층 석탑은 탑이 희게 보인다고 하여 백탑(白塔)으로도 불렸다. 조선 후기를 대표하는 북학파 박지원은 이곳을 중심으로 박제가, 이덕무, 유득공 등의 제자들을 양성해 세간에는 백탑파로 지칭됐다. 이들은 주자의 학설을 무조건 추종하는 대신 이용후생(利用厚生)을 외쳤다. 청나라의 발달한 문물을 수용하고 상공업을 진흥시켜야 한다며 부국강병을 꿈꿨다.

백탑은 도성의 명물이 됐고 이 지역은 탑골이라고 불렸다. 그러다가 대한제국 시절 원각사지 10층 석탑을 중심으로 서구식 공원이 조성됐다. 우리나라 최초의 근대식 공원은 인천 자유공원이라고 알려져 있다. 이 공원은 강화도조약이 체결되고 인천이 개항된 이후 개항장에 거주하는 외국인들의 손에 의해 조성됐고 만국공원(萬國公園)이라는 이름으로 알려졌다.

반면 탑골공원은 대한제국 정부에 의해서 최초로 조성된 근대식 공원이었다. 탑골공원 안에 팔각정이 세워지고 대한제국 군악대가 연주하면서 공원의 모습을 갖춰 갔다. 탑골공원은 서울에 들어선 최초의 근대식 공원이지만 대한제국 정부가 소유한 황실 공원이었다. 다시 말해 일반 백성의 휴식 공간이 아니라 제국의 위엄을 과시하기 위한 공간이었다. 탑골공원의 팔각정은 황제를 모시며 호위하는 부대인 시위군악대, 그러니까 황실 관현악단이 음악을 연주한 장소였다. 매주 목요일 서양인과 정부 관료에게만 공개됐다. 하지만 고종이 그렸던 '제국의 꿈'은 불과 10년 만에 무너졌다.

대한제국 시기에 황실공원으로 조성된 탑골공원은 일제강점기 동안 조선총독부와 경성부로 운영 주체가 변경되면서 이용 대상과 활용 방법이 달라졌다. 1910년대에는 조선총독부의 운영으로 대한제국기 공원의 모습이 변형돼 공원 내부에는 일본식 정원과 정자, 유리온실과 연못 등이 조성되고 매점과 카페가 들어섰다. 하지만 3.1만세시위가 탑골공원에서 일어나자 이후 탑골공원은 3.1운동이 시작된 역사적 장소가 됐다. 이로 인해 1920년대 탑골공원은 오히려 총독부의 감시 대상이 됐다.

그러다 1932년 탑골공원의 관할권을 인수한 경성부는 탑골공원이 조선인의 공원임을 강조하면서 아동을 위한 놀이터를 만들어 공원의 이용 대상을 확대했다. 또한 팔각정에서 석가탄신일 기념행사가 개최되면서 탑골공원은 조선인들의 휴식과 놀이, 행사 등이 진행되는 도시공원으로 기능했다. 해방 후에는 초대 대통령 이승만의 동상이 서 있었는데 1960년 4월 혁명 과정에서 분노한 시민들이 동상을 끌어 내렸다.

탑골공원이 역사적으로 의미가 깊은 것은 무엇보다도 이곳이 바로

3.1운동이 처음 일어난 곳이라는 점이다. 탑골공원의 중앙에 있는 팔각정은 1919년 3월 1일 학생대표의 선언문 낭독에 이어 독립만세를 외치고 시위 행진을 벌였던 3.1운동의 발상지다. 당시 탑골공원의 팔각정을 중심으로 학생, 시민들이 빽빽하게 들어섰다. 이들은 민족대표들이 오기를 기다리고 있었지만 약속 시간이 다 돼 가는데도 민족대표들은 나타나지 않았다. 앞서 말한 대로 그 시간 민족대표들은 태화관에서 별도의 독립선언식을 거행하고 있었다.

오후 2시가 되자 민족대표를 기다리다 지쳐 경신학교 졸업생 정재용이 팔각정 단상에서 「기미독립선언서」를 두 손으로 높이 들고 떨리는 목청으로 읽어 내려갔다. 탑골공원의 독립선언식은 독립선언문의 배포와 낭독, 독립만세의 순으로 진행됐다. 이러한 운동 방식은 이미 천도교 측과 기독교 측 사이에 합의된 것이었다. "기미년 삼월일일 정오"로 시작하는 「삼일절 노래」의 가사 때문에 3.1운동의 시작을 낮 12시로 알고 있는

1910년 '파고다 공원', 팔각정에 사람들이 앉아 있다. [출처: 서울역사아카이브]

경우가 많지만 실제는 오후 2시부터 독립선언식이 거행됐다. 숨을 죽이고 독립선언문을 듣던 학생들은 낭독이 끝나자마자 만세를 부르기 시작했다. '대한'독립만세, '조선'독립만세, '한국'독립만세 등 만세의 명칭도 여러 가지였다. 태화관에서 붙잡혀 가던 민족대표들도 군중의 만세 소리를 들었다.

팔각정 행사를 마친 학생들은 거리로 몰려나왔다. 학생들이 거리로 나서자 시위 군중은 더욱 늘어났다. 3월 3일 고종황제의 인산(因山, 국장)을 보러 상경한 군중까지 가세했다. 길은 흰옷 입은 사람들로 가득 찼다. 시위대는 대열을 나눠 시가지를 행진했다. 미국과 프랑스 영사관에도 한국인들의 독립 의지를 전달하려 했다. 당시 학생들은 자신들이 행하고 있는 시위가 파리강화회의에서 조선의 독립 문제에 대한 논의로 이어지는 계기가 될 것이라고 기대했다. 그리고 시위대는 최종 목적지인 남산에 있는 조선총독부로 향해 나아갔다.

오늘의 탑골공원. 팔각정은 여전히 사람들의 작은 쉼터다.

3월 1일에 독립만세운동을 벌인 곳은 비단 서울만은 아니다. 서북 지역의 개성, 평양, 진남포, 안주, 선천, 의주와 동북 지역의 원산, 함흥 등에서 비슷한 형태의 독립선언식과 만세시위운동이 전개됐다. 이들 도시가 서울과 같은 날에 만세운동을 일으키게 된 데는 경의선과 경원선의 철도 연변에 위치하고 있어 연락이 쉬웠고 또 3.1운동을 추진했던 민족대표 중 기독교 측 대표들이 대부분 이 지방 출신이었던 점이 크게 작용했다.

3월 1일에 점화된 독립만세운동의 불길은 날이 갈수록 전국 각지로 번져 갔다. 3일에는 충남 예산, 4일 전북 옥구, 8일 대구, 10일 광주 등 전국 각지로 번졌고, 3월 21일에는 바다를 격한 제주도에까지 파급돼 역사상 최대의 민족운동으로 발전했다. 시간이 흐를수록 시위 규모는 커졌으며 일본 군경의 진압 역시 거세졌다. 이로 인해 평화적으로 이뤄지던 만세운동은 점차 폭력적인 성격을 띠게 됐다. 또한 국내에서 시작된 3.1운동의 거센 물결은 국외에 거주하던 한민족에게 파급됐다. 만주, 연해주, 미주 등 한민족이 거주하는 곳이면 어느 곳에서나 독립선언과 만세시위가 전개됐다.

탑골공원은 1919년 3.1운동 때 만세운동의 발상지가 되면서 이후 민족정신을 상징하는 장소로 떠올랐다. 일제강점기에 식민지 현실에 좌절한 청년 혹은 시민들이 울적해진 심정을 달래기 위해 으레 이 공원을 찾았다고 한다. 지금이야 탑골공원이 노인들의 휴식처처럼 인식되지만 100년 전 식민 치하의 당시 사람들 입장에서 탑골공원은 특별한 장소성을 지닌 곳이었다.

당시 지식인들도 탑골공원을 하나의 상징으로 사용하며 일본에 저항했다. 예를 들어 채만식은 『종로의 주민』이란 작품에서 탑골공원(3.1운동), 종로경찰서(탄압), 화신백화점(민족 자본)을 주요 공간으로 등장시키며 역사적 장소성을 환기했다. 나아가 탑골공원이 상징하는 3.1운동은 사회적 시간의 구분을 나타내는 하나의 관용어로 자리 잡았다. 염상섭의 『만세전(萬歲前)』이 그렇다. 이 소설은 동경—부산—김천—대전—서울로 이어지는 기행을 배경으로 3.1운동 이전의 식민지 현실을 그리고 있다. 만세전이란 바로 1919년 3월 1일 만세시위가 일어나기 전이란 의미로 당시 사람들에게 그 시간적 구분이 명확하게 인식됐다.

3.1운동의 역사적 의의

삼일대로 주변의 3.1운동 사적지는 이 글에서 다룬 천도교 중앙대교당, 보성사, 태화관, 탑골공원 말고도 여럿 있다. 장로교계 학생들의 3.1운동 준비 장소인 승동교회, 3.1운동 당일 저녁 시위가 있었던 안국동 사거리, 기독교계 학생들의 3.1운동 준비 장소인 종로2가의 YMCA 회관, 2월 28일 민족대표 상견례 및 독립선언 절차와 장소에 대해 최종 결정한 손병희 집 터, 천도교의 손병희와 최린이 기독교의 이승훈, 함태영과 만나 운동의 일원화를 확정한 천도교 중앙총부 터, 2월 24일 최린이 한용운을 찾아가 불교계의 동참을 협의한 유심사 터, 보성사 사장 이종일이 「독립선언서」를 배부한 이종일 집 터, 3월 1일 체포된 시위대가 구금됐던 경무총감부 터 등이다.

우리 민족은 3.1운동 과정에서 큰 희생을 치르면서 독립을 선언했지만 끝내 독립을 쟁취하지 못했다. 일제의 식민 통치는 이후로도 26년간 계속됐다. 그러나 3.1운동은 결코 실패한 운동이라 할 수 없다. 독립운동사는 3.1운동 전과 후로 구분되며 이후 끊임없이 독립정신을 일깨워 주고 한 차원 높은 새로운 민족독립운동을 전개하는 계기가 됐다. 3.1운동으로 민중의 역량이 발견됐고, 따라서 민중은 교화의 대상을 넘어 정치적 주체로 부각됐다. 또한 3.1운동은 신분·직업·종교를 뛰어넘은 범민족적 항쟁이었다.

무엇보다 조선 독립 요구라는 공통의 정치적 경험은 공동체 구성원의 민족 정체성을 자각하게 만들었다. 3.1운동 이후 민족의 이름으로 각종 독립운동을 펼쳐 나간 것도 바로 그러한 집단적 정체성에 근거한 것이었다. 나아가 4천 년 왕조 체제를 거부하고 민주공화주의를 주창했다. 3.1운동은 단순한 항일운동이 아닌 백성에서 국민으로, 제국에서 민국으로, 왕토에서 국토로 변화하는 시발점이었다.

'건국운동'의 자취를 따라 걷는 종로길

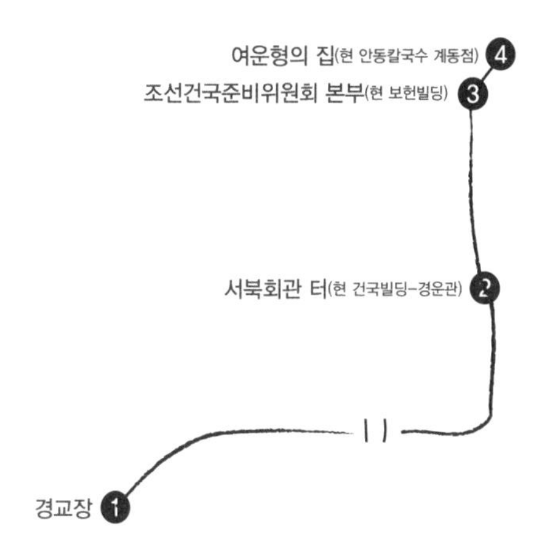

김종군

우리 현대사의 비극인 일제강점이 끝난 1945년 8월 15일에 당시 해방을 맞이한 사람들의 생각은 조금씩 결이 달랐던 듯하다. 함석헌은 "해방은 도둑같이 뜻밖에 왔다"고 했고 박헌영은 "대중적 반전 투쟁도 이루지 못한 채로 8월 15일 아닌 밤중에 찰시루떡 받는 격으로 해방을 맞이하였소"라고 했다. 일왕의 항복으로 맞이한 해방이 횡재처럼 보였을 수도 있었겠다.

그러나 이러한 소회는 이국땅에서 치열한 독립 투쟁을 펼쳐 나갔던 김구 주석을 비롯한 대한민국임시정부 요인들과 식민지 본토에서 해방 이후를 철저히 준비한 여운형 선생에게는 몹시 서운한 언사로 들렸을 듯하다. 일제 식민이 종식된 이후를 설계했던 선각자들은 해방 후 새로운 건국운동을 차근차근 준비하고 있었다. 역사는 가정이 있을 수 없다고 하지만 해방 정국에서 건국운동이 성공했다면 현재 한반도의 분단과 갈

등은 이처럼 처절하지 않았을 것이다.

서울 종로구에는 해방 정국에서 새로운 건국을 치열하게 고민하면서 현실로 실현하기 위한 노력의 현장들이 곳곳에 존재한다. 당시의 건물이 복원을 통해 남아 있기도 하고 소유주의 개발로 현대식 빌딩이 들어서기도 했지만 역사적 자취는 표석으로라도 남아 있으니 그나마 다행이다.

김구 주석과 대한민국임시정부 요인들이 귀국해 거처로 삼았던 경교장, 해방 정국에서 정당 활동과 교육 활동의 발원지로 활용된 서북학회 회관 터, 몽양 여운형 선생이 주도한 조선건국준비위원회 본부 터 그리고 몽양의 집터를 한나절 코스로 거닐 수 있다. 해방 정국의 건국운동 현장을 답사하면서 그 역사적 의미를 되새겨 보고 당시의 건국운동이 성공했다면 현재의 우리 모습은 어떠할까를 그려 보자.

백범 김구 선생이 민족을 생각하며 통일 국가를 준비한 현장, 경교장

건국운동의 현장 답사는 경교장으로부터 시작한다. 경교장은 2005년에 국가사적 465호로 지정됐다. 2013년 3월 2일에는 복원 완료 후 시민들에게 공개돼 종로 일대에서는 표지판을 더러 볼 수 있다. 그래도 찾기가 번거롭다면 강북삼성병원을 찾아가면 된다. 현재 경교장 바로 뒤에는 강북삼성병원이 병풍처럼 뒤를 막고 우뚝 솟아 있기 때문이다. 지하철 서대문역 4번 출구에서 가장 접근이 빠르니 그 노선을 택했다.

이정표 방향으로 언덕을 올라서면 병원 응급실과 응급차가 우선 눈에 들어온다. 응급실 바로 옆에 있는 근대식 2층 건물이 경교장이다. 국가사적이라고 하지만 대규모 병원에 더부살이로 낀 부속 건물처럼 단출

경교장 이정표.

하게 자리를 잡고 앉아 있어 근대와 현대의 부조화로 이물감이 느껴진다. 이곳이 백범 김구 선생이 최후를 맞은 비극의 현장이기 때문에 병원 응급차의 열린 문은 당시의 대혼란을 섬광처럼 떠올리게 해 다소의 긴장감을 불러온다.

경교장은 식민지 조국의 독립을 위해 중국 땅을 전전하면서 투쟁을 이어 온 대한민국임시정부 요인들이 귀국 후 거처로 사용하던 공간이다. 또한 1945년 11월부터 1949년 6월 김구 선생이 총탄에 쓰러진 순간까지 우리의 건국운동을 전개한 역사적 현장이다. 이 건물이 대한민국임시정부의 마지막 청사가 된 이유는 무엇일까? 이 건축물의 이력을 우선 눈여겨볼 필요가 있겠다.

경교장은 1938년에 당시 금광을 경영하며 큰 부를 축적한 최창학(崔昌學, 1891~1959)이 지은 최고급 2층 주택이었다. 처음 이름은 죽첨장(竹添莊)이었다. 죽첨은 갑신정변 당시 일본 공사였던 다케조에 신이치로(竹添進一郎)의 성씨였고, 일제는 이 사람을 기리기 위해 이 지역의 행정구역명을 죽첨정(竹添町)으로 정했다. 최창학은 1937년 중일전쟁이 일어나자 일제에 비행기를 헌납하고 거금을 기부하는 등 친일 행위로 자신의 재산을 유지한 인물이었다. 그는 해방 후 자신의 친일 행위가 문제가 될 것 같으니 김구 주석의 귀국에 맞춰 서둘러 무상으로 제공하겠다고 제안했다.

김구 선생은 죽첨장 입주 후에 일본식의 건물 이름부터 경교장으로 바꿔 불렀다. 죽첨장 근처에 경구교(京口橋)라는 다리가 있어 당시 사람들이 경교(京橋)라고 줄여서 불렀으므로 이를 따서 새 이름을 정한 것이다. 건물은 꽤 큰 편이었는데, 지하 1층, 지상 2층 구조로 연면적이 300여 평에 달했다. 당시 서울에서 유명했던 조선인 건축가 김세연(金世演)이 설계

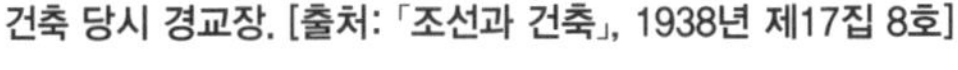
건축 당시 경교장. [출처: 「조선과 건축」, 1938년 제17집 8호]

했다고 한다.

건물 이름은 경교장으로 남아 있었지만 대한민국임시정부 마지막 청사로서의 역할은 3년 6개월 남짓이었다. 김구 선생이 2층 응접실 창가에서 안두희의 총탄에 스러지고 5개월 후인 1949년 11월부터는 중화민국 대사관 사택으로 사용됐고 한국전쟁 중에는 미군 특수부대와 임시 의료진의 주둔지로 사용됐다.

1956년부터 1967년까지는 월남대사관으로 사용되다가 1967년에 삼성 그룹의 소유로 넘어가 1968년 11월에 9층 높이의 고려병원이 바로 뒤편에 들어선다. 고려병원 신축 당시 거추장스러운 낡은 건물이라고 철거를 시도했으나 역사 현장을 철거하려 한다는 여론에 쫓겨 하는 수 없이 고려병원과 연결 통로를 만들어 본관으로 활용했다.

1996년에는 다시 17층의 강북삼성병원을 지을 계획을 세우고 사전에 여론을 무마하려고 김구 선생의 유택이 있는 효창공원으로 건물을 이

현재의 경교장 전경.

전 복원하겠다고 했으나 역시 여론은 이를 용납하지 않았다. 그 결과 우여곡절 끝에 2001년에 서울시 유형문화재 제129호로 지정됐고 2005년에 국가사적 제465호로 승격 지정된 후 2009년 말에 2층의 김구 선생 집무실만 부분 복원해 시민에게 공개했다.

이후 2013년에 건물 전체를 원형 복원시켜 현재의 경교장으로 전면 공개했다. 그나마 건축 당시 최신식 건축물로 주목을 받아 1938년에 출간된 「조선과 건축(朝鮮と建築)」 제17집 8호에 건축 도면과 실내외 사진이 수록돼 있어서 이를 바탕으로 원형에 가깝게 복원된 것은 천만다행한 일이다.

1945년 11월 23일에 1차 귀국한 김구 주석은 입국 후 바로 이곳으로 입주했다. 이후 12월 1일 2차 귀국한 임시정부 요인들을 맞아 12월 3일 조국 땅에서 처음으로 국무회의를 개최하면서 가슴 벅찬 건국운동의 막을 열었다. 비록 친일파의 저택이었지만 이후 임시정부의 공관으로서, 한국독립당과 반탁운동의 중심지로서 역사적 역할을 수행한 곳이다. 특히 1948년 5월 총선을 앞두고 남한 단독 정부 수립은 통일 국가 건설을 포기하는 행위라고 강력하게 반발한 김구 선생이 반공 학생들의 반대 시위 속에서도 남북 협상을 위해 북으로 출발한 장소이기도 하다. 경교장은 김구 선생을 중심으로 전개된 해방 정국의 반탁과 건국, 통일 운동의 본원지로서 1949년 6월 26일 김구 선생이 서거할 때까지 파란 많은 역사의 현장이었다.

해방 정국에서 건국 활동의 본산지는 민족 진영 인사들의 집결지가 된 경교장을 비롯해 단정 운동을 전개한 이승만의 이화장(梨花莊), 임시정부 부주석이었던 김규식의 삼청장(三淸莊)이 정부 수립 이전까지 3대 요람으로 주목을 받았다. 이들의 관계를 보면 이화장은 대립 구조에 있었고, 삼청장은 우호적인 관계를 유지하고 있었다. 그런데 이 거점들이 자리 잡은 위치에는 차이가 있었다. 이화장과 삼청장은 당시 한양 도성 안에 있었고 경교장은 우리가 흔히 서대문이라고 하는 돈의문, 즉 새문 밖이었다. 새문은 조선시대에 돈의문이 숭례문이나 흥인지문보다 늦게 지어져서 불린 이름이다.

중국에서 임시정부를 이끌면서 갖은 고초를 겪고 독립운동을 전개한 김구 주석과 임시정부 요인들이 입국 후 한양 도성 안으로 입성하지 못한 이유는 무엇인가? 해방 이후 1945년 9월 초에 미군정 사령관으로 입국한 하지 중장에 의해 철저하게 배제되고 홀대받은 사정에 주목해 본다. 이는 우리의 건국운동이 좌절되는 비극적 역사와 연결돼 있다.

김구 주석을 비롯한 임시정부 요인들은 해방 이후 충칭(重慶)을 정리하고 조국으로 돌아오기 위해 9월 5일 상하이에 도착했다. 그러나 미군정에서는 이들을 수송할 항공편을 두 달 동안 마련해 주지 않았다. 그 사이 10월에 이승만은 개인 자격으로 국내에 입국했고 미군정으로부터 우호적인 대우를 받고 있었다. 김구 주석은 이 난국을 벗어나기 위해 11월 19일 중국 주둔 미군 사령관 앨버트 코디 웨더마이어(Albert Coady Wedemeyer)에게 편지를 보냈다.

> "나와 최근까지 충칭에 주재했던 대한민국임시정부 요인들이 항공편으로 입국하는 것과 관련하여 나와 동료들이 공인 자격이 아니라 엄격하게 개인 자격으로 입국이 허락되었다는 것을 충분히 이해하고, 그것을 확인하는 바입니다. 나아가 우리가 입국하여 집단적으로나 개인적으로나 행정적, 정치적 권력을 행사하는 정부로서 기능하지 않을 것을 선언합니다. 우리의 목적은 미군정이 한국인들을 위해 질서를 수립하는 데 협조하는 것입니다."

편지라고는 하지만 그 내용은 마치 항복 서약과 같다. 임시정부 요인들이 공인 자격이 아니라 개인 자격으로 입국할 것이며 입국 후에도 망명정부로서의 기능을 하지 않고 미군정에 협조하겠다는 약조를 담고 있다. 조국 독립을 위해 26년을 풍찬노숙한 망명객이 비굴할 정도로 처참한 심정을 담아 조국의 땅으로 돌아올 것을 애원한 내용이다.

미군정이 임시정부를 대하는 부정적 시각을 볼 수 있는 장면은 11월 2일 참모회의에서 밝힌 하지 중장의 언사에 명확히 드러난다. "김구는 스튜(stew)의 간을 맞추는 소금에 불과하다"는 모욕적인 발언이 그것이다. 결국 미군정은 항복의 서약을 받고 11월 23일에 겨우 미군 항공편을 제공해 준다.

우리의 헌법에 대한민국은 대한민국임시정부의 법통을 계승한다고 명시돼 있다. 해방 이후 새로운 나라를 건국한다면 단연코 3.1운동 이후 시대적 제약으로 중국에서 구성된 임시정부가 건국운동을 주도하는 것이 마땅했다. 그러나 당시 중국에서 흩어져서 독립운동을 전개했던 임시정부 국무위원들은 미군정에 의해 '임정요인'이라는 단체로 분류돼 입국이 허용되지 않았고 개인 자격으로만 입국이 허용됐다. 당시 김구 주석을 비롯한 임정요인들은 좌절과 배신감을 맛봤을 것으로 보인다. 김구 선생은「나의 소원」에서 입국 당시의 소회를 이렇게 밝혔다.

> "나는 기쁨과 슬픔이 한데 엉클어진 가슴으로 27년 만에 조국의 신선한 공기를 마시고 그리운 흙을 밟으니 김포 비행장이요, 상해를 떠난 지 세 시간 후였다. 동포들이 여러 날을 우리를 환영하려고 모였더라는데, 비행기 도착 시일이 분명히 알려지지 못하여 이날에는 우리를 맞아 주는 동포가 많지 못하였다. 늙은 몸을 자동차에 의지하고 서울에 들어오니 의구한 산천이 반갑게 나를 맞아 주었다. 내 숙소는 새문 밖 최창학 씨의 집이요, 국무원 일행은 한미호텔에 머물도록 우리를 환영하는 유지들이 미리 준비하여 주었다."

김구 주석은 입국 과정에서 미군정에게 수모를 당한 서운한 심정을 '새문 밖'이라는 단어에 함축적으로 담아낸 듯하다. 도성 안도 아닌 새문 밖 친일파의 집에 마련된 숙소에 들면서 담담할 정도로 당시의 심정을 드러낸 것이다. 귀국할 때 수행원으로 함께한 장준하의 소감이 김구 주석의 입장을 대변한다고 할 수 있다.

"시야에 들어온 것은 벌판뿐이었다. 일행이 한 사람씩 내렸을 때, 우리를 맞이하는 건 미군 병사들 몇이었다. 우리의 예상은 완전히 깨어지고 동포의 반가운 모습은 허공에 모두 사라져 버렸다. 조국의 11월 바람은 퍽 쌀쌀하고, 하늘도 청명하지 않았다. (…) 나의 조국이 이렇게 황량한 것이었구나. 우리가 갈망한 국토가 이렇게 차가운 것이었구나. 나는 소처럼 힘주어 땅바닥을 군화발로 비벼댔다. 나부끼는 우리 국기, 환상의 환영 인파, 그 목 아프도록 불러 줄 만세 소리는 저만치 물러나 있고, 검푸레한 김포의 하오가 우리를 외면하고 있었다."

임정요인들은 해방된 조국을 꿈꾸며 얼마나 벅찬 가슴으로 김포공항에 도착했을 것인가? 그런데 이들을 영접한 환영 인파는 전혀 없었고 미군 병사 몇몇이 형식적으로 마중한 상황이 가슴 저리게 전해 온다. 임정요인 1진이 숙소로 들어간 후에야 하지 중장은 "오랫동안 해외에 망명 중이던 애국가 임시정부 주석 김구 선생 일행 15명은 금일 오후 경성에 개인 자격으로 도착했다"고 발표했다. 국내의 뜻있는 시민들은 환영준비위원회를 구성하고 이들의 귀국을 일구월심 기다렸지만 미군정은 김구 주석의 정치적 파급력을 사전에 차단하기 위해 환영 인파를 교묘하게 배제하고 은밀하게 귀국 절차를 진행한 것이다.

임정요인 2진은 12월 1일에 더욱 비참한 홀대를 받으며 김포공항도 아닌 군산공항에 도착해 합류했다. 임시정부 국무위원들은 미군정의 굴종 요구에 굴하지 않고 12월 3일 처음으로 조국 땅에서 국무회의를 진행한다. 그 노선은 신탁통치 반대와 통일 정부를 수립하는 건국운동이었다. 이에 한국독립당을 창당하고 건국 실천원을 양성하는 등 활발한 건국운동을 전개하기 시작한다.

미군정에 의해 남한 단독 정부 수립을 위한 5.10 총선거가 기획되자 김구 선생은 민족 분단만은 막아야 한다는 일념으로 미군정을 설득해 남북협상의 기회를 얻어 낸다. 38선 이북의 실권자로 등장한 김일성을 만나 통일 정부 수립에 협의를 하겠다는 최종의 보루였다. 이때 김구 선생의 통일 의지를 「삼천만 동포에게 읍고함」의 한 구절을 통해 절절하게 읽어 낼 수 있다.

> "현시에 있어서 나의 유일한 염원은 3천만 동포와 손목 잡고 통일된 조국, 독립된 조국의 건설을 위하여 공동 분투하는 것뿐이다. 이 육신을 조국이 수요(需要)한다면 당장에라도 제단에 바치겠다. 나는 통일된 조국을 건설하려다가 38선을 베고 쓰러질지언정, 일신에 구차한 안일을 위하여 단독정부를 세우는 데는 협력하지 아니하겠다."

온 젊음을 조국 독립 투쟁에 바친 늙은 독립운동가에게 해방된 조국이 다시 분단되는 것은 죽음으로라도 막아서야 할 사명이었다. 조국 통일을 위해 남은 목숨을 바치겠다는 사생결단의 의지로 평양행을 택한 것이다. 1948년 4월 19일 경교장 앞에 수많은 반공 청년들이 모여 남북 협상 참가자들의 출발을 막아섰다. 김구 선생은 지하 뒷문으로 탈출해 결국 평양에 도착했고 김일성을 만나 쑥섬회담이라는 남북 협상을 여러 날 진행했다. 그러나 북에 주둔한 소군정의 지휘를 받는 김일성과의 회담은 지리멸렬 성사되지 못했다. 좌절된 통일 정부 수립의 의지를 안고 서울

평양 쑥섬의
통일전선탑.

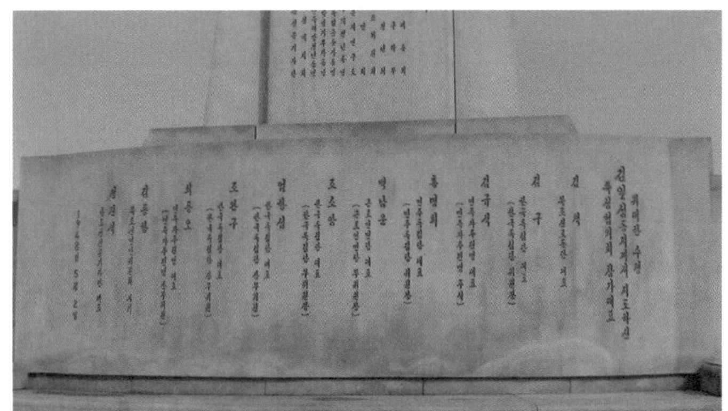

남북협상
참가자 명단.

로 돌아오는 그 심정은 얼마나 절망적이었겠는가?

평양 대동강의 쑥섬에는 한국독립당 소속의 김구 선생 일행과 김일성을 비롯한 북쪽 대표들이 남북 협상을 개최한 것을 기념하기 위한 통일전선탑이 설치돼 있고 그 뒷면에는 당시 참가자의 명단이 새겨져 있다. 남쪽에서는 김구 선생의 서거로 사선을 넘나든 통일건국운동의 성과가 '무화(無化)'돼 버렸다. 북쪽에서는 남북 각각의 단독 정부 수립 과정에서 김일성은 통일 의지가 충천했다는 홍보물로 남북 협상을 남북연석회담으로 명명하며 폄훼시켜 버린 듯해 눈물겹다.

김구 선생의 환한 웃음.

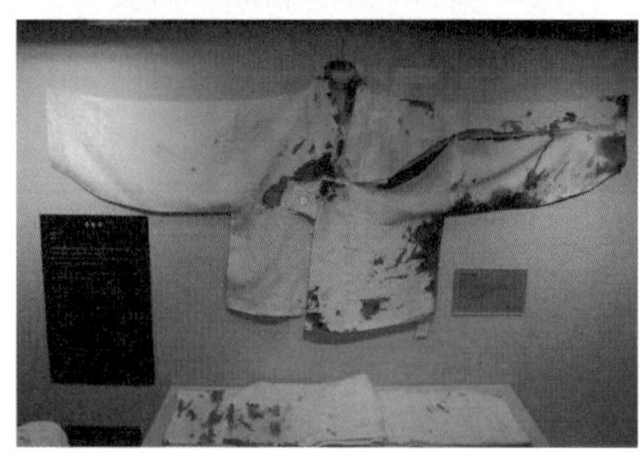

김구 선생의 피 묻은 적삼.

역동의 해방 정국은 1948년 남북 협상 좌절 후 분단을 당연하게 받아들여 남에서는 대한민국 정부가, 북에서는 조선민주주의인민공화국이 수립되는 비극의 역사로 마무리가 된다. 경교장에 칩거하면서 저술과 독서로 소일하던 김구 선생은 1949년 6월 26일 면담을 요청한 육군 소위 안두희의 총탄에 맞아 2층 응접실 책상에서 서거했다. 수많은 조문객 인파의 울부짖음 속에서 경교장은 국민장의 추모 공간으로서 마지막 용도를 다하고 역사 속으로 사라진다. 2층 서거의 현장에 펼쳐진 검붉은 피로 물든 적삼을 바라보며 백범 김구 선생의 마지막 소원인 조국 독립과 민족 통일의 염원을 되뇌어 본다.

해방 정국의 건국운동과 신교육 산실이 된 서북학회 회관

경교장을 나서서 광화문 방면으로 걸음을 옮기면 지금은 철거되고 없지만 새문으로 불렸던 돈의문의 자취를 확인할 수 있다. 돈의문 일대의 역사와 문화, 일상사를 발굴해 전시한 돈의문역사관을 보고 '이곳을 지나면 새문안으로 들어가는 것이구나' 하고 느낄 수 있다. 경희궁과 그 앞의 서울역사박물관을 들러 보는 것도 괜찮겠지만 한나절 코스로 건국운동 현장을 답사하기에는 무리가 있다.

광화문을 지나 안국역 방향으로 걷다 보면 인사동으로 내려오는 길목에서 태화빌딩을 볼 수 있다. 이곳은 예전 태화관 터인데, 1919년 민족대표 33인이 모여 3.1독립선언서를 낭독한 역사의 현장이니 한번 둘러

서북학회 회관 터 표석.

서북학회 옛 모습.

보는 것도 좋겠다. 태화빌딩을 따라 인사동으로 들어서서 종로세무서 방향으로 내려가면 낙원동 도로변에 '서북학회 터'라는 표석이 동그마니 앉아 있다. 바로 뒤 인도 안쪽으로는 건국빌딩(경운관)이라는 오래된 상가 건물이 있는데, 도로가 확장되기 전에는 서북학회 회관이 있던 장소다.

도로에는 표지석만 남아 있지만 건물을 헐어 없앤 것이 아니라 그 자리에 있던 건축물을 소유주인 건국대학교 법인에서 교내로 이전해 복원 보존하고 있다. 현재 광진구 화양동에 위치한 건국대학교 중심부에 옮겨져 상허기념관과 박물관으로 쓰이고 있다. 외형이 소박하고 끝이 둥근 스타일의 르네상스 양식 구조로, 특히 붉은 벽돌과 그 이음 부위를 채운 석조가 인상적이다. 이 건물은 1908년에 처음 지어져 해방 정국에 여러 정당들이 사무실로 사용하면서 건국운동을 전개했고 신교육의 교사와 사무실로 사용한 역사적인 현장이다.

서북학회는 평안남북도와 황해도를 기반으로 한 서우학회와 함경남북도를 기반으로 하는 한북흥학회가 결합해 만들어진 학회로서 국권 상실의 위기를 극복하자는 취지로 결성된 조직이다. 안창호, 이갑, 박은식, 이동휘 선생 등이 주요 인물로 활동했다. 이 단체에서는 학회지를 발간하고 교육 운동을 주로 펼쳤다. 이 건물은 반지하와 지상 2층의 벽돌 건물로 1900년경 종로2가에 세워진 한미전기회사 사옥을 본따 지어졌다. 당시로서는 획기적인 현대식 건물을 모방한 것이다. 처음 건축지는 종로구 낙원동 282번지였다고 한다.

이후 1910년 서북학회가 일제에 의해 강제 해산되면서 오성학교, 보성전문학교(현 고려대학교), 협성실업학교(현 광신고등학교) 건물로 사용되던 것을 1939년에 건국대학교 설립자 상허 유석창이 민중병원 확장을 목적으로 매입했다. 이 과정에서 상허는 이 건물의 역사적 내막을 알고 병원보다는 인재 육성 사업을 펼칠 공간으로 활용하겠다는 뜻을 세웠다. 매입 후 일제에 의해 징발되는 불운을 겪다가 해방이 되고 나서야 재인수가 이뤄지고 상허는 교육 사업의 일환으로 이곳에 '건국의숙'을 개설했다. 해방 후에는 정치 역량을 가진 인재가 부족함을 절감하고 민주정치가들을 육성하겠다는 절박한 뜻으로 1946년 5월 15일 조선정치학관을 발족시켰다. 이것이 조선정치대학관, 정치대학, 건국대학교로 변모하는 전신이 된다.

한편 서북학회 회관 건물이 건국대학교의 모체가 되는 과정에서는 많은 우여곡절을 겪었다. 대표적으로 단국대학교도 이 건물을 대학의 발원지로 삼고 있다. 1947년 단국대학교 설립자가 대학 설립 준비 작업을 할 공간으로 지하실과 1층의 방을 빌려 쓰면서 건물 정문 좌측 기둥에 무단으로 단국대학교 현판을 건 것이다. 그리고 조선정치학관 학생까지도 빼돌리면서 이 건물을 차지하려고 했다. 결과적으로 의리를 지킨 몇몇 학생들과 상허가 이를 굳건히 지켜 내어 건국대학교의 모체로 삼게 됐다.

또한 서북학회 회관 건물은 해방 이후 격변하는 현대사 속 정치 활동의 장이 되기도 한다. 해방 직후 조선공산당이 점령해 1층을 사무실로, 지하실을 기관지 인쇄실로 강점하니 상허는 이들을 내보내기 위해 한국민주당 창당 대회를 이곳에서 개최하게 하고 사무실을 제공했다. 좌우 세력이 한 건물 위아래층에서 활동하는 기이한 상황을 만든 것이다. 결국 불편을 느낀 조선공산당이 떠나면서 상허는 계획했던 교육 사업을 펼칠 수 있었다. 한국전쟁 시기에는 국군 헌병대에서 감옥으로 사용하기 편하다고 지하실을 징발하기도 했다. 심지어 대학이 피난을 마치고 서울에 돌아왔지만 휴전이 이뤄질 때까지 돌려주지 않았다.

이전 복원된 서북학회 회관(상허기념관).

서북학회 회관 건물은 1959년 건국대학교가 현재의 캠퍼스인 화양동으로 이전하면서 1977년까지 건국대학원 법인사무실로 사용됐다. 이후 해체됐다가 1985년에 복원됐다. 특히 이 건물은 상허의 마지막도 함께했다. 1971년 1월 1일 상허가 서거하자 7일까지 유해를 이곳에 안치한 후 사회장을 치렀다.

이처럼 서북학회 회관 건물은 한국 현대사의 주요 사건의 현장이면서, 처음 건축 시절의 용도를 충실하게 수행한 건국과 교육의 산실이기도 하다. 오성학교, 보성전문학교, 협성실업학교, 건국의숙, 조선정치학관, 조선정치대학관, 건국대학교, 외국어학원, 단국대학교가 모두 이 건물에서 교육 사업을 시작했다. 해방 후 좌우익이 갈등하는 건국운동의 역사적 현장이 되기도 했다.

국내 거주파의 건국운동 현장, 조선건국준비위원회 터와 여운형 집터

서북학회 터를 뒤로하고 안국역 방향으로 거슬러 올라가는 길에는 천도교 수운회관과 건너편에 운현궁이, 좀 더 올라가면 안국역 사거리에서 3번 출구 방향으로 현대건설 사옥이 우람하게 자리 잡고 있다. 그 골목 안쪽이 현재 국내외 관광객들에게 명소로 부상한 북촌길이다. 이곳에는 해방 이전부터 국내에 거주하면서 건국을 준비한 몽양 여운형의 건국운동 현장이 곳곳에 모여 있다.

우선 현대건설 빌딩은 여운형이 1945년 8월 16일 해방 이튿날 조선건국준비위원회 결성을 선포한 휘문중학교 운동장 자리에 건립됐다. 현대건설 빌딩 왼편 길로 100미터쯤 가면 보헌빌딩이 보이는데, 이곳이 조

조선건국준비위원회
본부 터(현 보헌빌딩).

몽양 여운형의 집터
(현 안동칼국수 계동점).

선건국준비위원회(이하 건준) 본부가 있던 장소다. 원래 일제시대 거상인 임용상의 집이었는데 이 시기 건준 본부로 사용되다가 이후 개발돼 현대식 빌딩이 들어섰다. 여기서 100미터를 못 가서 우측으로 돌면 언덕바지에 몽양 여운형의 집터 표석이 자리 잡고 있다. 길 건너 안동칼국수 건물 자리가 몽양의 집터였다고 한다. 그러니 몽양의 집과 건준 본부는 120미터 정도 떨어져 있었고 200미터 거리에 휘문중학교, 그 건너 골목에 경기여중이 자리하고 있었다. 이 공간은 몽양의 집과 인접해 있어서 해방 직후 조선건국준비위원회를 중심으로 건국운동이 활발하게 전개된 곳이다.

몽양은 도산 안창호의 연설을 듣고 독립운동에 투신한 진정한 활동가였다. 1919년 8월부터 대한민국임시정부의 2대 외무부차장을 지냈고 1933~1936년까지 조선중앙일보사 사장을 지냈다. 당시 베를린올림픽 마라톤 우승자 손기정의 일장기 삭제를 주도한 유명한 저널리스트이기도 하다.

김구와 이승만 등이 중국과 미국 등지에서 독립운동을 전개했다면 몽양은 국내에서, 그것도 서울 한복판 계동 자택을 중심으로 독립운동을 전개했다. 국내파이면서 국제 정세를 명철하게 읽어 내고, 1944년부터 해방을 준비하는 활동을 비밀리에 진행했다. 특히 건국동맹과 그 산하에 농민동맹을 두고 해방 이후의 건국운동에 만전을 기했다. 그 결과 1945년 8월 16일에 휘문중학교 운동장에서 수많은 군중이 모인 가운데 조선건국준비위원회 결성을 선포하고 본격적인 건국운동에 돌입한다.

몽양의 이러한 정보 분석력과 추진력을 조선총독부에서도 익히 알고 있었다. 엔도 류사쿠(遠藤柳作) 정무총감은 1945년 8월 15일 오전 8시에 몽양을 불러 해방 이후 국내 치안권을 양도하겠다는 협상 제안을 한다. 전날 약속을 듣고 해방을 예감한 몽양은 해방 소식을 담은 호외 신문과 우리말과 영어로 된 방송 대본도 준비할 정도로 사세 판단이 빠르고 정밀한 사람이었다. 엔도 정무총감은 몽양에게 치안권을 넘기겠다고 하면서 일본인들의 안전한 본국행을 보장해 달라고 제안했다. 해방된 사실이 알려진 후 위해가 가해질 일본인들의 생명과 재산을 보존해 달라는 말이었다. 이에 여운형은 다섯 개 항목의 조건을 내세웠다.

첫째, 전 조선의 정치범·경제범을 즉시 석방할 것. 둘째, 집단 생활지인 경성의 식량 3개월 치를 확보할 것. 셋째, 치안 유지와 건설 사업에 어떠한 구속이나 간섭을 하지 말 것. 넷째, 조선에 있어서 추진력이 되는 학생의 훈련과 조직에 간섭하지 말 것. 다섯째, 전 조선에 있는 각 사업장의 노동자들을 우리 건설 사업에 협력시키며 아무런 괴로움을 주지 말 것이 그것이었다.

조선총독부가 해방 이후 치안권을 여운형에게 넘긴 이유는 무엇일까? 여러 가지 사안이 있겠지만 그의 기존 활동성과 국내 지지도, 사상적 균형성 등이 총독부의 입에 맞았기 때문이라는 진단이 적절해 보인다. 여운형은 일본인들도 알아 주는 당시의 명사였다. 1919년 11월에 일본 정부 초청으로 도쿄를 방문해 내무대신, 육군대신 등과 만나 조선의

몽양 여운형. [출처: (사)몽양 여운형선생기념 사업회 홈페이지]

조선건국준비위원회 결성(휘문중학교). [출처: (사)몽양여운형 선생기념사업회 홈페이지]

독립을 역설했고 1940년대에는 일본 유명 정치인들로부터 중일전쟁 종결을 중재해 달라는 부탁을 받기도 했을 정도로 국제적인 영향력을 가진 인물이었다. 또한 몽양은 당시 국내에 있던 조선인 지도자들 중에서 대중적 영향력, 특히 청년·학생층에 대한 영향력이 가장 큰 인물이었다. 그리고 총독부에서는 해방 이후 조선이 분단될 것이라는 정보를 미리 가지고 있었기 때문에 사회주의자로서 소련과 우호적인 관계를 유지하는 몽양의 사상에도 기대고 싶었던 것이다.

해방 후 사흘 동안 여운형의 요구 사항이 일사천리로 진행돼 8월 16일에 서대문형무소와 마포형무소의 정치범들이 석방됐고 각급 학교의 체육교사, 무도인들을 휘문중학교 강당에 모이게 해서 건국치안대를 조직했다. 그 결과 8월 말까지 전국적으로 145개의 건국준비위원회 지부가 구성될 정도였다.

그러나 몽양의 건준 활동은 오래가지 못했다. 건준을 중심으로 한 건국운동은 8월 18일 총독부가 여운형에게 맡겼던 치안권을 회수하면서 휘청거리기 시작했다. 무엇보다 국내에서 활동한 인사들의 이념 갈등이 가장 큰 문제였다. 송진우 등 우파 인사들은 당초부터 조선건국준비위원회 참여를 거부했고 그 과정에서 조선건국준비위원회는 박헌영을 따르는 공산주의자들이 주도권을 장악했다.

몽양은 9월 6일에 경기고등여학교 강당에서 조선인민공화국 수립을 선포했다. 그 자리에서 주석에 이승만, 부주석에 여운형, 국무총리에 허헌, 내무부장에 김구, 외무부장에 김규식, 재무부장에 조만식, 군사부장에 김원봉이 추대됐다. 대부분 아직 해외에 있는 인사들로 본인의 의사는 물어보지 않은 일방적인 인선이었기 때문에 문제가 됐다. 미군정이 국내로 들어오기 전에 국가 수립을 선포해 정국의 주도권을 장악하려는 의도로 조급하게 서둔 결과였다.

이처럼 급변하는 정세 속에서 미군정은 9월 8일 국내에 진주하자마자 조선건국준비위원회를 무산시키고 10월 10일에는 조선인민공화국의 승인을 거절하는 포고문을 발표한다. 그 결과 조선인민공화국은 해체되고 말았다. 김성수, 송진우 등의 우익 인사들이 사전에 미군정과 내통하면서 몽양을 공산주의자라고 몰아붙여 놓았기 때문이다.

해방 당일부터 북촌을 중심으로 전광석화처럼 전개된 국내파 주도의 건국운동인 조선건국준비위원회와 조선인민공화국은 해방 정국의 이념 갈등과 친일파들의 미군정과의 결탁 과정에서 50일 정도의 짧은 기간으로 막을 내리고 만다. 앞서 언급했듯이 역사에는 가정이 없다고 하지만 몽양이 주도한 조선건국준비위원회의 건국운동이 성공했다면 우리의 현대사는 확연히 달라졌을 것임을 확신한다.

1945년 8월 15일 해방을 맞이하고 1948년 8월 15일 대한민국 정부가 수립된 3년 동안은 건국운동에서 역동의 시간이었고 혼돈의 시간이었다. 마치 언어의 전쟁처럼 '건국'과 '인민'이란 용어는 미군정에 의해 사회주의자와 공산주의자의 용어로 치부되면서 오염돼 버렸다. 일제강점에 항거하고 조국 독립을 주창한 백범과 몽양은 이 용어를 적극적으로 사용한 혐의로 오염된 인물이 돼 버렸고 결국 암살이라는 비극을 맞았다. 미군정이 기획하던 남한의 정부 수립에 걸림돌이 된 건국운동의 인사들은 해방 정국에서 제거됐고 그들의 처절한 독립운동의 행적도 마치 없었던 일처럼 무화돼 버렸다.

우리는 남북 분단을 기획하고 수용한 이들이 그들의 필요에 따라 무화시켜 버린 역사를 마치 우리 현대사의 전부인 양 교육받고 살아오고 있다. 우리가 교육 현장에서 배우는 역사가 힘 있는 세력의 필요에 따라 오염되고 재단된 허상이라면 이제는 당시의 현장을 직접 거닐면서 눈으로 그 실체를 확인해야 할 것이다. 혼돈의 해방 정국에서 '건국운동'이 역동적으로 전개된 현장들이 당시의 실상을 알아 달라는 듯이 의연한 자태로 우리 주변에 자리하고 있다.

1945년 8월에서 1948년 8월까지: 보이지 않게 된 시간 속의 '목소리'를 따라 걷는 길

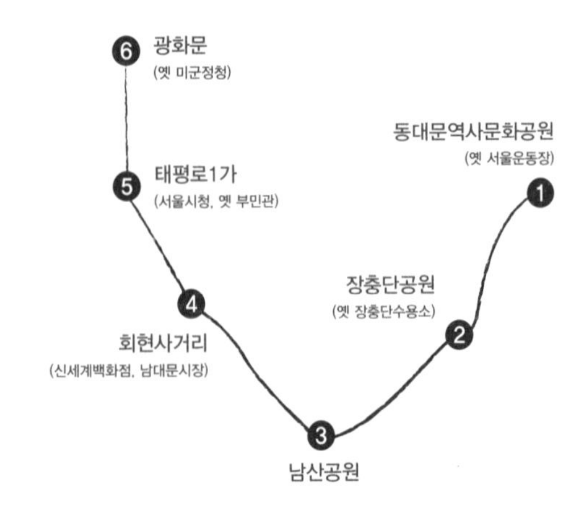

박솔지

"1945년 8월 15일, 36년간의 식민 지배가 한반도에서 끝났다. 사람들은 거리로 쏟아져 나와 광복의 기쁨을 나누었다. 그러나 그것은 곧 분단이라는 비극으로 이어졌다. 38선을 기준으로 각각 미군과 소련군이 남과 북에 들어왔고, 남쪽은 극심한 좌우 이데올로기 갈등을 거듭했다. 한반도 문제 해결을 위해 진행된 두 차례의 미소공동위원회가 끝내 결렬되고 남쪽은 1948년 유엔 감독하에 '남한 만의 단독 선거'를 치렀다. 그렇게 1948년 8월 15일 38선 이남에는 대한민국이, 9월 9일 이북에는 조선민주주의인민공화국이 수립되면서 한반도는 두 개의 정부가 존재하는 분단국가가 되었다."

이것이 바로 우리가 익숙하게 알고 있는 해방 3년의 기억이다. 그리고 그 기억은 "해방의 기쁨도 잠시"라는 표현을 지나서 1950년 6월로 시간을 옮겨 가 분단을 고착시킨 한국전쟁의 기억으로 이어진다. 꼭 분열,

갈등, 혼란이라는 함축적인 이미지들이 1945년 8월 15일부터 1948년 8월 15일까지의 시간을 붙잡아 두고, 그때를 살았던 이들을 이데올로기 갈등이라는 틀에 박제하려는 것처럼 말이다.

해방 3년, 그 시간 속을 살아 숨 쉬던 여러 사람의 목소리와 모습은 그렇게 고정된 프레임에 갇혀 렌즈 밖으로 밀려나 있는 것만 같았다. "식민과 해방, 이어진 분단과 전쟁". 그렇게 한 문장으로 정리되는 격변의 시대에 서울을 살았던 사람들은 어떤 삶을 이어 가고 있었을까? 경성이 서울로 전환돼 가던 그 시기, 지금의 서울 어느 곳에서도 잘 보이지 않는 그때 그 목소리들이 궁금해졌다. 그래서 그 목소리들을 찾아가는 첫걸음을 해방의 열기와 함성이 울려 퍼졌다던 당대 정치 집회의 주무대, 옛 서울운동장으로 내디뎠다.

동대문역사문화공원—서울운동장: 흐릿해진 해방 3년의 격동

지금의 동대문역사문화공원 부지에 있었던 서울운동장은 해방 3년이라는 격동의 시절, 수많은 이들의 발걸음이 모이고 목소리가 울리던 장소였다. 일왕이 항복 선언을 한 8월 15일부터 미군정이 시작된 9월 9일까지, 38선 이남 지역은 식민 시절과 달리 강력하게 구속되는 행정 통치로부터 비껴나 있었다. 그 대신 조선건국준비위원회를 비롯해 일찍부터 해방의 순간을 예측하고 준비해 온 많은 사람이 열에 들떠 새로운 사회를 꾸려 살아가기 위해 분주히 움직이고 있었다.

미군정은 이런 분위기를 달가워하지 않았다. 9월 15일, 군정청이 행렬과 집회의 허가제를 발표하고 과열된 서울의 분위기를 통제하려 한 것은 바로 그 때문이다. 하지만 사람들은 군정의 발표를 순순히 받아들이

지 않으려 했다. 식민 통치가 진행되는 동안 억눌려 왔던 정치적 열망이 그만큼 컸던 것이다. 그들은 집회와 언론의 자유를 내세우며 미군정의 통제에 저항했고 숱한 정치 집회와 각종 집합행동을 개최했으며 서울 곳곳에서 거리 행진을 벌였다.

서울운동장은 그 대표적인 장소 중 하나였다. 이곳은 집회에 참여하는 군중이 모이기 좋다는 장점은 물론, 집회를 마친 후 동대문과 종로를 지나 남대문에서 남산공원 쪽으로 가거나 미군정청이 위치한 광화문 방면으로 가는 거리 행진을 하기에 좋은 위치에 있다는 점 때문에 각종 대회가 가장 많이 개최된 장소였다. 지금은 볼 수 없는 운동장 안에 10만, 30만이 되는 사람들이 모여 상하이에서 돌아오는 임시정부 요인들을 환영하는 행사를 벌이기도 했고, 미소공동위원회를 위해 모인 미소 대표를 환영하는 시민대회를 열기도 했다. 그 외에도 3.1운동, 메이데이, 6.10운동, 8.15광복 등을 기념하며 시국의 문제와 현안을 논하는 정치 집회가 서울운동장에서 여러 차례 진행됐다.

동대문역사문화공원역 1번 출구로 나오면 DDP(동대문디자인플라자) 건물 지하를 통해 지상의 역사문화공원에 이른다. 지상에 올라서면 굴곡진 은빛 몸체를 빛내며 '나는 현대적 시설이다'라고 말하고 싶어 하는 것 같은 DDP 건물이 옛 유적과 함께 한 시야에 들어온다. 유적은 한양도성 복원사업 진행이 결정되고 동대문운동장이 철거되면서 세상에 얼굴을 드러냈다. 이로써 식민지 시절, 경성운동장을 건설하며 땅 아래 묻힌 조선 시대의 배수 시설 겸 방어 시설인 이간수문(二間水門)과 훈련도감 터, 흥인지문과 연결돼 있었던 성곽의 일부 구간 등이 발굴됐다. 긴 세월 이 터가 지나온 역사적 층은 각각 동대문역사관과 동대문운동장기념관이라는 두 개의 전시관으로 나뉘어 재현돼 있다.

해방 3년의 기억을 찾아왔으니 실외 유적 공간은 물론 두 개의 전시

복원된 조선시대의 유적(왼쪽)과 DDP(오른쪽)의 건물,
이들 사이에 식민과 분단, 전쟁이라는 시간은 들어갈 틈이 없어 보인다.

관까지 꼼꼼히 둘러보며 관련된 내용을 살펴봤다. 딱 한 곳, 운동장으로서 이곳의 역사를 담은 동대문운동장기념관의 「두 번째 이름, 서울운동장」이라는 전시 패널에서 그때의 시간 속 이야기를 발견할 수 있었다. 약간의 기대감을 갖고 살펴봤지만 해방 이후 이름이 바뀌고 금지됐던 행사가 다시 개최될 수 있었다는 언급과 함께 "1945년 10월 자유해방경축전국종합경기대회가 열린 날, 자유롭게 펄럭이는 태극기를 보며 많은 이들이 눈시울을 적셨다. 대한민국임시정부 요인들의 귀국 환영식이 거행되어 독립 국가의 미래를 그리던 곳도 바로 서울운동장이었다"는 짤막한 문장이 그 시절을 전하는 내용의 전부였다.

복원된 조선시대의 유적과 DDP를 한 시야에 두고 바라보면서 씁쓸한 감정이 일었다. 이곳 어디에도 정치적 갈등으로 압도된 시기라는 해방 3년의 굳어진 이미지조차 끼어들 자리가 없어 보였기 때문이다. 마치 조선과 대한민국이라는 현재 사이에 있었던, 해방에서 분단으로 치달아가던 그때의 열기와 갈등의 잔영은 보여 주지 않으려는 듯 그 시간의 장면들을 너무 자세히 마주해서는 안 된다고 말하는 듯이 말이다.

동대문을 등지고 장충단공원을 향해 발걸음을 옮겼다. 그곳에 해방을 맞아 고향 땅으로 돌아온 사람들의 사연이 있기 때문이다. 15분 정도 가볍게 걸으면 동대입구역에 닿는다. 건널목에 서서 걸어온 방향대로 바라보면 왼쪽으로 장충체육관과 신라호텔이, 오른쪽으로는 장충단공원과 그 너머 멀찍이 남산타워가 보인다. 횡단보도를 건너 공원 권역으로 들어서면 곧 이곳이 장충단의 터였음을 알리는 표지석과 장충단비를 만날 수 있다.

장충단은 당초 고종이 을미사변 당시 순국한 충신과 열사를 추모하는 제향 공간으로 조성한 곳이다. 1910년 강제합병을 완수한 후 일제는 장충단 제사를 폐지하고 1919년 이후부터 이곳을 운동장, 산책로, 정자

지금의 장충단공원. 이곳이 장충단 터였음을 알리는 비가 공원 입구에 자리하고 있다.

일제강점기 당시 공원으로 변모한 장충단, 오른쪽 상단의 둥그런 부분은 체육 활동을 위한 공간이었다.
[출처: 서울역사아카이브]

와 연못 등이 있는 공원과 위락 시설로 탈바꿈시키며 각종 동상들을 세웠다. 그뿐 아니라 1930년에는 지금의 신라호텔 영빈관 자리에 이토 히로부미의 제사를 지내는 박문사(博文寺)를 건립함으로써 조선과 대한제국의 충(忠)을 기리던 공간을 일본 제국주의에 대한 충을 새기는 공간으로 바꿔 놓기도 했다.

그래서 해방 직후부터 이곳을 바꾸려는 움직임이 줄을 이었다. 공원 내에 식민 작업의 일환으로 세워진 동상들의 해체를 시작으로 장충단을 독립운동 과정에서 순국한 의사와 열사를 기리는 추모 공간으로 만들기 위한 모임이 만들어졌다. 순국의열사봉건회라는 모임에는 홍명희, 임화, 여운형, 안재홍, 윤보선 등 좌우를 망라한 사람들이 함께 힘을 모았다. 하지만 모든 통치권이 미군정에 있는 상황에서 당장 해당 사업을 실질적으로 집행하는 데는 무리가 있었다.

무엇보다 해방을 맞아 고향으로 돌아오는 사람들이 장충단에 모여들고 있었다. 이들은 당시 전재 동포 또는 귀환 동포로 불렸다. 특히 해방 초기에 돌아오고 있는 동포들이 전재민(戰災民)으로 표현됐던 것은 이들이 자발적인 선택에 따라 이주한 것이 아니라 중일전쟁과 아시아·태평양전쟁 과정에 강제로 동원돼 삶의 터전을 떠나야 했던 전쟁 피해자, 일제 전시동원 체제의 피해자였기 때문이다. 그러다 보니 당시 사람들 사이에서는 이들에 대한 도움이 필요하다는 정서가 지배적일 수밖에 없었다. 이에 따라 1945년 8월 31일, 조선재외전재동포구제회를 시작으로 수십 개에 이르는 구호단체들이 결성되고 조선건국준비위원회와 주요 정당, 정치단체 내부에도 구호 활동을 위한 조직들이 마련됐다.

여러 단체의 자발적인 움직임 속에서 서울 시내에는 열다섯 곳의 구제회 수용소가 설치됐다. 그러나 서울시는 1946년 3월 말 즈음, 관리상 편의를 위해 이들 수용소를 폐지하고 장충단 한 곳에 전재민수용소를 설치했다. 장충단공원은 3만 평이 넘는 일본 육군 병영이 있을 정도로 전체 권역이 워낙 넓었기 때문이다. 이에 미군정은 일본군이 퇴각하면서 비게 된 병영 자리에 임시 수용처를 마련하겠다고 결정했다.

장충단수용소 체류는 5일이 원칙이었고 체재 기간이 끝나면 이곳에 왔던 이들은 각자의 고향으로 돌아가야 했다. 만약 서울에 계속 머물기를 원하면 당국에서 주택을 제공하고 취업을 알선하겠다는 것이 기본 운영 방침이기도 했다. 하지만 당국이 예상했던 것보다 장충단으로 오는 사람 수가 너무 많았다. 미처 시설로 들어가지 못한 사람들은 근처에 천막을 치거나 노숙을 시작했고 체재 기간을 넘겨 오래도록 수용소에 체류하는 사람이 늘어갔다. 수용소 내부 생활환경은 점차 열악해질 수밖에 없었고 그런 와중에 관리자의 구호품 횡령과 같은 문제까지 일어났다고 한다. 거기에 1946년 상반기를 지나면서부터는 38선 이북에서 토지개혁이 실행되고 여기에 반감을 품고 월남하는 사람들까지 장충단으로 몰려들기 시작했다.

그런데 당시 폭증하는 서울의 인구 문제는 수용소 내부의 문제만은 아니었다. 경성부는 해방 직전에도 이미 주거 부족 문제를 안고 있는 도시였다. 그런 상황에 사람들은 서울로 몰려들고 있었고 짧은 시일 내로 괜찮은 주택을 건설하는 데도 무리가 있었다. 그러다 보니 수용소 체재 기간이 끝나고 거기에서 나온 이들은 도시 주변의 토굴, 역전, 방공호 등을 전전하는 처지에 이르렀다. 결국 1945년과 1946년, 겨울이 다가올 때마다 노숙을 전전해야 했던 전재 동포들은 동사하기 일쑤였다.

사실 당시 서울의 주거 문제를 해결할 방법은 간단했다. 게다가 이 해법에 대한 조선인의 의견은 좌우익을 막론하고 어느 정도 합의를 이루고 있었다. 이들은 '구 일본인 소유 부동산의 엄정한 관리와 매매 금지, 전재 동포의 우선 입주'를 주장하고 있었기 때문이다. 그런데 왜 장충단수용소가 아비규환이 돼 가고 수용소 밖으로 나온 사람들이 얼어 죽는 참극이 벌어질 때까지 그토록 간단한 해법을 적용하지 않았던 걸까?

그것은 미군정이 일제의 항복 선언으로 해방된 조선인을 연합군의 일원으로 여기지 않고 이들의 자치권을 인정하지 않았기 때문이다. 제2차 세계대전이 끝나면서 미국을 비롯한 연합군은 세계 각지 패전국 재산의 소유권을 보장했다. 점령군으로 들어온 국가는 헤이그육전조약에 따라 사유재산은 말할 것도 없고 국유재산에 대해서도 임시적 관리 권한만을 가질 수 있었다. 그러나 한반도의 경우 국제법상 전례없는 예외조치가 적용됐다. 일본인이 남기고 간 재산은 임시적인 관리 대행자인 미군정으로 모두 귀속됐다.

미군정에 우호적인 한국민주당마저도 이러한 조치를 쉽게 받아들이기 어려웠다. 당대 사람들은 구 일본인 재산에 대해 일본 군국주의가 조선을 착취하는 과정에서 조선인이 흘린 피땀 그 자체라고 생각했다. 조선인에겐 일본인이 두고 간 재산이 곧 적국이 남기고 간 적산(敵産, enemy property)이고 이것은 당연히 한반도에 새로 수립될 정부에서 관리해야 할 몫이라고 여긴 것이다.

이런 맥락에서 1946년 11월, 각 사회단체는 귀속된 일본인 소유의 부동산 중에서 개인 주택은 차치하고라도 댄스홀, 요정, 유곽, 여관 등의 시설을 개방해 수용소 체재 기간이 끝난 귀환 동포를 구호하는 데 활용해야 한다는 의견을 군정 당국에 제기했다. 나아가 이들은 군용지, 국유지, 구 동양척식회사 소유지, 비행장 등에 대한 귀환 동포의 입주를 위해 교섭을 벌이기도 했다. 결국 미군정은 여론에 떠밀려 그해 12월, 스물여섯 채의 요정을 개방해 장충동 전재민수용소에 있는 100세대와 여러 방공호에 거주하고 있는 200세대를 수용해 구호하겠다고 밝혔다. 그러나 약속한 것과 달리 실제 개방된 요정은 일곱 곳에 지나지 않았다.

원래 이 문제에 대한 군정의 기본 계획은 민간의 돈을 모아 움집과 토막 등을 지어 유상으로 입주를 유도하겠다는 것이었다. 당연히 많은 사람이 이런 계획을 부정적으로 받아들였다. 막대한 사업비를 들여 부실한 토막을 짓기보다 차라리 적산 요정과 유곽을 개방하는 쪽이 낫다고 판단했다. 무엇보다 사람들은 미군정의 계획을 신뢰하지 않았다. 가주택을 건설해 대책을 마련하겠다는 것도 지연되고 있었기 때문이다. 토막 건설은 1947년 3월까지도 완료되지 않았다. 그러니 당국을 향해 비난과 불만이 빗발치는 건 너무나 자연스러운 상황이었다. 이에 서울시는 어쩔 수 없이 네 개의 요정과 일본인 소유였던 여관, 절을 각각 한 곳씩 추가로 개방했다. 이미 혹한기가 다 지나 버린 3월 25일의 일이었다. 게다가 추가로 개방한 공간 역시 턱없이 부족해 많은 귀환 동포가 천막으로 만든 불량 주택에 거주했다. 그마저도 터전을 잡지 못한 이들은 다리 밑을 전전했다.

이런 현실 속에서 당국에 항의하는 사람들도 많았지만 돌아온 고국을 다시 떠나기를 택하는 사람도 많았다. 1947년, 당시 전재동포원호회 위원장이었던 조소앙은 그 시점에 이미 "귀환했거나 귀환 예정인 전재민이 민족의 6분의 1"이라고 지적했다. 실제로 일본에서 온 이들은 규슈, 산인 등지로 밀항을 시도하고 있었고 만주에서 온 이들은 다시 만주로 보내 달라고 당국에 요청하기도 했다. 기쁨과 희망을 안고 돌아온 고향 땅에서 그들은 차디찬 겨울 몸 하나 제대로 누일 곳 없이 거리로 밀려났고 변변한 일자리도 얻지 못해 도시 빈민이 돼 갔다. 환영은커녕 이들은 삶의 기본적인 조건조차 보장받지 못하고 사회적 차별 속에 점차 미관과 양속을 해치는 처분 대상의 취급을 받기에 이르렀다.

1949년 4월, 귀환 동포를 대상으로 운용 중이던 장충단수용소에 대한 폐쇄 결정이 내려졌다. 포화 상태에 이른 장충단수용소의 인원을 각 지역으로 분산하겠다는 계획의 일환이었다. 하지만 전국 각 곳의 수용 시설은 이들을 감당할 수 없을 정도로 부족했다. 결국 장충단공원의 전재민수용소는 한국전쟁이 발발한 이후에도 존속해야 했다.

장충단공원은 해방 초기 제기됐던 국립공원 형태의 추모 공간으로 조성되지는 않았다. 동작의 현충원이 그 역할을 대신하게 됐고 공원에는 장충단비와 3.1운동기념비, 이준 열사 동상을 비롯해 애국선열을 기리는 동상들이 곳곳에 들어섰다. 2017년에는 공원 내 경로당 지하 1층 공간을 「기억의 공간」이라는 전시실로 조성해 장충단의 역사를 살펴볼 수 있도록 하기도 했다.

하지만 지금 그곳 어디에서도 해방과 분단이 교차하는 그때의 시간 속에서 귀환에 재귀환을 거듭하는 선택까지 했던 이들의 삶의 조각을 찾아볼 수 없다. 고향을 등지고 식민정책에 따라 먼 곳으로 떠나지 않을 수 없었던 심정과 다시 돌아온 고국에서 고국이 아닌 또 다른 곳으로 다시 떠나기로 결정한 심정 중 어떤 것이 더 참담했을까 하는 생각이 들었다.

일제의 침탈과 그에 항거한 어떤 것을 기리기 위해 공원 곳곳 우후죽순으로 자리하고 있는 기념물이 식민의 아픔을 기억하고 달래기보다 오히려 그것이 남긴 과제를 제대로 처리하지 못한 과오를 무마하고 싶어 하는 것처럼 느껴졌다.

남산공원: 산 중턱으로 밀려나는 거리와 광장의 정치

동대입구역 근방에서 01B번 버스를 타고 남산 안중근의사기념관이 있는 곳으로 향한다. 20분 정도면 도착하는 이곳은 넓은 남산공원 권역 중 회현 지구에 해당하는 곳이다. 회현 지구는 일제강점기, 일본의 건국신(神) 아마테라스 오미카미와 메이지 천황을 기리는 조선신궁이 자리한 곳이었다. 조선신궁은 1920년부터 조성을 시작해 1925년에 완공됐다. 1945년 8월 16일, 경성에 있던 일본인들이 스스로 그들의 신을 하늘로 올려 보내는 승신식을 치른 장소이기도 했다. 그 후 일본인들은 신궁을 해체하기 시작해 1945년 10월 7일에는 각종 신물 등을 일본으로 모두 보내고 남은 시설을 소각했다.

해방 공간에서 이곳은 서울운동장만큼 압도적이진 않지만 다음으로 많은 집합 활동이 벌어졌던 정치의 무대이기도 했다. 서울운동장에서 집회를 마친 후 거리 행진을 해서 마지막으로 모이는 장소가 이곳 남산공원인 경우도 있었다. 지금은 흔적을 찾을 수 없지만 당시를 기록한 영상들을 보면 남산공원으로 들어온 행렬 뒤로 아직 완전히 해체·소각되지 않은 조선신궁의 도리이(鳥居)가 보이기도 한다.

당시의 정치적 열기를 모아 내던 공간이었다는 점에서 남산공원과 서울운동장은 닮았지만 전혀 다른 역사적 흐름과 사회적 갈등을 보여 주

해체 전 조선신궁.
[출처: 서울역사아카이브]

는 곳이기도 했다. 이곳은 좌우의 이데올로기가 격돌하고 경쟁하는 해방 직후의 역동적인 정치적 상황이 우익의 승세로 기우는 동시에, 거리와 광장의 정치 활동이 미군정의 치안 질서 아래 편입되기 시작하는 서울의 변화를 보여 주기 때문이다.

당시 해방의 열기 속에는 일제 치하에서도 민중의 편에 서서 싸우던 독립운동가에 대한 사람들의 신의와 기대가 있었다. 그렇기에 식민통치의 억압으로부터 벗어나 앞으로 새로운 사회를 이끌어 갈 사람들은 당연히 그들이어야 한다는 정서가 지배적이기도 했다. 또한 거기에는 일제의

남산 자락에서 바라본 서울 중심부. 하단 중간에 보이는 길은 명동에서 을지로로 이어진다.

편에 섰던 친일 세력이 포함되지 않아야 한다는 생각 역시 녹아 있었다. 하지만 익히 알다시피 그런 세력의 다수는 소위 좌익에 해당하는 사람들이었고 많은 우익 인사들은 친일 혐의에서 자유롭지 않았다.

한반도에 새로 들어설 정부의 성격이 아직 확실하게 결정된 것이 없는 시기였지만 사회주의를 지향하는 이들이 사람들 사이에서 높은 지지를 받는 등의 상황을 미군정으로서는 달갑게 받아들이기 어려웠다. 서울 입성 이후, 군정청이 집회와 행렬에 대한 허가제를 실시한 것에는 이처럼 좌익 우호적인 당시의 분위기를 통제하려는 의도가 반영돼 있었다. 이것은 군정의 허가제가 균일한 방식으로 좌우익의 집합행동을 제약한 것이 아니라 지극히 편파적이었다는 점에서 확인할 수 있다.

격렬한 이데올로기 갈등 속에서 상대 진영을 향한 좌우 사이의 폭력적인 충돌이 발생하기도 했지만 경찰과 미군정을 든든한 뒷배로 둔 우익 계열은 솜방망이 처벌을 받는 경우가 잦았고 더욱 기세등등하게 좌익을 향한 테러와 폭력 행위를 자행했다. 단체 행사나 정치 집회 개최 허가 역시 좌우 양쪽에 동등하게 떨어지지 않았다. 이데올로기는 바로 여기에서 작동하고 있었다.

이에 따라 좌익 계열이 개최하는 집회는 점차 서울운동장에서 남산공원으로 옮겨 오게 됐다. 그리고 1947년 이후에 이르자 마치 서울운동장은 우익의 공간, 남산공원은 좌익의 공간처럼 인식되기에 이르렀다. 여기에는 우익의 폭력 행위와 경찰 권력의 편파적인 통제 속에 산자락으로 올라와 집회를 진행할 수밖에 없는 그들의 현실이 반영돼 있었던 것이다.

명확히 기울어진 운동장이었지만 전체적으로 보면 좌익과 우익의 문제를 떠나 해방 공간에서 벌어지던 집합행동 전체가 미군정의 통제 정책 아래에서 활력을 잃어 간 것은 마찬가지였다. 행정력이 미비한 군정 초기에 집합행동 허가제는 다소 유명무실한 측면이 있었다. 그러나 시간이 흐르고 군정의 장악력이 점차 높아지면서 행정 치안에 합당하지 않은 돌발 상황이 만들어질 여지를 만드는 광장의 정치는 강력한 제약과 통제의 대상이 됐다. 식민지하에서 정치적 목소리와 결정권을 낼 수 없도록 억눌렸다 터져 나왔던 당시 사람들의 정치적 열망과 활력은 그렇게 경직돼 갔다.

공원에서 광화문 쪽을 바라보고 섰다. 지금은 그 거리를 빼곡히 채운 높은 빌딩 사이로 언뜻언뜻 광화문 광장이 있는 쪽이 눈에 들어왔다. 일본인이 스스로 신궁을 철거하고 떠난 남산공원 자락에서 군정청이 된 총독부의 건물을 바라보며 그들은 대체 언제쯤에 이르러야 스스로의 정치적 결정권을 가지고 자신들의 삶을 운영해 갈 수 있을 것인지, 가슴에 이는 답답함을 어떻게 달랬을까 하는 생각이 스쳤다.

회현사거리—신세계백화점과 남대문시장: 자취를 감춘 쌀의 행방, 식량난과 암거래의 시대

남산에서 다음 경로는 명동을 지나 시청과 광화문으로 향하는 길로 잡았다. 마치 그 시절 집회를 하고 거리 행진을 하던 사람들이 지나던 길을 거꾸로 흘러가는 듯한 경로였다. 그렇게 내려가며 곳곳에 얽혀 있는 당시의 장면들을 살펴보려던 심산이었다. 남산공원에서 시청으로 이동하는 중간, 신세계백화점 본점이 있는 회현사거리에 멈춰 섰다.

신세계백화점은 일제 때 식민 도시 경성에서도 가장 큰 자본과 규모를 자랑했던 미쓰코시백화점이 해방 후 동화백화점으로 이름을 바꿨다

신세계백화점 본점. 왼쪽이 신관이고 오른쪽이 일제강점기 때 건축된 본관이다. 두 건물 사이로 보이는 길이 남대문시장과 이어지는 길이다.

일제강점기 당시 미쓰코시백화점. [출처: 서울역사아카이브]

가 다시 문을 연 곳이다. 이곳은 당시 미군정에서 불하받은 생필품을 시중보다 싼 가격으로 판매했다. 건물 4층에는 호화로운 댄스홀을 운영하기도 했다. 일본 자본의 백화점이었던 곳에 댄스홀이라니 조금 전 지나온 장충단이 떠오르지 않을 수 없었다. 일본인이 남기고 간 재산 중 하나인 이곳은 거리를 전전해야 했던 귀환 동포들의 임시 거처로 쓸 수 있던 장소가 아닌가.

해방 전이든 후든 이곳은 혼란하고 참혹하던 시대의 아픔과는 상관없다는 양 호사스럽게 딴 세상살이를 하는 사람들의 공간이었다. 그러니 이곳을 바라보는 민중의 시선은 고울 수가 없었다. 1945년 12월, 반탁운동이 서울 시내 곳곳에서 격렬하게 진행될 때 민중들이 백화점을 향해 불만을 표하며 압박을 가한 것도 너무나 자연스러운 일이었다. 이 압박에 못 이겨 백화점은 잠시 휴업하기도 했다.

신세계백화점은 남대문시장 동쪽 끝자락과 만나는 지점에 있다. 백화점도 그렇지만 남대문시장 역시 일제 때부터 있었다. 예나 지금이나 서로 맞닿아 있는 두 장소의 해방 시기 기억은 서로 맞물린다. 특히 1946년의 상황이 그랬다.

1946년은 식량난과 취업난에 따른 극심한 인플레이션이 휩쓴 해였다. 쌓이고 쌓이던 불만은 그해 9월과 10월, 전국 곳곳에서 몇십만 규모의 파업과 항쟁으로 나타났다. 서울은 그러한 저항의 움직임이 가장 먼저 시작되고 또 가장 먼저 제압되기 시작한 곳이었다. 9월 말, 여기 동화백화점의 전체 노동자 400명도 쌀 배급 등을 요구하며 파업을 강행했다. 군정의 경찰 행정력이 집중돼 강력한 통제로부터 자유롭지 않은 서울에서 이런 움직임이 터져 나온 것은 미군정의 식량 정책이 완전히 실패하고 1946년 4월부터 미군정에 대한 다수 민중의 우호적인 태도가 급격히 감소했기 때문이다.

해방 직전까지 사람들은 일제의 정책에 따라 쌀과 생필품을 배급받아 생활하고 있었다. 유일한 행정 권력임을 선포한 미군정은 1945년 10월 5일, 미곡의 자유시장화를 발표했고 같은 달 20일에는 생필품에 대해서도 마찬가지 조치를 적용했다. 이 결정은 즉각적인 물가 상승으로 이어졌다. 자유화 조치가 결정되자마자 돈깨나 쥐고 있던 사람들이 얼씨구나 하며 자유롭게 풀려난 쌀과 생필품을 쓸어 담기 시작한 것이다.

원래 1945년 하반기에는 쌀 생산량이 나쁘지 않았다고 기록돼 있지만 당시 시장에서는 쌀의 자취를 찾아볼 수 없었다고 한다. 해방된 8월 15일부터 그해 12월 말까지 5개월 동안 물가는 도매물이 2.4배, 소매물이 2.2배로 급등했다. 군정은 미친 듯이 치솟는 물가를 보고 과도한 가격으로 판매금지 조치를 발표했지만 물가는 전혀 진정되지 않았다. 이런 와중에 임금은 아주 미미한 수준으로 상승했을 뿐이다. 주머니 사정은 안 좋은데 물가는 천정부지로 치솟으니 악성 인플레가 지속됐다. 결국 미군정은 1946년 1월, 미곡수집령을 내려 쌀의 공출을 시작했지만 때는 이미 내놓을 쌀이 사라진 한겨울이었다.

자취를 감췄다는 물건들은 정말로 사라진 것이 아니었다. 그것들은 모두 암시장(暗市場)에서 거래되고 있었다. 당시 서울의 암시장들은 사람들의 왕래가 잦은 여러 곳에 있었다. 남대문시장이 주요 암시장 중 한 곳이었다. 당시 시장 인근에 이르면 "쌀이요! 쌀이요!", "성냥이요! 성냥이요!" 하는 소리가 울렸다는 기사들이 그때의 상황을 떠오르게 한다. 암시장의 거래는 물품을 원하는 사람이 나타나면 말단 조직책이 그에게 접근하고 흥정이 성사되면 판매 장소로 데려가 거래하는 방식으로 진행됐다고 한다.

암거래의 말단에 해당하는 사람 다수는 귀환 동포를 비롯한 도시 빈민이었다. 집도 절도 없이 수용소에 있다가 밀려난 사람들은 당국이 알선해 준다던 취업도 쉽지 않아 대부분 실업자 신세로 전락했다. 그러다 보니 먹고살기 위해 이들 중 암거래의 실소유주와 계약을 맺어 일을 하기로 선택한 사람이 생겨났다. 물론 이 계약은 유사 인신매매나 다름없었다. 말단 조직원은 자본주에게 채무를 지고 있었고 행동 전반을 구속당하며 물건을 판매해야 했다. 이런 세태다 보니 자연스럽게 행정을 맡은 당국을 향한 항의가 빗발쳤다. 그리고 그 목소리는 행정 부처인 서울시청으로 향했다.

태평로 1가—서울시청과 부민관:
'미군정 이외의 어떤 행정기구와 정치단체도 인정하지 않음'

당시의 목소리를 따라 회현사거리에서 한국은행 사잇길을 내려간다. 곧 서울광장과 지금은 서울도서관이 된 옛 경성부청이 눈에 들어온다. 군정기, 이곳은 하다 하다 못한 사람들이 찾아와 아우성치는 보루와 같은 곳이었다. 엄동설한이 다가오니 집을 달라는 귀환 동포와 쌀을 배급하라는 사람들이 이곳에 모여들었다.

식량 문제에 대한 불만이 거세지던 1946년 7월, 당시 서울시장 김형민은 시청으로 몰려든 사람들에게 "작금 식량 문제는 군정청 식량 행정처에서 맡아 보고 있어 나로서는 책임 있는 말을 할 수 없다"는 답변만을 늘어놓았다. 관련 건으로 한 달 후 기자회견이 진행됐다. 이 자리에서 시장은 식량난에 대한 해결책이 없냐는 기자의 질문에 "시 자체로서는 식량 행정에 관하여 아무런 권한이 없기 때문에 나로서는 책임 있는 말을 할 수 없다"고 유사한 답변을 반복했다.

당시 사람들은 식량난이 암시장 문제와 연결돼 있었다는 것을 다 알고 있었다. 게다가 암시장에서 물주들이 시장 운영을 위해 관할 경찰소에 후원금을 상납하고 경찰의 보호를 받고 있다는 기사까지 난 상황이었다. 하지만 서울시는 도리어 사태의 배후에 막강한 권력을 행사하는 경찰이 있고 암시장 종사자 대부분이 전재민과 월남 동포라는 점에서 일반적인 단속과 제재에 많은 어려움이 있다고 토로했다.

시 행정을 총괄하는 사람이 일본인에서 조선인으로 바뀌었지만 현실은 이처럼 통탄스러웠다. 일제 말기, 장기화된 전시 동원 체제로 높아진 물가와 암시장의 성행은 주택 부족의 문제와 마찬가지로 식민 전부터 서울에 있었던 문제였다. 그런데 여기에 대한 대책은 정말 하나도 없었던

1940년대 후반, 미군정기 당시의 서울시청과 현재 서울도서관으로 쓰이고 있는 옛 경성부청.

것이었을까?

시청 왼쪽 길 건너에는 지금 서울시의회로 쓰이고 있는 경성부민관(京城府民館)이 있다. 이곳은 1935년에 건립된 다목적 회관으로, 극단의 공연과 일제의 관변 집회 등이 이뤄지던 장소였다. 해방을 앞둔 1945년 7월 24일, 이곳에서는 폭탄이 터졌다. 그날 저녁 친일파의 거두 박춘금 등이 주최하는 행사를 겨냥해 조문기 등의 청년들이 대회장 폭파 계획을 실행에 옮긴 것이다. 전날 설치된 폭탄은 행사 당일 9시경 박춘금이 강연을 위해 등단한 지 얼마 안 되어 터졌다.

독립을 향한 움직임은 그처럼 멈추지 않았고 다가올 해방을 준비하는 사람들도 있었다. 특히 조선건국준비위원회는 해방 직후 벌어질 경성의 식량 문제를 예측해 상당히 구체적인 대비책을 세웠다. 1945년 8월 25일, 건준은 일제의 특수 법인이었던 식량영단 경기도지부, 미곡창고주식회사 및 각 식량 관계 단체들과 연계해 식량대책위원회를 결성했다. 식량대책위원회는 당시 식량영단과 미곡창고주식회사가 보유한 재고는 물론, 각 도별 수확 예상량, 일본 군대가 보유했던 식량 물자의 수량과 보존 상태 등을 조사했고 햅쌀이 나올 시기의 수급예상표까지 작성해 쌀

지금은 서울시의회로 사용되고 있는 부민관은 미군정기 미군 제24군단의 전용 극장이었다.
[출처: 서울역사아카이브]

지급에 온 힘을 기울이고 있었다. 하지만 9월 7일, 이 모든 활동은 중단됐다. 맥아더 포고령을 통해 국내에 활동 중인 조선건국준비위원회, 인민위원회, 인민공화국은 물론 충칭의 임시정부 모두 인정될 수 없고 미군정만이 유일한 행정 치안의 담당자라고 공표했기 때문이다.

경성부민관은 미군 입성 후 군정청이 미군 전용 극장으로 사용했다. 주한미군 사령관 하지는 9월 12일 이곳에 1,200여 명의 사회·정치단체 대표들을 불러 모았다. 그리고 다시 한번 더 그들을 향해 어떤 정당과 단체도 공식적으로 인정하지 않는다고 못을 박았다. 그뿐 아니라 군정은 원래 관청에서 일하던 이들의 복귀를 명했다. 숨죽이고 있던 친일 경찰들은 그렇게 당당히 돌아왔다. 그들은 모리배의 암약을 돕는 든든한 뒷배가 되어 당시 부패 만연의 사회 풍조가 팽배하도록 했다. 또한 해방 후 발생 가능한 각종 사회문제에 대해 구체적인 대비책까지 마련했던 자치적인 활동을 탄압하는 데 앞장서며 정치적 활동이 치안의 통치를 넘어설 수 없도록 했다. 그것의 결과는 주택난, 식량난, 취업난이라는 표현만으로 다 담아낼 수 없는 수많은 사람의 절규와 허망, 분노와 고통이었다.

광화문—조선총독부, 미군정청: 해방 3년, 오려진 듯한 '분단'의 시간

서울시의회에서 인왕산을 바라보고 쭉 걸으면 마지막 장소, 조선총독부이자 미군정청이었던 광화문에 닿는다. 광화문 뒤를 차지하고 있던 그 건물은 이제 이곳에서 볼 수 없다. 대신 지금 눈앞에는 긴 세월에 걸친 복원 사업을 통해 옛 모습에 가까워진 광화문이 있다.

1925년, 이 자리에 건축된 조선총독부 청사는 광복 50주년을 맞은 1995년 8월 15일에 폭파됐다. 그렇게 해체된 총독부 건물은 천안 독립기념관 한쪽으로 옮겨져 이전의 형체를 알아볼 수 없도록 전시됐다. 그

조선총독부 청사가 철거되고 옛 모습으로 복원 중인 광화문.

옛 조선총독부 청사. [출처: 서울역사아카이브]

래서 이곳에 서는 것만으로는 우리가 지금 바라보고 있는 곳이 경복궁의 정문이기만 했던 것이 아니라 식민 통치의 심장부였고 해방 3년간 통치권의 중심지였던 미군정청이라는 사실을 쉽게 알아차릴 수 없다.

옛 조선총독부 청사는 해방 후 일본군의 무장 해제를 위해 들어온 미군 사령관 하지와 마지막 총독 아베가 항복문서를 작성했던 장소였다. 그날, 총독부 밖에는 항복문서 작성이 완료되고 해방이 확정되기를 기대에 차서 기다리던 사람들이 있었다. 그리고 그날, 총독부에 걸렸던 일본 국기가 내려간 자리에는 미국의 국기가 올라갔다.

그 사실이 씁쓸하고 아쉬웠을지라도 아직 많은 이가 부푼 기대와 뜨거운 열망을 품고 잠시뿐일 것이라 여긴 분단의 시간을 받아들였다. 사람들은 그것이 정말 임시적인 조치에 지나지 않을 것으로 생각했기 때문이다. 그래서 미소 간의 갈등이 높아지기 전까지 사람들은 38선을 오가며 지내기도 했다. 하지만 많은 이들의 기대와 달리 군정청의 성조기가 내려가는 날 새로 오른 깃발은 남한만의 단독 선거로 수립된 정부, 분단국가의 국기였다.

분단국가에 의해 공식화된 기억과 박제된 이미지로만 기억되는 해방 3년의 그때는 식민에서 식민 이후로, 연속과 단절 속에서 사회적·정치적 갈등이 폭발하고 새 나라를 세우기 위한 열정과 구시대의 작태를 유지하려는 기득권 세력 간의 투쟁이 격렬하게 전개됐던 시기였다. 거기에는 몇 장면만으로 압축할 수 없는 사람들의 삶과 감정, 이상과 절망이 역동적으로 뒤엉키면서 복잡한 행로를 이어 가던 시대의 폭발적 흐름이 있었다. 하지만 동대문에서 여기 광화문에 이르기까지, 발 딛고 마주 선 자리 어디에서도 해방에서 분단으로 겹쳐 가는 그 면면을 만날 수 없었다.

이 길에서 만날 수 있었던 과거는 식민화 과정에서 훼손되거나 묻혀 잃어버린 과거였던 조선의 유적과 기록, 항일 지사들의 동상과 같은 독립운동의 기억이었다. 하지만 식민으로부터 독립을 만드는 과정에서 상상하지 않았던 분단이 어떻게, 어떤 과정을 통해 진행됐던 것인지를 떠올릴 만한 것은 각 장소에서 마치 오려져 있는 듯 보이지 않았다. 조선의 기억도, 식민의 기억도, 모두 현재의 시간과 한데 만나 저마다의 이야기를 전하고 있는데 오직 분단돼 가는 시간 속 사람들의 이야기만이 얼굴을 드러내지 못하고 있었다.

과거의 특정 장면을 자연스럽게 마주할 수 없다는 사실은 그것이 억압된 기억으로 존재한다는 것을 말한다. 해방 3년이 생생함을 잃어버린 채 정형화된 한 장면으로 남아 있다는 사실은 우리가 여전히 그때를 자세히 마주하고 성찰하는 일이 억압된 분단의 현실 속에 있다는 것을 보여 준다. 결국 분단으로 단절된 것은 남과 북 사이에만 있지 않다. 임시적 분할 점령에서 적대적 분단으로 고착되는 과정에서 틀어 막힌 사람들의 목소리, 들리지 않고 보이지 않게 된 그 시간의 기억이 지금의 우리 사이에 여전히 존재한다.

서울 북쪽 끝에서 식민과 전쟁의 자취를 찾다

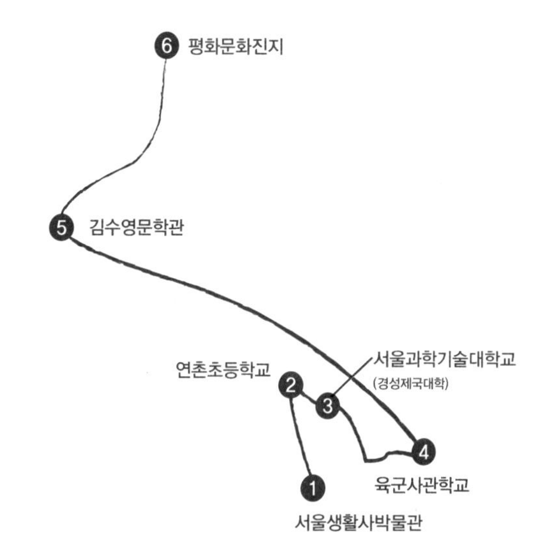

유진아

서울생활사박물관: 서울의 확장 과정 탐색

서울 동북부 지역인 노원, 도봉은 모두 해방 후 서울 인구가 급증하면서 1960년대에 서울로 포함된 구다. 비교적 늦게 서울에 포함된 다른 구와 마찬가지로 이 지역 탐방 자료는 많지 않은 편이다. 그러나 식민 시기 군수물자를 실어 나르던 길목이자 북한군 남침의 통로로서 서울 동북 지역이 근현대사에서 갖는 의미는 적지 않다.

먼저 노원구 공릉동에 자리한 서울생활사박물관에서 서울의 확장 과정을 살펴보자. 생활사라는 타이틀에 걸맞게 이 박물관은 국가 단위의 핵심적인 역사적 사건의 기록보다는 그 안에서 살아가는 사람들의 소소한 이야기를 담고 있다. 이곳은 과거 서울북부지방법원과 서울북부지방검찰청이 있던 북부법조단지 자리였는데, 2010년 북부법조단지가 이전

생활사박물관 입구.

함에 따라 근현대생활사박물관으로 새롭게 단장했다. 주로 해방 이후 서울의 생활과 관련한 자료와 사물을 전시한다. 기획 전시는 서울의 주거·식사·의복 문화, 경춘선 여행 등 여러 주제를 바꿔 가며 열리지만 서울 풍경과 서울살이, 서울의 꿈은 상설로 전시되고 있다.

한양, 한성, 경성 등과 구별되는 서울이라는 도시가 형성되기 시작한 시점이어서일까? 박물관의 시간은 1948년 8월 15일에서 시작해 해방 후 도시가 어떻게 형성되고 확장됐는지 보여 준다. 국가적 사건의 기록이 아님에도 시민의 일상에서도 전쟁과 분단의 영향은 선명했다. 책과 사진, 일상의 소품에서 한국전쟁 중 시민의 삶은 어떻게 이어졌는지, 휴전 이후 분단이라는 조건이 어떻게 스몄는지 여실히 드러났다.

그중 어린이 교재에 눈길이 갔다. 「어느 자수 간첩의 이야기」라든가 「남북 이산가족 교환 방문」과 같은 제목의 글이 실려 있었다. 분단 현실을 확인하고 적대국으로서 북을 의식하게 하는 내용이 가득했다. 이 책의 집필을 위해 다시금 전시물을 돌아보며 북한 책과 너무 닮았다는 점이 새삼 신기했다. 표지 그림이나 삽화, 글자체 등이 언뜻 보아서는 북한 연구를 하며 접했던 북한 자료 같았다. 1980년대 책까지도 그러했다.

한 나라에서 같은 책, 같은 그림을 접하며 생활하다 분리된 지 그리

생활사박물관 전시물.

많은 시간이 흐르지 않았으니 당연한 일이다. 그러다 한쪽은 폐쇄적인 사회에서 이전 그대로 큰 변화 없이 유지했고, 다른 한쪽은 어느 나라보다 빠르게 산업화·세계화를 진행하면서 다양하게 탈바꿈했기에 옛것이 너무 낯설어졌다. 해외여행 자유화와 인터넷 확산으로 다른 국가와의 교류가 일상적으로 일어나기 전까지는 모습 차이가 크지 않았으리라.

과거의 기록을 한 발짝 물러서서 보면 그 의미가 새롭게 보인다. 박물관의 시선은 현재 우리가 머무는 공간, 사용하는 사물 그리고 언어가 가진 배경을 숙고하게 했다.

초등학교의 역사로 돌아본 해방과 분단: 연촌초등학교

하계동 한성여객 종점에서 서울과학기술대학교 방향으로 가는 길에는 노원구에서 가장 오래된 초등학교가 있다. 1945년 11월 지역 유지들이 기금을 모아 사립 연촌국민학교로 개교했다고 한다. 광복 후 3개월 만에 개교라니 당시 주민들의 초등교육에 대한 다급한 열망이 느껴졌다. 일본 선생에게 차별받아 가며 우리글, 우리말도 마음대로 배우지 못하던 식민 치하. 그나마도 그릇과 수저까지 공출당하는 판국에 학교가 가당한 일이 되긴 어려웠겠다. 그러니 해방을 맞자마자 시작에 대한 희망을 품은 교육열이 얼마나 컸을까. 하지만 그렇게 서둘렀던 이유를 제대로 보려면 당시 상황도 고려해야 한다.

해방 후 한반도에는 엄청난 인구가 유입됐다. 일제의 탄압을 피해 국외로 떠났거나 징용에서 벗어난 사람들이 중국, 만주, 일본과 중부 태평양 섬들로부터 속속 돌아온 것이다. 한편 같은 시기 남한에 들어온 미군은 주둔할 장소가 마땅히 없었기 때문에 각급 학교를 주둔지로 사용하기 시작했다. 교육받고자 하는 열의는 끓어오르고 인구는 폭발적으로 느는데 배우고자 하는 이들이 사용할 학교 공간은 외려 적어진 상황은 매우 혼란스러웠겠다.

광복 후 반년이 지난 시점에 2부제 수업까지 함에도 취학 인구의 30퍼센트밖에 수용하지 못했다. 긴급한 필요 때문인지 연촌국민학교는 1947년 1월 공립으로 승격됐다. 노원 지역과 교육은 나름대로 안정을 찾아가는 중이었는지 모르겠다. 하지만 주민들은 자신의 필요에만 집중하지 않은 모양이다. 연촌초등학교에 관한 자료를 찾던 중 다음과 같은 기사를 발견했다.

"지난 이십이일 양주군 노해면 연촌국민학교 오륙학년생도 일동은 갸륵하게도 엄동설한에 헐벗고 굶주려 떨고 있는 전재 동포를 도와주자고 그동안 서로 용돈을 털어 모은 육백오십팔원 팔십전을 담임선생을 대표로서 전재동포후원회 중앙본부에 보내왔다.

—「조선일보」, 〈구제금이 답지〉, 1946. 12. 25.

여기서 말하는 전재 동포란 광복 후 해외에서 들어온 조선인이다. 식민 지배와 전쟁의 참화를 겪었다는 의미에서 전재 동포 혹은 전재민이라 불렸다. 해방 직후 전 세계에 분포한 조선인은 약 500만 명이었다. 이들 가운데 절반인 250만 명이 귀환했다. 나머지는 중국, 일본, 러시아 등에서 재중조선족, 재일조선인, 고려인으로 살아가고 있다.

민족과 동포에 대한 의식이 높아지면서 귀환자에 관한 관심과 구호 열기는 뜨거워졌다. 기사를 통해서 전재 동포의 사정이 추운 겨울을 날 만한 거처도 정하지 못할 정도로 몹시 비참했을 뿐만 아니라 초등학생이 후원금을 모금해 전달할 정도로 도움이 간절했다는 사실을 확인할 수 있다. 누구 하나 넉넉하지 못한 시절이었음에도 동포를 돕고자 하는 마음이 일반적이었으리라는 것도 짐작할 수 있다.

워낙 많은 수의 귀환자를 감당해야 했기에 1945년 8월 31일 조선재외전재동포구제회를 시작으로 조선인민원호회, 조선구휼동맹, 고려동지회, 조선사회사업협회, 불제연구원전재동포원호회, 전재동포원호동맹 등 각종 구호 단체가 속속들이 구성됐다. 이후 전재 동포 구호를 진행하는 단체들은 역량을 집중하기 위해 1945년 10월 20일 구호단체의 연합조직인 조선원호단체연합중앙위원회를 결성했다. 기사에 실린 전재동포후원회는 아마도 이 연합 조직인 듯싶다.

또한 여러 형태의 구호와 지원이 있었어도 어린이들이 후원금을 전달한 일은 신문에 날 만큼 드문 일이었을 것으로 보인다. 연촌국민학교 학생의 모금 소식은 전날「동아일보」에도 실렸지만 비슷한 시기 다른 학교의 사례는 찾기 힘들었다. 노원구가 특별히 소득수준이 높은 지역은 아니었다. 서울의 마지막 달동네라는 백사마을이 아직 남아 있기도 한 곳이니 당시라고 여유가 넘쳐서 사재를 모아 학교를 세우고 용돈을 털어 이웃을 돕는 것은 아닐 터였다. 설령 풍족한들 얼마나 풍족했을까. 넉넉해서든, 없는 와중에서든 합심하고 협력하는 마음이 역경을 극복하고 오늘을 이르게 한 힘임은 분명하다.

뜻을 모으는 일은 이 지역에서 혹은 이 시기에 일상이었을까? 관련 자료를 검색하던 중에 노원문화원 홈페이지 지역 아카이브 사진 게시판에서 흥미로운 사진을 찾았다. 한복과 양복을 차려입고 공터 가득 모인 사람들이 여러 장의 현수막을 들고 찍은 기념사진이었다. 멀찍이 뒤쪽에는 시계탑이 우뚝 솟은 현재 서울과학기술대학교의 다산관의 모습도 함께 보인다.

지역 공동체가 의견을 모으고 이를 피력하는 장소로는 초등학교가 적당했을 것이다. 지금은 부지 일부를 특수학교에 내주고 또 일부는 수영장 건물을 세워 운동장 크기가 3분의 1로 줄어들었지만 30년 전만 해도 운동회 날 전교생과 학부모가 모여 점심 도시락을 먹어도 비좁지 않을 만큼 터가 넓었다. 예전에는 더 넓었다고 한다. 더구나 지역민이 세운 학교이니 더 친근한 장소였을 터. 오래된 사진이라 현수막의 글귀를 알아볼 순 없어 아쉬웠지만 사진과 함께 실린 설명으로 내용을 파악할 수 있었다.

> "1953년도 6.25 전쟁이 끝나고 휴전 협상이 이루어지자 이를 반대하기 위하여 노해면 주민들이 연촌국민학교 운동장에서 휴전협정 반대 데모를 벌이고 있다."
>
> — **노원문화원 홈페이지 설명**

해방 공간의 혼란이 더해 가는 가운데 한국전쟁이 발발했다. 북한의 최초 남침 후 38선을 사이에 두고 교착 상태의 전투가 오래 지속됐지만,

휴전 반대 시위 사진. [출처: 노원문화원]

휴전협정 진행 과정에서 휴전 반대 국민대회가 전국에서 일어났다. 후대의 시선으로 보면 동족상잔의 비극이 이해하기 힘들 수 있다. 동족이 아니라 하더라도 끊임없이 죽고 죽이는 전쟁을 끝내고 싶은 게 당연하지 않나 하는 의문도 들 수 있다. 하지만 가장 피해를 입은 대상이 그 주체를 지지하는 일이 오늘에도 반복되고 있는 현실을 보면 현시대에 일어나는 일과 자기 삶을 연결시켜 해석하기가 쉽지 않은 모양이다.

당시 집권층의 입장은 전쟁을 불사하고라도 통일을 이뤄야 하며 다시 전쟁이 일어날 때 미국의 보장을 받아야 한다는 것이었다. 이를 그대로 받아들인 이들에 의해 휴전 반대 시위가 광범하게 일어났다. 돌아온 전재민을 따뜻하게 맞이했던 마음이 새로운 전재민을 만들어 내는 일에 열광적인 것은 아이러니하면서도 씁쓸한 일이다.

경성제국대학 이공학부: 군수산업 발전을 위해 설립되다

연촌초등학교 정문을 나와 정민학교, 경기기계공업고등학교를 지나면 서울과학기술대학교 정문이 나온다. 이 네 학교가 있는 자리는 모두 서울대학교 공과대학 부지였기에 학교와 학교 사이에 경계가 불분명하고 담장을 함께 사용한다. 원래는 원자력병원, 한국전력 연수원까지도 서울대 부지였다고 한다. 모두 떼어 주고도 서울과학기술대학교 캠퍼스 면적은 서울 내에서 다섯 손가락 안에 들 정도로 크다.

서울과학기술대학교 정문으로 들어가면 널따란 길이 시원스레 뚫려 있다. 훤칠한 가로수가 줄지어 선 끝에는 탑이 정면에 우뚝 솟은 건물이 보인다. 현재 다산관이라 불리는 건물이다. 원래는 탑 꼭대기에 시계가 붙어 있었는데, 2011년 이후 내부 리모델링을 하면서 시계도 함께 철거

1950년대 서울대학교 공과대학. [출처: 노원문화원]

서울과학기술대학교 다산관.

됐다. 다산관을 바라본 상태에서 우측에는 다산관과 암수 쌍둥이 건물인 창학관이 자리한다. 두 건물은 지하 통로로 연결돼 있다고 하며 위에서 봤을 때 각각 미음(ㅁ) 자 형태다.

1940년대에 지은 건물이지만 카메라에 전경을 담으려면 멀찍이 떨어져서 찍어야 할 만큼 컸다. 일본식으로 직선이 매우 강조된 구조 때문인지 전체적으로 튼튼하고 위엄 있어 보였다. 외관뿐 아니라 현관의 형태나 창, 타일 등이 현기증을 일으킬 만큼 직사각형이 연속된 형상이었다. 외벽은 촘촘한 베이지색 타일로 둘러싸여 있고 좁고 길쭉한 창이 규칙적으로 빼곡히 나 있어 요새처럼 느껴졌다.

이 건물의 시작은 1942년으로 거슬러 올라간다. 좀 더 앞서 1924년 조선총독부는 1920년대 초 실력양성운동의 일환으로 일어난 민립대학 설립운동을 무마할 목적으로 경성제국대학을 세웠다. 초반에는 식민지 체제 유지에 필요한 관료와 의사를 양성하는 법문학부와 의학부로만 출발했다. 조선인이 자립에 필요한 과학, 기술을 배울 수 있는 농학부, 이학부, 공학부도 설치하겠다고 했지만 오랫동안 미루다가 1937년부터 현재 서울과학기술대학교 부지에 이공학부 교사 신축공사를 시작했다. 전쟁에 필요한 인력을 충당하려는 목적이었다. 하지만 같은 해에 중일전쟁이 시작되면서 예산 배정과 자제 보급에 우선순위가 밀려 1942년에야 건물이 들어서게 됐다. 그마저도 경성제국대학 학생은 이 건물을 얼마 사용하지 못했다. 광복 직후 1945년 9월부터는 미군 병원으로 사용됐고 한국전쟁기에는 유엔군 사령부로도 사용됐기 때문이다.

서울과학기술대학교 건물에는 한국전쟁기 총알 자국이 남아 있다는 얘기가 전해지곤 했다. 미음 자 형태의 건물을 밖에서 한 바퀴, 안에서 한 바퀴 찬찬히 돌아보았지만 제대로 보이지 않았다. 리모델링 당시 자국을 많이 메웠기 때문이다. 등록문화재로 지정된 건물이라 아예 없애진 못하고 콘크리트로 덮은 정도라고 하는데 위치를 정확히 모르니 흠집 같은 것이 보여도 그것이 총알 자국인지, 다른 원인으로 떨어져 나간 것인지 구별되지 않았다.

한편 서울과학기술대학교에는 다산관과 창학관 외에 등록문화재로 지정된 건물이 하나 더 있다. 두 건물과는 조금 떨어져서 원자력병원 가까운 쪽에 자리 잡고 있다. 이 건물은 경성제국대학이 아닌 경성광산전문학교의 본관으로 1942년 건축됐다. 후에는 역시 서울대학교 공과대학으로 흡수됐고 현재는 서울과학기술대학교가 사용하고 있다. 정면에서 바라보면 다산관처럼 가운데 탑이 솟은 형태이지만 다른 건물과 달리 미음 자 형태는 아니고 일반적인 일(一) 자 모양이다. 경성광전은 태평양 전쟁 이후 급증하는 광산 개발 수용에 대처해 인력을 공급하고 기술을 개발할 목적으로 설립됐다.

그런데 왜 이공학부나 경성광전이 도심에서 멀리 떨어진 이곳에 들어섰을까? 이는 인근 태릉 앞에 있던 일본군 조선 지원병 훈련소와 관련이 있다. 고등공업교육이라는 본질보다는 군수공업과 관련 있다는 추측을 뒷받침하는 위치 선정이라고 볼 수 있다. 이공학부의 초대 부장을 지내고 후에 총장이 되는 야마가 신지(山家信次)는 이공학부 개부식의 연설에서 이공학부의 의의를 다음과 같이 밝혔다.

> "이들 공업의 발전을 추진·조성해서 고도국방국가체제의 정비를 기하고 이로써 대륙병참 기지로서 필요한 공업적 능력을 확립하고 충실히 하는 것은 실로 반도에 부하된 중대한 책무여서 신동아의 건설을 위해 실로 긴절한 요청입니다. 때문에 우리 경성제국대학 이공학부의 책무도 스스로 명확하여서 이들 산업의 발전에 관하여 기초적 지식을 공급하는 외에도 나아가서 과학 및 공업기술에 관한 연구·실험을 행하는 장소의 중추기관이 되어야만 합니다."

일본군 지원병 훈련소에서 대한민국 육군 장교 양성 학교로: 육군사관학교

경성제국대학은 해방 후 제국을 빼고 경성대학으로 바뀌었다가 이후 서울대학교에 흡수됐다. 그렇다면 지원병 훈련소는 어떻게 됐을까? 미군정기 1946년 1월 15일에 국방경비대가 창설되면서 같은 날 제1연대가 창설됐다. 곧이어 5월 지원병 훈련소 자리에 국방경비대사관학교가 개교하는데 이는 이후 조선경비대사관학교를 거쳐 대한민국 육군사관학교로 개칭됐다. 일본군을 양성하던 자리가 대한민국을 수호하는 기관으로 변모한 것이다.

옛 경성제국대학 이공학부에서 지원병 훈련소까지는 걸어서 30분 정도면 다다를 수 있다. 서울과학기술대학교 정문에서 나와 동일로 방향으로 내려가다 보면 좌우로 경춘선 숲길이 펼쳐진다. 이 길은 1937년 일제 강점기에 사설 철도로 만든 철길이었다. 경춘선 직선화 사업이 시행되면서 폐철도 노선은 나무와 꽃을 아름답게 심은 공원으로 바뀌었다.

기존 경춘선 노선을 보면 에스(S) 자로 구부러진 것을 알 수 있다. 경성제국대학 이공학부 교수와 학생의 편의를 위해 역을 가깝게 내기 위해서였다고 하는데, 훈련소와 가깝게 지나려고도 노선을 휘게 만든 것 같다. 1950년대에 찍힌 조감 사진을 보면 대학 건물과 주변의 단층 건물 일부를 제외하고 논밭만 넓게 펼쳐져 있어 철도를 이용할 만한 일반 승객은 많지 않았을 듯 보인다.

경성제국대학에 가깝게 낸 역명은 신공덕역인데, 옛터였음을 알리는 안내가 따로 없어 위치를 찾기 어렵다. 네이버 지도에서는 신공덕역 폐역 자리가 표시돼 있지만, 다른 지도로는 찾기 어려우니 노원공릉공공행복주택으로 검색하면 위치를 짐작할 수 있다. 여기서부터 숲길을 따라 쭉 올라가면 철도 공원으로 조성해 놓은 구 경춘선 화랑대 폐역이 나온

육군사관학교 정문.

다. 지하철 6호선 화랑대역과는 다른 장소로 현재는 전시관으로만 활용된다. 화랑대 폐역 옆이 바로 육군사관학교 정문이다. 화랑대라는 이름을 역명으로 자주 쓴 것은 사관생도를 화랑의 후예로 여겨 학교 터를 화랑대로 별칭했기 때문이다.

육군사관학교는 사는 동네에서 그리 멀지 않은 장소건만 무수히 그 앞을 지났음에도 한 번도 들어가 보지 못한 장소였다. 굳이 가고 싶은 마음이나 이유가 없었던 탓도 있을 것이다. 그럼에도 인근의 서울여자대학교나 서울과학기술대학교를 산책 삼아서라도 자주 들락거린 것에 비하면 유난히 어렵게 느껴진 구역이었다. 더구나 자그마한 입구 외엔 진입로가 없고 그나마도 입구에서 항상 보초를 서고 있었기에 일대 자체의 분위기가 엄격하고 긴장감이 흐르고 있기 때문이다. 방문하려고 보니 실제로도 일반인 출입은 제한돼 있고 3일 전에 사전 신청해야만 방문할 수 있었다. 하루 두 번, 10시와 2시로 정해진 시간에 제한된 구역만 들어갈 수 있었다.

입구에서 탐방 신청자임을 밝히고 들어가니 행정안내소에서 신분증을 받고 방문증을 내주었다. 주말이긴 했지만 날이 더워서인지 방문자는 열 명이 넘지 않았다. 신청자가 모두 모인 후엔 인솔자 한 명, 다른 안내자 두 명과 함께 육군박물관, 육사기념관 등을 차례로 방문했다.

인솔자는 방문객이 갈 수 있는 길과 건물을 안내하며 각 공간을 설명하는 역할을 맡았다. 이날 해설을 맡은 인솔자는 월남전 참전군인 출신이라고 했다. 방문객 뒤를 맡은 나머지 안내자는 방문객이 지정된 경로를 벗어나거나 탐방 시간을 넘길 경우 다시 무리 안으로 이끄는 역할을 했다. 함께 탐방한 이들은 가족 단위였는데 대개 전쟁 관련 이야기에 한창 관심이 많은 나이의 아동이나 육사 진학을 고려하고 있는 청소년이 포함돼 있었다.

인솔자를 따라 가장 먼저 향한 곳은 육사기념탑과 육사기념관이다.

졸업생 명단 현판, 육사생도 참전 기념비, 육사생도 참전 전시(왼쪽부터).

기념관 1층의 입구 벽에는 육군사관학교 졸업생의 이름이 현판에 빼곡하게 적혀 있다. 해설자는 현판 벽을 설명하면서 생도 1, 2기를 먼저 언급했다. 한국전쟁 발발 당시 생도 1기는 졸업과 임관식을 20일 앞두고 있었고 생도 2기는 입교한 지 24일째였다고 한다. 이들은 대부분 포천 지구 전투에 투입됐고 그중 151명이 전사했다. 1950년 7월 치러진 임관식에는 전사자를 포함해 생도 1기 전원에게 임관사령장이 수여됐다. 생도 2기는 이후 육사 개교 50주년인 1996년에 명예 졸업장을 받았다고 한다. 기념관 벽을 따라 붙어 있는 현판에도 2기 명단이 기록돼 있었다.

육사기념관 내에서는 한국전쟁의 흔적을 많이 살펴볼 수 있었다. 역사기록관 참전도는 생도들의 참여 경로를 자세히 묘사해 놓았고 불암산 호랑이 유격대 활동 내역 등 한국전쟁의 활약상을 보여 주고 있었다. 한쪽에는 추모할 수 있는 공간도 있었지만 전시 주체가 군인을 양성하는 기관인 만큼 전쟁의 참상이나 그로 인한 고통보다는 용맹에 대한 예찬, 활약과 공에 초점이 맞춰져 있었다. 관람로의 끝에는 군복과 군모 등을 착용해 보고 사진을 찍는 장소도 있었는데, 방문한 남학생들에게는 군인의 멋짐을 덧입어 보는 즐거운 장소였다. 나라를 지킨 이들의 희생은 기억돼야 하겠지만 우리가 전쟁에서 얻을 교훈은 그것만은 아닐 게다.

전쟁을 어떻게 기록하느냐는 전쟁을 어떻게 바라보느냐에 따라 달라진다. 군의 존재는 전쟁을 전제한다. 항상 있어 왔고, 있을 수 있으며, 어쩌면 있어야 할 대상으로 전쟁을 바라보기에 꾸준히 대비한다. 그런 시각으로는 참상과 고통을 자세히 들여다볼 수 없다. 통증을 느끼는 것은 이기고 무찌르고 승리하는 의지에, 용맹해지고자 하는 기세에 방해가 되니까. 군인에게는 필수적인 자세이겠지만 그것을 어디까지 확장할지는 고민할 부분이다.

다음으로는 육군박물관을 찾았다. 우리나라에서 가장 오래된 군사 전문 박물관으로 선사시대부터 현대에 이르기까지 사용된 각종 무기와 군사 장비, 문서, 군복 등의 유물을 전시 중이었다. 전시실은 2층과 3층에 '제1전시실', '제2전시실'로 나뉘어 있었다. 고대로부터 발전되어 온 무기의 변천을 자세히 보여 준다. 제2전시실 중에는 「독립의 길, 창군의 길」이라는 주제로 하얼빈 의거 당시 안중근 의사가 사용했던 권총, 항일운동 당시 태극기 제작에 사용된 목판, 소련과 일본의 기관총 등 항일 독립운동과 관련된 전시품도 일부 확인할 수 있었다.

안내자와 동행하는 탐방은 방문 장소에 관한 상세한 설명을 듣고 의미를 이해하는 데 도움이 되긴 했지만 안내자의 관점과 선호도에 좌우된다는 한계가 있었다. 해설자가 월남전에 참전한 분이다 보니 월남전 관련 내용에 대한 설명을 길게 듣느라 독립운동과 관련한 공간은 빠르게 지날 수밖에 없었다. 또한 방문객의 관심이 반영됐기 때문인지 육군박물관 관람은 박정희 대통령이 탑승했다는 1968년식 리무진에 초점이 맞춰졌다.

박물관에 들어가고 나가는 1층에 단독으로 전시돼 있어 포토존 역할을 하기도 했지만 해설자가 머물며 할애하는 시간이 가장 길었기 때문이다.

다른 날의 방문객은 전망대도 올라간 모양이지만 우리 팀은 그곳까지 돌고 나니 허용 시간이 다 되어 그럴 기회가 없었다. 시간이 넉넉하거나 장소 선택이나 방문 시간을 조율할 수 있으면 좋겠다는 아쉬움이 남았다. 집필을 위해 방문했던 시기는 홍범도 흉상 외부 이전 발표나 그로 인한 논란이 있기 전이었다. 탐방 중에는 독립운동가 흉상 근처를 지날 기회가 없었기에 흉상 이전이 발표되고서 의아한 마음이 들기도 했다. 어차피 개방하지 않으면서 굳이 이전하려는 목적을 알 수 없던 마음이 컸기 때문이다. 일본군을 양성하던 자리였던 만큼 오히려 상징적으로 독립운동가의 흉상이 더욱 주목받아야 하는 것이 아닐까.

김수영문학관: 전쟁과 분단을 온몸으로 겪은 시인 김수영

통일을 주장하고 추구하는 입장은 두 갈래로 나눌 수 있다. 전쟁을 통한 흡수 통일이냐, 소통을 통한 평화적인 통일이냐. 휴전을 반대하고 전시를 대비하는 쪽에서는 아무래도 전자에 가까우리라. 그러나 분단이 개개인에게 준 고통을 들여다보면 과연 계속 적대감을 유지하는 것이 마땅한가 하는 의문이 든다.

전쟁이 준 상흔을 알아차리기 위해서는 당대인의 생을 따라가 볼 필요가 있다. 전쟁으로 인한 부자유와 고난은 그 시대를 산 모든 이가 경험했겠지만 시인 김수영만큼 전쟁과 분단을 온몸으로 겪은 이도 드물다. 노원의 이웃 구인 도봉에는 김수영문학관이 세워져 있다. 김수영의 본가와 묘, 시비가 도봉구에 있다는 점을 고려해 이곳에 건립됐다.

도봉구는 근대사에 중요한 발자취를 남긴 인물을 기려 근대사 인물길을 지정했는데 명예도로명에 이름을 올린 인물로는 김수영, 함석헌, 간송 전형필, 가인 김병로 등이 있다. 김수영길은 방학천이 끝나는 방학3동주민센터 길 건너로부터 정의공주묘역까지 이어진다. 문학관은 그 중간에 있다. 1, 2층은 전시 공간이고, 나머지 층은 강당, 도서관 등으로 사용 중이다.

문학관 입구에 들어서면 돋을새김으로 새겨진 대표작 「풀」이 관람객을 맞이한다. 학창 시절 이 시를 감상할 적엔 김수영을 현실 참여적 저항 시인으로 배웠던 기억이 났다. 그때는 그가 저항하는 현실을 군부독재와 관련시켜 이해했던 듯싶다. 하지만 1층에 전시된 그의 연보를 보니 그가 저항하는 세계, 그가 추구하는 자유는 더욱 광범위함을 그려 낼 수 있었다. 1921년 식민 치하에서 태어나 청소년기까지 보내고 이어 한국전쟁, 4.19혁명, 5.16군사정변 등 현대사의 주요 사건이 삶을 따라 연속됐기 때문이다.

김수영문학관 입구.

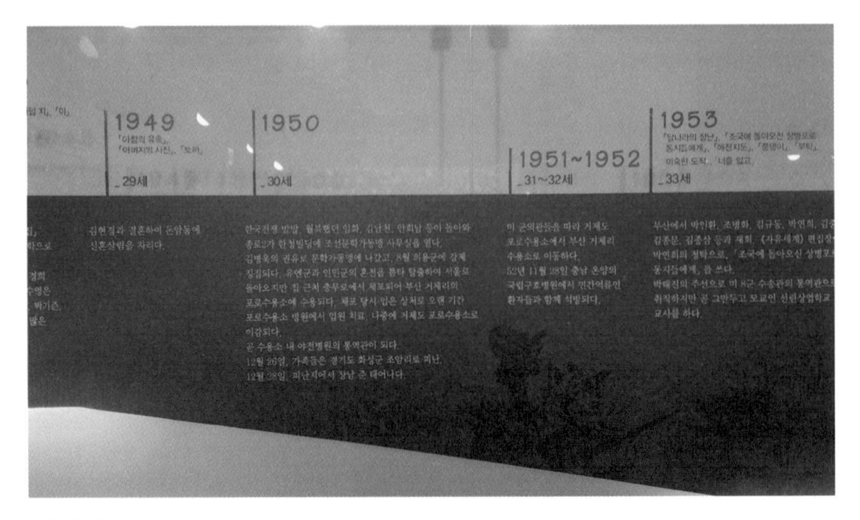

김수영 연보.

1950년 6월 한국전쟁이 발발했을 때, 대다수 문인을 비롯해 많은 이들이 서울을 떠나 피란길에 올랐다. 김수영은 임신 중인 아내와 함께 서울에 남았다가 인민 의용군에 강제 징집됐다. 유엔군이 서울을 수복할 무렵 탈출을 감행하지만 금방 체포됐다가 재차 탈출에 성공한다. 하지만 강제 징집과 탈출을 증명할 수 없던 그는 검문에 걸려 체포돼 인천의 포로수용소에 수용됐다.

인간으로, 생명을 가진 존재로 제대로 취급받지 못한 2년여의 시간을 보내고 그는 휴전 회의와 전방 전투가 동시에 진행되던 시기에 온양의 국립구호병원에서 석방된다. 그 시절의 심리 상황은 산문 「내가 겪은 포로 생활」이라는 첫 구절에서 엿볼 수 있다. 그는 자신에게 "세계의 그 어느 사람보다도 비참한 사람이 되리라는 욕망과 철학"이 있었다면 그것을 만족시켜 준 것은 바로 "포로 생활"이라 말한다.

김수영이 1952년 11월 포로수용소에서 석방될 때는 포로가 아닌 민간 억류인 신분이었다. 하지만 남북 대치 상황에서 수용소 수감 이력은 오랫동안 사상적으로 의심을 받는 요인이 됐다. 아직 전쟁이 끝나지 않았기에, 남북이 대치 상태를 지속했기에 그는 언제까지고 자신의 사상 증명을 요구받았다.

전시관에서도 감상할 수 있는 시 「조국으로 돌아오신 상병포로 동지들에게」에서는 그의 친구마저도 그에게 포로수용소에 다시 돌아갈 생각은 없는지 묻는 장면이 등장한다. 이에 대해 화자는 포로가 아닌 민간 억류인으로서 포로수용소에서 나온 것이라고, 나라에 충성을 다하기 위해 나온 것이라고 답한다. 하지만 그 답변에도 친구는 다시 빨리 38선으로 나아가 (너와 같은 처지였던) 포로를 구하기 위해 새로운 싸움을 하라고 독려한다. 그에게 전쟁은 휴전 뒤에도 끝나지 않은 것이리라. 이런 삶을 산 사람들에게 전쟁을 계속하자는 주장은 구속의 상태에 남아 있으라는 말과 같았을 것이다.

평화문화진지: 통일과 평화의 공존을 위하여

서울 북쪽 끝, 의정부에서 연결된 노원구와 도봉구, 불암산과 도봉산 자락은 한국전쟁 당시 북한의 남침 통로였다. 휴전협정 이후에도 두 지역은 경계를 늦출 수 없는 곳이었다. 노원구 동쪽 끝에 육군사관학교가 있듯, 서울 최북단 도봉구 북쪽 경계에는 오랫동안 시민아파트 형태로 유지된 대전차방호시설이 있었다. 북한이 남침한 통로를 따라 재침입할 것에 대비해 1969년 설치한 군사 방호 시설이다.

군 생활 경험이 없어서인지, 상식이 부족한 탓인지 처음 대전차방호시설이란 단어를 들었을 때는 그게 뭘 의미하는지 단번에 감이 오지 않았다. 대전차라면 으레 큰 전차란 뜻으로 이해하기 쉬웠다. 영어 단어로 보니 오히려 이해가 쉬웠다. 대전차는 영어로 'anti-tank'. 방호 시설에는 방호벽, 바리케이드, 철조망 등 다양한 형태가 있는데, 도봉구의 방호 시설은 독특하게도 아파트 형태였다.

세부적으로 살펴보면 1층은 공격과 방어는 물론 대피소나 참호 역할이 가능한 군사 시설이었고, 2층부터 4층까지는 180세대를 아우르는 대규모 아파트였다. 위장도 하고 주택난도 해결하려는 목적이었다. 평상시에는 군인과 군인 가족의 주거 용도로 사용했다. 유사시엔 건물을 폭파해 북한군이 들어오는 길목을 막기 위해 설치한 것이지만 지어지고 얼마 뒤부턴 도봉시민아파트로 불렸다.

지역 어른들은 시민아파트가 아니더라도 도미노 같은 모양으로 연달아 세워진 노원구의 주공아파트단지를 가리켜 "전쟁 나면 북한이 아니라 정부가 제일 먼저 부술 곳"이란 얘기를 하곤 했다. 특히 1994년 김일성 주석 사망쯤엔 사재기 열풍과 함께 유난히 자주 언급됐다. 정부의 폭파 계획에 대한 사실 여부는 확인한 바 없으나 그러한 말이 떠돎 자체만으로도 분단 상황을 의식하며 사는 시민의 불안을 짐작할 수 있다.

도봉시민아파트는 완공 35년 후인 2004년에 노후화로 인해 위험 건축물 판정을 받고 철거됐다. 하지만 방호 시설은 유사시 군 시설로 활용하기 위해 이후까지 남아 있었다. 유사시라는 표현 역시 버릴 수 없는 가능성, 그에 따른 위기감을 보여 준다. 그런 마음은 평소에는 아무렇지 않게 숨어 있다가 남북 관계가 경색될 때는 언제고 튀어나올 수 있는 성질을 지녔다.

다소 흉물스럽게 남아 있던 공간에 2016년부터 변화의 움직임이 일었다. 서울시, 도봉구청, 60보병사단이 함께 낡은 건물을 허물고 평화문화진지를 세운다는 계획을 발표한 것이다. 현재는 다목적 문화 공간으로 재탄생된 상태다. 사무실, 공방, 연습실이 앞쪽에 나와 있지만 자그마한 책방으로 들어가면 뒤쪽으로 좁다란 통로가 비밀처럼 연결돼 있다. 소총 저격 공간을 포함한 방호 공간도 전시관의 형태로 남아 있다. 내부에는 창동 전투의 과정을 담은 지도와 당시 상황을 전한 「동아일보」 기사가 전시돼 있어 당시의 급박했던 상황을 상상할 수 있었다.

건축물은 그 자체의 구조나 형상도 중요하지만 들어선 위치에 따라 의미와 활용이 다르다. 7호선 도봉산역 1-1번 출구에서 나오자마자 마주한 평화문화진지는 생태공원인 서울창포원과 다락원체육공원 사이에

평화문화진지의 외부.

평화문화진지의 내부.

경계 없이 이어져 있다. 또한 오른쪽에는 중랑천이 흐르고 왼쪽은 도봉산 입구다. 그러니까 사방으로 산책과 등산과 운동을 위해 오가는 사람이 가득한 셈이다.

개인적으로도 방호 시설일 적에는 등산 가던 길에 한번 슬쩍 눈길을 줄까 말까 하던 곳이다. 요즘은 따릉이 자전거를 타고 중랑천 따라 올라왔다가 창포원에 꽃구경, 단풍구경 나왔다가 평화문화진지의 책방도 들르고 전망대도 구경하곤 한다. 공간의 모습과 용도가 변화하니 찾는 마음이 달라진 건 혼자만은 아닌 모양이다. 찾을 때마다 인근에서 행사가 열렸고 이곳을 오가며 기웃거리는 이가 적지 않았으니 말이다. 솔직히 좀 호젓하고 고요하게 산책과 탐방을 즐기고 싶은 마음도 없지 않다. 그럼에도 날 좋은 날만 골라 가서 그런지 갈 때마다 전국노래자랑이니 도봉구민 체육대회니 하다못해 지역예술인 거리공연이라도 하고 있었다.

사람이 떠난 자리에 수풀이 무서우리만큼 우거지는 것처럼 경계와 긴장을 허문 공간엔 금세 사람이 몰려들고 일상이 이어지는가 보다. 잘못한 것도 없는데 근처를 지나면 원인 모를 긴장감이 들곤 하던 육군사관학교도 요즘은 태세를 전환해 시민에게 자리를 내주는 모습이 보인다. 벚꽃 시즌일 때 캠퍼스 일부를 개방한다든가, 지역축제 때 협업하는 식으로 말이다. 현재는 특별 행사처럼 간간이 허용되는 일이지만 담을 낮추는 일은 평화를 확산하는 한걸음이 되리라 기대한다.

베를린 장벽 일부와 소개글.

국내의 적대 공간이 하나씩 사라지며 시민에게 돌아오는 것처럼 남북 간에도 역시 소통의 길이 열리기를 기원한다. 평화문화진지 앞에는 독일에서 가져온 베를린 장벽 일부가 세워져 있다. 한때는 분단의 도구이자 상징이었지만 이제는 평화와 화합의 상징이 된 것이다. 소개글과 함께 적힌 글귀로 이 여정을 마무리한다.

> "부디 우리를 갈라 놓고 있는
>
> 수많은 장벽들이 낮고 낮아져서,
>
> 갈라진 이들이
>
> 서로를 마주 보고 손잡을 날이
>
> 속히 오기를 소망한다."

4

연대와 삶의 기억으로 가져오기:
성찰적 극복하기와
사회적 치유

일제강점기 문화예술인들의 그윽한 향기를 찾아 떠나는 성북동 길

박민철

성북동의 옛길, 다채로운 인물들의 숨결을 고스란히 간직한 공간

서울시 혜화동에서 북악산 방향으로 올라가다 보면 만나게 되는 넓은 지역이 있다. 현재 이곳을 우리는 성북동이라고 부른다. 이곳은 예전부터 부잣집이 모여 있어서 부촌이라는 인식과 함께 산을 끼고 달동네도 형성돼 있어 그 반대되는 인상으로도 기억되는 공간이었다. 하지만 성북동의 역사는 그리 단순하지 않다. 그 공간은 한국 근현대사의 여러 기억과 경험이 압축된 대표적인 공간이기 때문이다.

1390년대 한양도성의 축조 당시에 이 공간은 자연 그대로의 산림 녹지였다. 시간이 훨씬 지난 1700년대 중반에 이르러서야 여기에 사람들이 거주하기 시작했다. 당시 군사 요충지에 주둔한 군대가 농사를 지으며 살게 했던 둔전(屯田) 제도에 따라 이 공간에 성북둔(城北屯)이 설치됐고 병사들과 가족들이 들어와 살기 시작했다. 물론 성북동에 살던 주민들은 농사일만으로는 살기 힘들기에 나라에서 배정한 베와 모시를 표백하는 일도 담당했다고 한다. 조선 말기에는 북악산부터 내려온 골짜기 등에 당시 조선의 명망가들이 애용했던 별장과 정자 등도 들어섰다. 조선왕조가 막을 내리고 대한제국이 선포되면서 이곳에 있던 둔사는 해체됐다. 하지만 70여 호가 계속 남아 성북동 일대에 거주하게 되면서 오늘날까지 이르렀다.

일제강점기인 1930년대에 이르자 오늘날 부동산 중개업자에 해당하는 집거간이 생길 정도로 경성에 살던 부자들과 권세가들이 유행처럼 이 지역에 별장을 지었다고 한다. 일제의 주택 개발 정책도 영향을 끼쳤다. 1940년대 서울의 인구수는 100만 명이 넘어설 정도로 폭증했다. 그 과정에서 이 공간이 새로운 주택지로 각광을 받았다. 이때부터 본격적으로 한양도성 외곽을 주택지로 개발하는 정책이 시행되기에 이른다. 앞서 1931년에 서울 남산의 이태원 쪽이 개발되고 이내 성북동에도 많은 집과 건물이 생기기 시작했다. 이를 전후로 문화예술인이 이곳에 많이 들어와 자리를 잡았다. 특히 〈성북동 문인촌〉이라는 제목이 붙은 신문 기사가 등장할 정도로 성북동은 문화예술인들이 모여 살던 대표적인 공간이었다.

예를 들어 지금부터 살펴볼 길상사(吉祥寺), 백양당(白楊堂) 출판사의 사장인 인곡 배정국의 승설암(勝雪庵), 상허 이태준의 수연산방(壽硯山房), 근원 김용준의 노시산방(老柿山房)과 그에게 이 공간을 물려받아 이름을 바꾼 수화 김환기의 수향산방(樹鄕山房), 만해 한용운의 심우장(尋牛莊) 등이 세워졌다. 먼저 1933년에 심우장과 수연산방이 생기고 1935년에는 노시산방이 들어왔다. 그 이후 승설암이 생겼다. 이렇듯 이 지역은 전통에서 근대로 접어드는 시기에 경성으로 대표되는 공간의 변화를 알 수 있는 또 다른 프리즘이자 일제강점기에 활동한 유명한 문화예술인들의 그윽한 향기가 물씬 새겨져 있는 역사문화 공간이다. 이제부터 길을 떠나 보자.

'맑고 향기롭게', 김자야의 사랑과 법정 스님의 뜻이 새겨진 길상사

한반도 근현대에 활발하게 활동했던 문화예술인들의 향기를 찾아 떠나는 성북동 답사길에 처음 들르는 곳은 바로 길상사다. 성북동은 상대적으로 고지대에 있어 그곳에 가려면 꽤나 경사가 있는 오르막을 올라야

길상사 입구.

한다. 이를 피하고자 4호선 한성대입구역 6번 출구에서 마을버스를 탔다. 몇 정거장 지나지 않아 이내 좁다란 길로 접어들고 버스 역시 헐떡이며 올라간다. 거의 끝까지 다다르자 목적지인 길상사가 나타났다.

길상사를 첫 답사지로 선택한 이유는 버스를 타고 올라갈 수 있어서기도 하지만 거기서부터 걸어 내려오면서 그곳의 다양한 장소를 둘러보기 위해서다. 길상사 출입구 앞에 서자 도심 한복판에 뜬금없이 세워진 절이라는 이색적인 느낌, 동시에 그렇게 크거나 화려하지 않아 방문객을 편하게 환대해 준다는 느낌이 교차한다. 경건한 마음으로 절 안으로 들어간다.

절 전체는 산등성이에 지어졌기에 경사를 이루고 있다. 절 중앙에 있는 극락전(極樂殿)은 여타 절에 비해 작은 규모다. 특히 건물 자체가 전통 한옥이기에 다른 절의 건물에 비해 소박하면서도 절제된 아름다움을 느낄 수 있다. 낮은 높이의 극락전 한옥에는 다른 절의 법당처럼 화려한 단청은 없지만 나무의 고유한 색을 간직한 처마의 풍만한 곡선이 유려하게 펼쳐져 있다. 바라볼수록 아름답다는 속마음이 절로 드는 건물이다.

이것이 바로 길상사가 가진 독특함이다. 길상사는 본래 1970년대까지 삼청각, 오진암과 함께 서울 3대 요정(料亭)으로 일컫던 대원각(大苑閣)을 1997년에 사찰로 재탄생시킨 곳이다. 이곳의 주인이었던 김영한(金英韓, 1916~1999)은 17세 때 조선 권번(券番)에 들어가 가곡과 궁중무를 익혀 유명한 기생이 된 인물이다.

길상사의 주인이라는 것 이외에 김영한을 유명하게 만든 사연이 바로 시인 백석(白石, 1912~1996?)과의 관계다. 일설에 따르면 김영한은 1936년에 함흥에서 시인 백석을 만나 사랑에 빠졌다고 한다. 또한 김영한은 백석에게서 자야(子夜)라는 이름을 받아 이내 자신의 이름을 김자야로 고쳤고 그때부터 둘은 연인이 되었다는 이야기다.

길상사 극락전.

물론 철저하게 확인된 것은 아니지만 결국 북쪽에 남아 일생을 보낸 시인 백석과 남쪽에 남아 부자가 된 전직 기생의 사랑 이야기는 한반도의 분단이라는 상황과 맞물리면서 많은 이들에게 알려졌다. 1939년 만주로 떠나 다시는 남쪽으로 내려오지 못한 백석과 달리 김자야는 해방 이후에 남쪽에 남아 대학을 졸업했다. 그리고 1955년 성북동 땅을 매입해 한옥을 짓고 대원각을 열었다.

1970년 이후 대원각은 크게 번창했다. 이른바 요정 정치가 활발했던 박정희 정권 시기의 시대적 분위기도 대원각을 부흥시킨 계기가 됐다. 일종의 유흥업 종사자를 두고 주류와 음식물을 판매하며 가무(歌舞)를 행할 수 있는 접객 장소였던 요정은 일제강점기에 생긴 독특한 문화적 현상에 가까웠다. 해방 이후에도 요정은 더욱 번창해 1983년에는 서울 시내에 800여 곳이 넘을 정도였지만 1990년대 말에 이르러 거의 폐쇄됐다. 대원각에서 길상사로 거듭난 일화도 이와 같은 과정에서 생겨났다.

1980년대에 접어들어 박정희 시대의 요정 정치가 거의 사라지자 대원각도 고급 음식점으로 바뀌었다. 이후 김자야는 음식점 대원각을 운영하다 1987년에 우연찮게 법정(法頂, 1932~2010) 스님의 『무소유』라는 책을 읽고는 깨달은 바가 있어 대원각을 절로 만들겠다고 결심한다. 그길로 법정 스님을 찾아가 대원각을 맡아 달라고 부탁하지만 법정 스님은 여러 이유를 들어 청을 거절했다. 이후 10여 년에 걸친 끈질긴 부탁 끝에 1997년, 마침내 법정 스님이 대원각을 조계종 송광사의 말사(末寺)이자 '맑고 향기롭게' 운동의 근본 도량으로 삼기로 했고 이름을 길상사로 바꿔 절을 창건하게 된다. 이때 김자야는 길상화라는 법명을 받는다.

길상사는 넓지도 크지도 않다. 경내에는 극락전, 지장전(地藏殿), 설법전(說法殿) 등의 법당과 스님들의 처소가 있다. 그중에는 법정 스님이 기거했으며 그의 입적 이후 영정과 생전 입던 옷을 전시하고 있는 진영각

길상사 진영각.

길상화 공덕비.

(真影閣)도 있다. 진영각은 평소 법정 스님의 가르침대로 소박한 공간이자 절의 제일 안쪽에 조용히 자리 잡고 있는 공간이다. 진영각 안에 들어서면 스님이 남긴 낡고 낡은 승복 한 벌과 영정이 눈에 들어온다. 절로 마음이 경건해지면서도 스님의 가르침대로 '맑고 향기롭게' 살아야겠다는 의지가 생기는 풍경이다.

마음을 가다듬고 다시금 극락전 쪽으로 내려오면 이곳의 원래 주인이었던 김영한, 김자야, 길상화를 기리는 사당이 있다. 사당 앞에는 작은 공덕비와 함께 백석 시인과의 인연을 적은 표지판도 놓여 있다. "내가 죽으면 화장해서 길상사에 눈 많이 내리는 날 뿌려 달라"는 유언처럼 한국 근현대사의 아픈 길을 걸었던 길상화는 1999년, 하얀 눈의 성대한 환대를 받으며 이 세상을 떠났다.

오늘날까지 길상사는 여러 이야기를 간직한 채 시민들에게 편안한 삶의 휴식터이자 경건한 삶을 반추하는 도량으로 남아 있다. 하지만 길상사의 기록에 새겨진 백석과 김자야의 사랑 이야기처럼 여전히 한반도는 남과 북으로 갈라져 있다. 허전한 마음을 뒤로하고 다시 길을 나선다.

'주인은 떠났지만 향기는 남았다', 이태준의 수연산방

길상사에서 수연산방으로 가는 길은 쉽지 않다. 길상사를 나와 다시 아래쪽으로 조금 내려오면 자그마한 슈퍼마켓이 보인다. 그 옆으로 난 좁은 골목길이 바로 수연산방으로 가는 길이다. 자그마한 언덕을 오르는 길머리에 '심우장 가는 길'이라는 표시가 달려 있다. 이 길을 따라가다 보면 어느덧 언덕을 내려와 다시금 큰길을 마주한다. 눈앞에 나타난 큰길은 성북천이 흐르는 성북동의 중심 길이다. 그 큰길에서 우측으로 조금 오르다 보면 주위 건물들과는 달리 이색적인 석축으로 둘러싸인 한옥 건물을 볼 수 있다. 이곳이 바로 소설가 상허 이태준(尙虛 李泰俊, 1904~?)이 지었다고 알려진 수연산방이다.

소설가 이태준은 한국 단편소설의 완성자로 평가받았지만 월북이라는 이력으로 인해 오랜 기간 우리에게 알려지지 않았던 인물이었다. 하지만 "시에 정지용이 있다면 소설에 이태준이 있다"라는 세간의 평가만큼 그의 소설은 매우 아름다운 필체를 자랑한다. 그의 아름다운 글은 1988년 이른바 해금 조치와 함께 우리에게 다가올 수 있었다.

불우한 어린 시절과 달리 그의 문장은 아름답다. 1904년, 철원에서 태어난 그는 5세인 1909년에 아버지를 따라 러시아 블라디보스토크로 이주했지만 아버지가 돌아가시자 다시 철원으로 돌아온다. 이후 외할머니 손에서 자라면서 매우 가난한 어린 시절을 보냈다. 실제로 그는 1919년 배재학당에 입학했으나 돈이 없어 다니지 못했고 1921년 휘문고등보통학교에서도 배움을 이어 가지 못했다. 친구의 도움으로 어렵사리 떠난 1927년의 일본 유학에서도 조치(上智)대학을 1년 6개월 만에 자퇴할 정도로 그의 삶은 언제나 지극한 가난과 함께였다. 그의 삶에서 가난이 조금 사라진 것은 귀국 후 본격적으로 문학가 활동을 할 때였다. 바로 그때 이곳 수연산방을 지었다.

『나의 문화유산답사기』를 쓴 유홍준은 이태준이 지은 수연산방을 자칭 호고일당(好古一當)의 사랑방으로 설명한다. 옛것을 사랑하는 사람들을 의미하는 호고일당은 바로 이어서 설명할 배정국부터 화가 김용준 등 당시 활발하게 활동했던 경성의 문화예술인들을 말한다. 그러한 문화예술인들이 사랑방으로 쓸 만큼 수연산방은 아름답다.

수연산방 앞에 서자 우선 기다랗게 놓인 석축과 담장 그리고 그 중간에 뚫린 직사각형 모양의 대문이 방문객을 맞이한다. 대문은 생각보다 아담하다. 안으로 들어서면 아담한 문과는 달리 넓게 펼쳐진 건물들이 눈에 들어온다. 그리 넓지 않은 마당의 오른쪽에 본채, 왼쪽에 별채가 세워져 있다.

기역(ㄱ) 자 모양의 본채에 들어가려면 돌계단을 올라야 한다. 넓게 열린 대청마루도 시원해 보인다. 지금은 수연산방이라는 전통찻집으로 쓰이고 있기에 모두 방처럼 보이나 돌계단을 기점으로 오른쪽에는 안방과 부엌의 살림공간이, 왼쪽에는 서재를 겸했던 건넌방이 있다. 건넌방 앞에는 문향루(聞香樓)라는 자그마한 현판이 걸려 있다. 향기를 맡는 누대라는 뜻처럼 그 앞에 서서 마당과 방안을 살펴보니 맑은 향기가 나는 것만 같다.

건넌방으로 들어가면 이태준을 비롯해 그가 만든 문학동인 구인회(九

수연산방 출입문.

人會) 인원들의 사진이 걸려 있다. 일설에는 이 집을 지을 때 인근에서 구한 목재가 아니라 이태준의 고향인 철원의 어느 오래된 집을 해체한 것들을 가져와 지었다고 한다.

이태준은 1934년에 이 집을 지은 후 월북하는 1946년까지 이곳을 수연산방이라 이름 짓고 살았다. 수연산방에서 수연(壽硯)은 오래된 벼루를 뜻한다. 오래된 벼루가 있는 산방이라는 이름을 떠올리니 다른 무엇보다 오래된 벼루에서 풍기는 묵 냄새가 먼저 연상된다. 문향루도 아마 이러한 의미와 연관된 이름이 아닐까 싶다. 이태준은 이처럼 향기를 꿈꿨고 그 마음처럼 향기 나는 글을 평생토록 지으며 살았다. 이태준 소설의 핵심을 글에 담긴 서정성이라고 평가하듯이 그의 글에는 서정성이 풍기는 향기처럼 배어 있다.

하지만 그토록 아름다운 이태준의 글은 한반도 근현대사의 급격한 변화에 따라 이내 자취를 감추고 말았다. 해방이 이태준의 문학 세계를 더욱 열어 줄 것이라 기대했지만 그 기대는 차가운 한반도 분단 속에서 금세 와해돼 버렸다.

1946년, 이태준은 월북하면서 이 집을 누이에게 넘겨 준다. 현재 이 집은 1998년부터 이태준 누이의 외손녀가 운영하고 있는 전통찻집으로 변모했다. 다소 아쉬운 대목이지만 여전히 그 찻집에서 이태준의 향기를 느낄 수 있다. 무엇보다 다른 곳들에 비해 원형의 보존 상태가 좋고 기념탑과 같은 이태준의 흔적들이 어느 정도 보존돼 있어 그를 기억하고자 하는 이들에게 좋은 사색의 공간을 제공한다.

이태준의 수연산방은 오늘날 조성된 성북동 문화예술인 거리에서 랜드마크로서 위상을 갖는다. 분단 속에서 가려졌던 이태준의 문학 작품들도 복원돼 우리들에게 널리 읽히고 있다. 다만 한 가지 아쉬운 것은 분단과 함께 기록도 없이 사라져 간 그의 생생한 삶의 모습이다. 수연산방으로만 이태준을 추억하기에는 우리에게 주어진 것이 너무도 부족하기 때문이다.

기억해야 할 한국의 출판문화인, 배정국의 승설암

아쉬운 마음을 뒤로하고 수연산방을 나와 계속 계곡 위쪽으로 오르다 보면 얼마 가지 않아 길가에서 범상치 않은 느낌의 한옥 한 채를 만난다. 간장게장을 파는 전통한식집이긴 하나 한옥의 모습과 그곳에 쓰인 나무들이 몇십 년의 흔적을 조심스럽게 드러내고 있기 때문이다. 이곳이 바로 해방 공간 경성의 유명한 출판사였던 백양당의 사장인 인곡 배정국(仁谷

승설암 전경.

裵正國, 생몰년대 미상)이 살았다고 알려진 승설암이다.

배정국은 앞서 수연산방의 주인인 이태준에 비해 그리 널리 알려져 있지 않다. 하지만 그 역시 당시 문화예술인 중 빼놓을 수 없는 인물이었다. 경성제국대학 철학과를 졸업한 한국의 철학 연구 1세대이자 해방 정국에 「현대평론」의 편집인이기도 했던 박치우는 1946년에 발간한 자신의 책 『사상과 현실』 서문에서 "마지막이기는 하나 졸고(拙稿)가 이처럼 책이라는 모양으로 세상에 나오게 되었다는 것은 오로지 백양당주(白楊堂主) 인곡형(仁谷兄)의 호의와 편달 덕분이다"라며 감사의 인사를 한다. 여기서 나오는 '백양당주 인곡형'이 바로 배정국이었다. 이렇듯 배정국을 한마디로 표현하면 잊힌 한국의 출판문화인이라고 할 수 있다. 해방 정국에서 오늘날까지도 전해지고 있는 수많은 역사서, 문학서, 철학서 들이 그의 손에서 발간됐기 때문이다.

배정국의 생애는 크게 알려진 바가 없다. 특히 그가 운영한 출판사 백양당과 관련한 연구가 부분적으로 수행됐을 뿐 배정국의 삶에 대해서는 거의 밝혀진 바 없었다. 다만 2018년 서울대학교에서 유학을 한 야나가와 요스케(柳川陽介)의 끈질긴 연구를 통해 백양당의 활동과 함께 배정국의 삶이 일정 정도 복원됐을 뿐이다.

배정국은 인천에서 태어나 자라 백양당이라는 양복점을 경영했다고 한다. 1923년부터는 제물포청년회 대표로 활동했으며 이내 인천에서 유명 인사가 된다. 그뿐만 아니라 금융업 등에도 종사하면서 큰돈을 벌기도 했다. 1936년에는 성북동에 승설암을 지었고 곧 이곳으로 이사하면서 경성에서 활동을 시작했다.

이때부터 종로2가에 인천에서처럼 양복점 '백양당'을 차려 운영하면서 당시 문인들을 만났다. 특히 성북동에 집을 지은 이후 성북동에 거주하는 문인들과 교류가 더욱 활발해졌다. 특히 이태준과는 더욱 각별한 관계였다고 알려져 있다. 실제로도 양복점 백양당이 입주한 장안빌딩과 문학잡지 「문장」을 발행하는 출판사 문장사의 사무실이 있던 한청빌딩은 큰길을 마주하고 붙어 있을 정도였다. 이후 자연스럽게 배정국이 살았던 승설암은 수연산방과 마찬가지로 당시 문인들의 사랑방처럼 만남의 장소로 활용된다. 한용운 역시 인근에 거주했기에 각별한 친분 관계를 맺었다고 한다.

해방 이후 배정국은 당시에 맺은 문인들과의 친분 그리고 민주주의민족전선 등의 정치 활동을 계기로 백양당 출판사를 개업한다. 이는 한국 지성사에서 매우 중요한 사건이라면 사건이었다. 실제로 1946년부터 1950년까지 30여 권의 책이 백양당 출판사의 이름으로 발간됐다. 앞서 말한 박치우의 『사상과 현실』도 백양당에서 발간했다. 이 외에도 이태준의 『상허문학독본』, 임화의 시집 『찬가』, 김기림의 평론집 『시론』, 이여성의 『조선복식고』, 박태원의 『약산과 의열단』 등 해방 정국과 전쟁 당시 북으로 간 지식인들의 책을 백양사에서 발간했다.

하지만 1946년 말에 자신의 친구인 문인들의 월북과 함께 백양당 출판사의 활동은 축소되고 말았다. 1948년 8월에는 좌익 세력의 출판을 도왔다는 명분으로 배정국이 강도 높은 조사를 받았고 이후 활동은 더더욱 축소됐다. 이후 배정국은 1950년 국민보도연맹의 가입 이후 학살을 피해 월북했으며 그 이후의 행적은 알려진 바 없다.

승설암 앞에 원래 정원이 있었다고 하는데, 현재는 그 자리에 통행로가 나 있어 옛 모습을 찾을 수 없다. 승설암에도 수연산방과 유사하게 기역(ㄱ) 자 모양의 본채가 있으며 왼쪽은 현재 모두 식당으로 쓰이고 있다. 기둥과 지붕 등에 쓰인 나무는 지어질 당시부터 고스란히 남아 있지만 마루는 새롭게 만들어 조금은 어색해 보인다. 게다가 현판뿐만 아니라 과거 승설암이었음을 알리는 표지판도 없는 상태라 역사적 가치가 높은 장소임에도 불구하고 그것을 보존하고 기억할 수 있는 경로가 거의 없다는 점이 아쉽다. 수많은 문인에게 감사 인사를 받을 정도로 아낌없는 지원과 애정을 펼쳤지만 해방 정국의 혼란과 월북 등으로 거의 잊힌 인물이 돼 버린 이곳의 주인 배정국의 삶처럼 승설암도 그렇게 남아 있는 듯해 아쉬움이 가득했다.

서예가 손재형(孫在馨, 1903~1981)이 그린 「승설암도」에는 그림에 대한 간략한 소개글이 있다. 상허 이태준이 자신에게 이 그림을 그리게 했다는 내용과 배정국을 비롯해 한국화가 조중현과 화가 김환기 등이 함께 있었다는 점이 눈에 띈다. 이렇듯 배정국과 이태준 그리고 훗날 노시산방을 인수해 수향산방으로 이름을 바꾸고 기거한 김환기는 같이 어울리던 친우였을 뿐만 아니라 같은 곳에서 집을 짓고 살았던 동네 이웃주민이기도 했다. 그들이 문학과 예술을 뜨겁게 이야기하면서 보냈을 이 공간이 온전하게 보존되지 못해 더더욱 아쉬울 따름이다.

주인이 바뀌어도 이어진 화백(畵伯)의 사랑방, 노시산방과 수향산방 그리고 환기미술관

승설암에서의 아쉬움을 뒤로하고 놓인 길을 따라 100미터 정도 계속 오르다 보면 곧 오른쪽으로 난 가파른 길을 둔 삼거리로 접어든다. 그 삼거리 모서리에 석축과 빨간 벽돌담으로 연결된 집이 보인다. 현재는 그 모습을 전혀 찾아볼 수 없지만 이곳이 바로 일제강점기 당시 화가이자 미술평론가로 활동했던 근원 김용준(近園 金瑢俊, 1904~1967)이 살았다고 알려진 노시산방이 있던 곳이다.

이곳이 노시산방이라는 근거는 바로 그 빨간 벽돌담 위로 올라온 감나무 때문이다. 김용준은 1934년에 성북동으로 이사를 왔다. 아내의 반대에도 불구하고 이 시골로 온 이유를 "늙은 감나무 몇 그루를 사랑해서였다"고 고백했다. 또한 그가 그린 삽화 「노시산방도」를 보면 앙상한 감나무 잎과 싸리울을 그릴 정도로 이곳을 사랑했음을 알 수 있다.

그는 감나무가 자신을 위로했다고 고백하면서 "지금에 와서는 차라리 감나무가 주인을 위해 사는 것이 아니라 주인이 감나무를 위해 사는 것쯤 된 것 같다"는 소감을 밝혔다. 위안이라면 위안일까, 그가 그렇게 사랑했던 감나무는 여전히 자취를 감추지 않고 우리들에게 모습을 보여 주고 있다. 여기서 그는 같은 동네에 살던 수연산방의 이태준, 승설암의 배정국과 함께 문학과 예술을 논하며 살았을 것이다. 실제로 이태준이 노시산방이라는 이름을 지어 줬다.

1904년, 경북 선산에서 태어난 김용준은 1920년에 경성중앙고등보통학교에 입학했다. 1923년부터 미술 수업을 받았다고 알려졌으며 1924년에는 제3회 조선미술전람회에 입상할 정도로 그림 실력을 갖추고 있었다. 이후 그는 1926년 동경미술학교 서양학과에 입학했고 1931년 졸업과 함께 귀국해 중앙고보 미술교사로 재직한다. 이때 여러 작품을 출품하는 한편, 미술평론 등을 제출하면서 미술사가, 미술평론가로 본격적으로 활동했다.

그런데 이후 그와 각별하게 교유했던 성북동 문화예술인들처럼 그 역시 1950년에 월북한다. 물론 북에서도 그는 활발하게 활동했다. 평양미술대학 교수와 과학원 고고학연구소 연구원으로 활동하면서 미술사 관련 다수의 논문을 발표하기도 하고 그림도 발표하면서 붓을 놓지 않았다고 한다. 한국전쟁 전까지 서울대학교 회화과 교수, 동국대학교 교수 등을 역임했음에도 불구하고 월북 이후 남한에서는 거의 다뤄지지 못했다가 1988년 월북 문인들의 해금과 함께 다시금 우리에게 다가왔다.

어찌 됐건 노시산방은 김용준 이후에도 그 명맥을 이어 갔다. 1944년 김용준은 폐결핵을 앓자 수화 김환기(樹話 金煥基, 1913~1974)에게 이 집을 넘겨주고 의정부로 이주했다. 이후 노시산방은 김환기에 의해 다시 태어나게 된다. 김용준에게서 노시산방을 인수한 김환기는 이 공간에 수향산방이라는 새로운 이름을 붙였다. 본인의 호인 수화에서 수 자를 따오고 아내 김향안의 이름에서 향 자를 따와 지은 이름이다.

김환기 역시 김용준과 마찬가지로 일본 니혼대학 미술과를 졸업한 화가이자 훗날 한국 근현대미술사를 대표하는 거장으로 성장한 인물이다. 그는 1937년 대학을 졸업한 이후 귀국해 활발한 활동을 펼쳤으며 해방 이후에도 추상화부터 한국 전통을 소재로 한 그림에 이르기까지 폭넓은 작품 세계를 형성했다고 평가받는다. 1946년에는 김용준과 함께 서울대학교 미술대학의 교수로 재직했다. 이후 한국을 떠나 프랑스와 미국에서 생활했다. 김환기는 신안에 살고 있던 홀어머니와 재혼 전에 얻은 딸 셋을 성북동 수향산방에 데려와 같이 살았다고 알려진다.

하지만 수향산방에서의 생활은 오래가지 못했다. 김환기를 비롯해 홀어머니와 딸 셋, 아내까지 도합 여섯 명이 살기엔 좁기도 해서 2년 정도 다른 곳에 살기도 했다. 무엇보다 전쟁이 끝난 이후인 1956년에는 프

부암동 환기미술관.

랑스로 유학을 떠났기 때문이다. 또한 김환기의 아내 김향안은 1974년 김환기의 사망 이후 1978년 환기재단을 설립하고 1992년에는 북악산 너머 부암동에 환기미술관을 세웠다. 여기서 수향산방은 다시 부활한다.

김향안은 김환기가 남긴 화실 겸 생활 공간을 옮겨야겠다는 의지를 담아 1997년 환기미술관 본관 우측에 수향산방이라는 별도의 전시관을 지었다. 이렇게 노시산방부터 수향산방으로 이어진 90여 년의 역사는 오늘도 계속되고 있다. 이곳의 주인이었던 사람도 없고 실제 그들의 공간도 모두 사라졌지만 그 공간에 애초 담겼던 뜻과 의지, 생각과 정서들은 사라지지 않은 채 또 다른 공간을 통해서 계승되고 있었다.

또 다른 저항을 위해 지은 은거 터, 한용운의 심우장

노시산방, 수향산방 터에서 다시 뒤로 조금만 내려오면 우측으로 북악산과 연결되는 언덕이 보인다. 그 언덕에는 서울 달동네로 유명한 북정마을이 넓게 펼쳐져 있다. 한양도성 북쪽 성곽과 맞붙어 있는 북정마을은 한국전쟁 때 피란민들이 판잣집을 짓고 모여 살면서 형성된 동네다. 주로 함경도에서 내려온 피란민들이 자리 잡은 곳이자 현재 서울에 남아 있는 거의 마지막 달동네로 알려져 있다.

한양도성길을 따라 북악산으로 오르다 보면 우측으로 이 동네의 전경을 볼 수 있다. 촘촘하게 자리하고 있는 낮은 집들과 그 사이로 보이는 좁은 골목길들에서는 이곳에 깔린 빈곤함과 아울러 삶을 지속시키고 있는 생동감이 겹쳐져 묘한 느낌을 준다. 북정마을로 이어진 비탈진 좁은 골목길을 눈앞에 두고 섰을 때 대로변 쉼터에 낯익은 조각상이 보인다.

만해 한용운 조각상과 시비.

만해 한용운(萬海 韓龍雲, 1879~1944)을 기리는 조각상과 시비다.

3.1운동 당시 민족대표 33인 중 한 명이자 시 「님의 침묵」의 시인으로 알려진 만해 한용운은 1879년에 충남 홍성군에서 태어났다. 그는 어려서는 한학을 배웠으며 1896년에 설악산 오세암으로 가서 불교의 기초 지식을 배웠다. 다시 세상에 나와 전국을 유랑하다가 1905년에 다시 설악산 백담사로 들어가 마침내 승려가 된다. 1910년부터 불교혁신운동을 일으켰으며 1918년에는 불교잡지 「유심(惟心)」을 창간하기도 했다.

1919년에는 3.1운동에 주도적으로 참여하고 1927년에는 좌우합작 민족협동전선인 신간회 활동을 하면서 조선민족운동을 이끌어 갔다.

한용운이 심우장을 지은 해는 강고한 일제의 억압에 여러 활동이 위축됐던 1933년 즈음이었다. 한용운은 벽산(碧山) 스님이 기증한 지금의 성북동 집터에 심우장이라는 택호의 집을 짓고 입적할 때까지 그곳에서 생애 후반 11년을 보낸다. 심우장에서 심우(尋牛)는 자기의 본성을 찾아 수행하는 것을 소를 찾는 것에 비유한 불교의 가르침에서 유래한다.

만해를 기리는 조각상을 지나 비탈진 좁은 골목을 따라 조금 더 올라

심우장 입구.

심우장 전경.

가면 오른쪽으로 자그마한 심우장의 표지판과 함께 대문이 나온다. 작은 대문을 지나 안으로 들어가면 작지만 시원하게 펼쳐진 마당과 함께 고풍스럽게 지어진 한옥 한 채가 눈에 들어온다. 우선 한옥으로 눈길을 빼앗기기 전에 다시 마당을 둘러본다. 마당에는 소나무와 만해가 심었다고 알려진 향나무만이 있을 뿐 별다른 조형물은 없다. 한용운이 평소 품었던 삶의 지향을 여실하게 느낄 수 있다. 다시 눈을 돌려 한옥을 둘러본다. 흔히 볼 수 있는 석축 위에 아담한 네 칸 한옥이 세워져 있다. 자그마한 툇마루도 보이고 제일 왼쪽 온돌방 입구의 상단에는 심우장이라는 현판이 걸려 있다. 심우장은 대청 두 칸, 왼쪽 온돌방, 오른쪽 부엌을 갖춘 네 칸 규모인데, 부엌 뒤로 식사 준비를 위한 찬마루방이 숨겨져 있어 실제 다섯 칸 집이다.

만해는 제일 왼쪽 온돌방을 서재로 사용했다고 한다. 현재는 좌식으로 사용할 수 있는 작은 책상이 놓여 있다. 넓은 마당과 아담한 한옥 한 채만이 있을 뿐 오늘날의 심우장은 고즈넉하다. 산 중턱에 지어서인지 한낮에도 햇빛은 잘 들어오지 않는다. 실제로 심우장은 북향집이다. 한용운이 북악산 너머에 있는 조선총독부가 보기 싫다며 등을 돌려 집을 짓게 했기 때문인데, 딸 한영숙도 이것이 사실임을 증언하기도 했다. 이처럼 한용운은 일제에 등을 돌려 이곳에서 은거하면서 살았다. 전시 동원 체제라는 이름으로 일제의 폭력적인 억압과 수탈이 극심해지는 시기를 심우장에 은거하면서 묵묵히 견뎌 냈을 것이다. 하지만 그것만이 전부는 아니었다.

심우장의 마당 한편에는 독립운동가 김동삼(金東三, 1878~1937)과 관련된 일화가 기록된 표지판이 세워져 있다. 일찍이 만주 지역에서 독립군 장군으로 활동했던 김동삼은 1931년 만주사변 때 하얼빈에서 붙잡혀 본국으로 강제 송환된다. 징역 10년을 선고받고 평양형무소에서 수감됐고 1933년에는 서대문형무소로 이감됐다. 1937년, 서대문형무소에서 옥사한 이후 유해를 찾아가라는 신문 보도가 났으나 일제의 감시가 무서운 나머지 아무도 책임을 지고 나서는 사람이 없었다. 이때 한용운이 나서서 시신을 업고 심우장까지 걸어와 5일장을 치렀다고 한다. 이와 같은 기록이 표지판에 간단하게 적혀 있다.

한용운의 뜨거운 마음이 표지판에 새겨진 건조한 글을 뚫고 전해진다. 한용운이 입적한 것은 1944년 6월이었으니 해방을 불과 1년여 남짓 남긴 시점이었다. 어려서는 진리를 찾기 위해, 중년에는 사회 변혁과 민족 해방을 위해 거친 사회 속에서 수행했던 영원한 구도자(求道者) 한용운은 자신이 그렇게 원했던 해방을 보지 못한 채 피안의 세계로 갔다. 심우라는 이름처럼 그가 평생토록 찾고자 했던 것은 사람에게 주어진 어진 본성이자 진리 그 자체였을 것이다. 아울러 해방은 그 모든 것이 응축된 민족 해방이었을 것이다. 북향집으로 세워진 심우장은 오늘도 그렇게 묵묵히 우리 삶의 진리와 해방을 찾고 있는 것처럼 보인다.

해방과 전쟁의 격동에 휩쓸린 성북의 예술가들

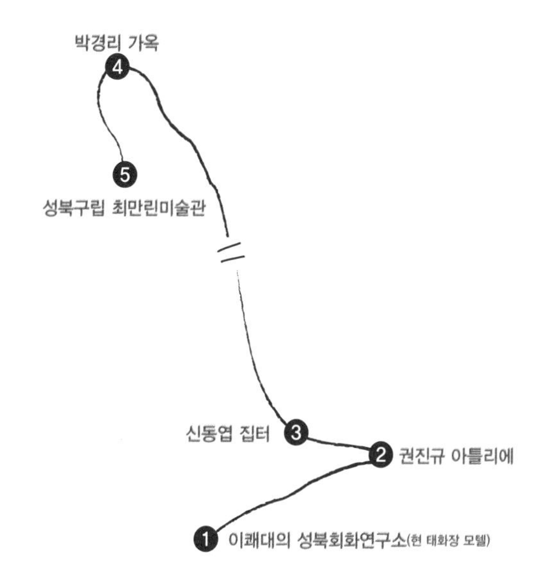

정진아

1945년 8월 15일, 한반도는 연합국에 의해 해방됐다. 일본에 항복을 받는다는 명목으로 38도선 이남에는 미군이, 이북에는 소련군이 진주했다. 일제에 이은 또 다른 외세의 개입이었다. 1945년 말 모스크바 삼상회의 이후 좌우의 입장이 삼상회의 결정 지지와 반탁으로 나뉘면서 좌우 대립이 극심해졌다. 한반도는 냉전의 열기에 조기에 휩쓸렸고, 1947년 열린 3.1절 집회에서는 좌우가 대치하면서 유혈 사태가 벌어지기도 했다.

모스크바 삼상회의 결정을 통해 한반도에 임시정부를 수립하기로 했던 미국과 소련이 합의에 실패하면서 한반도 문제는 유엔으로 이관됐다. 유엔 감시하에 치르는 총선거를 소련과 북측이 거부하면서 결국 1948년에는 대한민국과 조선민주주의인민공화국, 두 개의 분단 정부가 수립됐다. 미소와 좌우의 대립이 낳은 결과였다. 그리고 채 2년이 못 된 1950년 6월 25일 전쟁이 발발했다.

이러한 비극에 휩쓸린 것은 비단 정치인들만이 아니었다. 예술가들도 분단과 전쟁의 격동에 휘말렸다. 좌익과 우익, 중간파 단체가 즐비했고 예술가들은 정치 선전물을 만드는 데 동원됐다. 국가 건설을 위해 자발적으로 참여한 이도 있었다. 문제는 그것이 좌와 우, 어느 한쪽의 입장을 대변하는 것으로 간주됐다는 점이다. 좌익은 남쪽에서, 우익은 북쪽에서 살아남을 수 없었다. 전쟁은 더욱 비극적이었다. 가족과 친구들이, 주변 사람들이 처참하게 죽어가는 장면을 목도해야만 했다. 삶보다 죽음이 더 가까웠다. 살아남았다는 안도감과 죄책감이 뒤엉켰고 그 속에서도 모진 삶은 계속됐다.

예술가들은 분단과 전쟁의 상처에 오랫동안 고통받았고 이를 극복하는 문제를 평생의 화두로 삼았다. 그들은 살아남았지만 살아남은 자로서 책무와 삶의 무게를 안고 살아갔다. 그들의 작품은 그런 의미에서 비명이고 통곡이며, 몸부림이자 외침이며, 치유의 과정이었다. 성북의 예술가들을 통해 그들이 감당해야 했던 해방과 전쟁, 전후의 이야기 속으로 들어가 보자.

해방의 환희와 좌절, 희망을 그리던 곳: 이쾌대의 성북회화연구소

한성대입구역 1번 출구에서 성신여대입구역 쪽으로 걷다 보면 현대적인 건물 사이에서 유독 독특한 근대 건축 양식을 뽐내는 건물을 만나게 된다. 이곳이 바로 이쾌대(1913~1965)의 성북회화연구소가 있던 곳이다. 지금은 태화장(성북구 보문로39길 34)이라는 모텔이 자리를 잡고 있지만 건물의 모습만은 해방 후의 그때 그 모습 그대로를 간직하고 있다.

이쾌대의
성북회화연구소
(현 태화장 모텔).

이곳은 조선미술문화협회의 아지트이자 후진 양성을 위한 공간이었다. 1947년 9월 12일자 「경향신문」에는 "화백 이쾌대, 남관, 이인성 등 전부 7씨를 지도교사로 하여 서울 돈암동 458의 1에 성북회화연구소를 설치하였는데, 연구부문은 유화, 수채, 파스텔 등이라 하며 입소자격은 학교 출신 유무를 보지 않고 소질에 치중하리라 한다"는 기사가 실렸다.

한국의 미켈란젤로라 불리던 이쾌대, 한국의 고갱으로 평가받던 이인성 등 내로라하는 인물들이 교사로 참여했고 성별과 나이, 학교를 불문하고 소질만 있으면 입소할 수 있는 곳이라는 소식에 권진규, 김서봉, 김숙진, 김창열, 남경숙, 심죽자, 이영은, 이용환, 장성순, 전뢰진, 정정희 등 남녀 학생들이 앞다퉈 연구소에 입소했다. 이쾌대는 여성들도 끝까지 그림을 그려야 한다며 제자들을 독려했다.

성북회화연구소를 이끈 것은 이쾌대였다. 그는 신국가의 미술 인재로 성장할 후진들에게 크로키, 석고, 누드 데생 등을 그리며 기본기를 익히도록 했다. 매주 주제를 정해 해부학과 예술론을 강의하기도 했다. 인체에 대한 세밀한 해부학적 지식을 바탕으로 인물을 형상화하는 방법을 전수하고자 한 것이다. 그의 지도 방식은 열정적이면서도 자유로웠다. 자신과 학생들 모두 각자 작업에 몰두하다가 서로 의견을 주고받는 방식이었다.

그가 사재를 털어 이곳을 마련하고 연구소를 확대한 것은 정치 활동의 전면에서 한 걸음 물러나 화가로서, 교육자로서 뚜렷한 족적을 남기기 위해서였다. 해방 후 미술인들은 '민족 미술 건설'을 목표로 조선미술건설본부를 조직했으나 1946년부터는 우익단체화한 조선미술협회와 좌익단체인 조선미술동맹이 대립하는 형국이었다. 이쾌대는 1947년에 조선미술동맹을 탈퇴하고 '진정한 민족 문화 건설'을 목표로 조선미술문화협회를 결성하고 위원장이 됐다. 김인승, 김재선, 남관, 박성규, 박영선, 손응성, 신홍휴, 엄도만, 이규상, 이봉상, 이인성, 이해성, 임군홍, 임완규, 조병덕, 한홍택, 홍일표가 함께했다.

해방 후 그 역시 조선미술건설본부의 선전미술대로서 연합군 환영 행사와 거리 장식, 플래카드, 삐라 제작에 참여했다. 조선미술동맹 서양화부 위원장으로서 가두 장식, 벽보, 만화, 전단지 제작에 앞장서기도 했다. 그는 예술가들도 정치 활동에 나서야 한다는 입장이었지만 정치 활동을 하면 할수록 회의가 일었다. 화가로서 자기 정체성을 확립하고 교육자로서 후진 양성에 힘써 신국가의 문화 건설에 이바지해야 한다는 생각을 더욱 굳혔다. 주변의 비판에도 불구하고 그는 묵묵히 그 길을 걸었다. 그 길의 끝에 이쾌대의 걸작, 군상 시리즈가 완성됐다.

「군상 1—해방고지」(1948)에는 혼란 속에 헤매는 군중들 사이로 두 명의 여성이 환희에 가득 찬 모습으로 달려오고 있다. 「군상 2」(1948)에는 두 명의 여성이 달려오고 있는 가운데 어둠 속의 사람들이 그들이 가져올 소식을 기다리고 있다. 「군상 3」에는 몇 무리의 사람들이 엉거주춤한 상태로 모여 있는데 긴박하고 불안한 분위기가 가득하다. 「군상 4」에서는 아비규환의 쟁투 속에서도 일군의 사람들이 눈을 부릅뜨고 앞으로 나아가고 있다.

군상 시리즈는 해방의 환희라는 과거, 외세의 개입과 좌우 대립으로 암울한 현재, 그럼에도 민중의 힘을 합쳐 하나 된 통일국가를 건설해 나가고자 하는 이쾌대의 이상이 담겨 있다. 그는 이곳 성북회화연구소에서 그의 이상을 형상화했고 그 이상을 제자들과 나누었다.

자신의 이상을 작품으로 만들어 내는 데는 성공했지만 그를 둘러싼 현실은 암울했다. 1948년 두 개의 분단국가가 수립되자 그는 전향을 강요받고 국민보도연맹에 가입해야만 했다. 1950년 6.25전쟁 때는 만삭의 아내와 노모를 두고 피난할 길이 없어 서울에 남았다가 김일성과 스탈린 초상화를 그리는 일에 동원됐다. 연합군 진주 후에는 국군에게 체포돼 거제포로수용소에 수용됐고, 공산 포로로 분류돼 반공 포로들에게 생존의 위협을 당하는 신세로 전락했다. 결국 생존을 위해 가족을 남에 두고 북으로 가는 길을 선택했지만 북에서도 반종파 투쟁을 피해 갈 수 없었다.

한국의 미켈란젤로로 불리던 걸출한 화가였지만 월북 화가로, 종파분자로 낙인찍힌 그는 이후 남과 북에서 완전히 잊힌 존재였다. 1991년, 아내 유갑봉이 고이 간직해 왔던 이쾌대의 작품을 세상에 내놓으면서 그의 군상 시리즈도 세상에 그 모습을 드러냈다. 한국 사회는 군상 시리즈를 보고 일대 충격을 받았다. 군상 시리즈는 해방이 얼마나 벅찬 감격을 안겨 줬는지, 좌우 대립이 낳은 갈등과 대립이 사람들을 얼마나 암울하게 했는지, 화합과 통일을 향한 염원이 얼마나 절박했는지 우리의 오랜 기억을 소환했다. 성북회화연구소 자리도 발굴돼 그곳을 찾는 발걸음이 생겼다. 이제 이쾌대의 작품을 마음껏 감상할 수 있지만 분단과 전쟁으로 갈기갈기 찢긴 그의 삶을 이해하고 민중의 힘으로 하나 된 통일국가로 나아가고자 했던 그의 이상을 반추하는 일은 아직도 우리에게 과제로 남아 있다.

지원의 얼굴, 인간의 얼굴: 권진규 아틀리에

동선동주민센터를 왼편에 두고 쭉 직진하면 막다른 길에서 위쪽으로 올라가는 계단이 보인다. 계단으로 올라가면 표지판이 보이고 왼쪽으로 꺾어 들어가면 보라색 대문의 권진규 아틀리에(성북구 동소문로 26마길 2-15)가 있다. 이곳은 조각가 권진규(1922~1973)가 1962년부터 2년간 직접 집을 짓고 어머니와 함께 살면서 1975년까지 작품 활동을 하던 곳이다. 권진규의 집은 기역(ㄱ) 자형 공간으로, 그가 기거하던 쪽방과 작업실인 아틀리에와 부엌, 거실, 방으로 구성된 주거 공간이 벽과 작은 문으로 분리돼 있다. 권진규의 아틀리에와 살림채는 그의 사후 동생 권경숙이 30년간 보존하다가 2006년에 재단법인 내셔널트러스트문화유산기금에 기증했다. 기금이 공간을 의미 있게 사용하기 위해 입주 작가들에게 6개월간 무상으로 사용할 수 있도록 하면서 아틀리에는 매월 두 번만 개방한다.

1922년, 함흥에서 태어난 권진규는 해방 후 가족 모두 월남해 성북동에 살았다. 마침 인근에는 이쾌대가 세운 성북회화연구소가 있었다. 그는 그곳에 들어가서 김창열, 심죽자, 전뢰진 등과 함께 이쾌대에게 인체 데생에 대한 기본기를 배웠다. 회화로 시작한 그의 작업은 우연한 계기에 일대 전환을 맞는다. 조각가 김복진이 조성하다 중단된 속리산 법주사 미륵대불의 마무리 작업을 조각가 윤호중이 맡았고, 권진규는 윤호중의 조수로서 윤호중의 제자들과 약 6개월간 작업하게 된 것이다. 전통을 바탕으로 한 근대 조각가와의 첫 조우였다.

권진규 아틀리에.

권진규는 작업 이후 조각에 대한 열망이 커져 일본 유학을 결심했지만 부친의 단호한 반대에 부딪혔다. 1948년에 의학 공부를 하던 형 권진원의 간병을 위해 일본으로 가게 된 그는 형의 죽음 후에도 귀국하지 않았다. 뒤늦은 미술학도로서의 꿈을 펼치기 위해 1949년 9월 이쾌대가 다녔던 무사시노미술대학 조소과에 진학해 시미즈 다카시(清水多嘉示, 1897~1981)에게 사사를 받았다. 시미즈는 로댕의 전통을 물려받은 부르델의 제자이자 일본 리얼리즘 조각계의 지도적인 인물이었다.

27세라는 늦은 나이에 시작한 조각가의 길이었지만 그는 곧 두각을

권진규가 기거하던 쪽방.

나타냈다. 재학 중이던 1952년에는 이과전에서 「한낮의 꿈」으로 입상했고, 졸업 후인 1953년에는 이과전에서 「기사」, 「마두」로 특대상을 받았다. 1953년에는 서양화과 후배 오기노 도모와 결혼하면서 왕성한 활동을 이어 갔다.

부친의 죽음과 모친의 병환으로 1959년에 귀국한 그는 열정적으로 작업에 몰두했다. 일본에서 받은 인정으로 자신감이 있었고 성공하면 아내와 재회하리라는 꿈도 있었다. 1962년 동선동에 직접 작업실 지은 것도 마음껏 작업에 몰두하기 위해서였다. 대형 조각 작품을 만들기 위해 천장을 높였고 작업실에 소형 테라코타 작품을 구울 가마도 마련했다. 몸 하나 누일 정도로 작은 작업실 옆 쪽방에서 잠을 자면서 그는 작품에

권진규, 「지원의 얼굴」, 1967,
테라코타, 50×32×23cm.
[자료 제공: 국립현대미술관]

대한 열정을 불태웠다.

드디어 1965년 9월 신문회관에서 제1회 개인전을 열어 「조국」, 「입산」, 「손」, 「희구」 등의 작품을 출품했지만 일부 전문가를 제외하고는 별다른 반향을 얻지 못했다. 오랫동안 아내와도 연락두절 상태였다. 한일협정이 체결되기 전까지 일본과는 자유로운 왕래도 불가능했다. 오기노의 부모는 권진규가 변심했다고 생각하고 이혼 서류를 보내 왔다. 그렇게 결혼생활도 끝이 났다.

낙담한 그는 작품에 더욱 매달려 1968년에는 도쿄 니혼바시 화랑에서 제2회 개인전을 개최했다. 「재회」, 「지원의 얼굴」, 「애자」 등 권진규를 대표하는 작품이 출품된 이 개인전은 일본 미술계의 호평을 받았다. 일본에서 받은 평가로 고무된 그는 1971년에 명동화랑에서 제3회 개인전을 열었다. 평가는 좋았지만 작품은 거의 팔리지 않았다.

미술계의 권력투쟁과 학벌 및 연고주의, 일부 세력이 대형 조각물을 독점하는 행태 속에 그는 아무런 작품도 수주받지 못했다. 생활고는 점점 심해졌다. 그러던 중 1973년 1월 고려대학교 박물관 이규호 학예사가 「가사를 걸친 자소상」과 「마두」를 15만 원에 수집해 갔다. 그의 생전에 처음 팔린 작품이었다. 곧 「비구니」도 따라 보냈다. 서울대학교 박혜일 교수가 선뜻 7만 원을 내고 소품 두 점을 가져 가기도 했다. 좋은 일들이 연달아 생기는 것 같았지만 그즈음 그의 건강은 고혈압과 수전증으로 인해 더 이상 작품을 제작할 수 없는 상태였다. 그는 이미 깊은 절망 속에 떨어졌다. 지인에게 자살을 암시하는 글을 남기고 결국 1973년 5월 작업실에서 스스로 생을 마감했다.

2009년, 무사시노미술대학은 개교 80주년을 맞이해 학교를 대표할 작가 한 명을 선정했다. 가장 예술적으로 성공한 작가를 뽑는 과정에서 권진규가 선정됐다. 무사시노미술대학 조각과의 구로카와 히로타케 교수는 권진규를 추천하면서 "스승은 부르델을 맹주로 하는 정규군이었지만, 제자 권진규는 고독한 유격대로서 1960년대를 반시대적으로 살았다"고 평가했다. 세상이 그를 인정하지 않았어도 그는 독특한 자기의 세계관 속에서 작품으로 말했고 사후에 결국 작품으로 평가받았다.

그는 전쟁과 전후의 폐허 속에서 살아남은 사람들의 실존적인 모습을 작품에 담고자 했다. 그것은 특별한 모습이 아니었다. 그가 생각하는 실존이란 사회와 관계에서 형성된 그 무엇이 아닌, 인간성 자체에서 나타나는 본성이었다. 그런 점에서 「지원의 얼굴」은 바로 우리가 그토록 찾아 헤매던 바로 그 얼굴, 인간의 얼굴이었다.

껍데기는 가라! 모오든 쇠붙이는 가라!: 신동엽 집터

돈암사거리에는 시인 신동엽(1930~1969)이 운영하던 헌책방이 있다. 지금은 자취조차 없지만 신동엽은 이곳에서 부인 인병선을 처음 만났다. 인병선은 일제 시기 좌파 농업경제학자, 경제평론가로서 활동한 인정식의 딸이었다. 인정식은 일제 말에 전향했는데 해방 후 좌익 활동을 재개했다가 국가보안법으로 체포되자 6.25전쟁 중 월북했다. 인병선의 가족사가 분단과 전쟁의 한가운데 있었다. 그런 의미에서 인병선은 다른 여성들과 달랐다. 자신의 고민과 생각을 또박또박 이야기하는 인병선에게 신동엽은 곧 이끌렸다.

인병선이 보기에 그 또한 다른 남성들과 달랐다. 헌책방 수입으로 근근이 생활을 꾸려 갔지만 그의 내부에 숨어 있는 진보적인 의식과 열정은 주변 사람들을 휘어잡았다. 인병선은 목까지 여민 군인 잠바에 큰 눈밖에 보이지 않는 그에게서 뿜어 나오는 체온과 시가 자신의 마음을 강하게 사로잡았다고 회고했다.

1956년, 인병선과 결혼한 신동엽은 1962년에 그가 운영하던 헌책방에서 멀지 않은 동선동(성북구 아리랑로 4가길 13)에 자리를 잡았다. 그가 세상을 떠난 1969년까지 동선동 집은 가족과 생활하는 터전이자 주옥같은 그의 시를 낳은 산실이었다. 지금은 그가 살던 한옥이 헐리고 대한공인중개사가 입주해 있는 빌라가 섰지만 그가 열정적인 필치로 토해 낸 시혼은 아직도 이곳에 서려 있다.

1967년 발표된 「껍데기는 가라」는 4.19혁명 이후 혁명 정신이 퇴화하는 현실을 신랄히 비판한 시였다. 그는 "껍데기는 가라 / 사월도 알맹이만 남고 / 껍데기는 가라" "동학년 곰나루의 그 아우성만 살고 / 껍데기는 가라" "껍데기는 가라 / 한라에서 백두까지 / 향그러운 흙가슴만 남

신동엽 집터.

고 / 그 모오든 쇠붙이는 가라"고 외쳤다.

그는 부정했다. 4.19혁명을 정치적 민주화로만 제한하고 혁명의 결실을 삼킨 자들과 혁명의 계승자를 자처하면서 총칼을 앞세워 혁명을 탈취한 쿠데타 세력들을. 오직 이 땅의 진정한 혁명을 가져올 이들은 동학년 곰나루의 아우성으로 반제 반봉건 혁명의 기치를 높이 올렸던 민중들이었다. 한라에서 백두까지 향그러운 흙가슴들이었다. 이들이야말로 군사정권에 맞서 분단의 쇠사슬을 끊고 자주 민주 통일의 길을 내달려 이 땅에 진정한 해방을 내어 올 주체들이었다. 집터 주변을 걸으며 그의 외침에 귀 기울인다.

그와 함께 1960년대를 풍미한 김수영의 시는 일상에 안주하고자 하는 개인의 문제를 제기했다. 그가 문제 삼았던 것은 군사정권에 의한 정치적 폭력이자 자유의 억압이며 쿠데타를 용인한 소시민의 소극성이었다. 그는 혁명을 좌절시킨 소시민들의 소극성을 향해 냉소적인 야유를 퍼부었고 한국 사회의 폭력과 무기력한 문화를 타파할 힘은 자유에서 나온다고 생각했다. 이것이 그가 자유를 화두로 삼은 이유였다.

반면, 신동엽은 우리의 공동체적인 삶이 지배계급의 착취, 일제의 식민 지배, 분단과 전쟁을 거치면서 붕괴되는 과정에 주목했다. 그에게 중요한 것은 우리의 현실을 있게 한 피어린 투쟁의 역사를 명확히 자각하는 역사 의식의 문제이자 그 속에서 역동하는 민중의 저항을 인식하는 문제였다. 그는 동학농민전쟁을 통해 민족의 수난과 그 속에서 피어나는 민중의 역동성을 장편 대서사시「금강」에 담아내고자 했다.

자신과 아내에게 숨결을 불어넣어 만든 주인공 '신하늬', '인진아'는 전봉준을 중심으로 한 동학농민전쟁에 뛰어든다. 그들은 결국 실패하지만 그 정신은 3.1운동, 4.19혁명 등 굵직굵직한 한국 사회의 변혁 운동의 밑불이 되어 면면히 살아남아 있다고 신동엽은 말하고 있다. 그것은 지금의 우리에게도 아직 유효한 울림이다. "일어나라, / 조국의 / 모든 아들 딸들이여, / 손톱도 발톱도 / 돌도 산천도, / 이 나라의 기름 먹은 / 흙도 바람도 / 새도 벌레도 일어나라"(신동엽의「금강」중에서). 모든 존재들에게 눈감지 말고 깨어 일어나서 지상의 모든 불의와 억압을 딛고 새로운 세상을 맞이하라는 그의 요청이 들리는 듯하다.

개발의 논리에 잠식당한 토지의 산실: 박경리 가옥

북한산보국문역 2번 출구에서 정릉천을 따라 걷다 보면 경국사 옆 작은 골목 입구에 박경리 가옥이라는 작은 표지판이 보인다. 표지판이 가리키는 골목으로 40미터쯤 들어가면 박경리(1926~2008)가 손주를 업고 창틀에 기대어 원고를 집필했다는 집(성북구 보국문로 29가길 11)이 있다.

박경리는 전쟁기에 남편과 아들을 잃고 전쟁미망인으로서 생계를 책

박경리 가옥 표지판.

임지며 글을 썼다. 『토지』를 집필하기 전인 1964년 박경리는 자전적 소설인 『시장과 전장』을 집필했다. 이 책은 '남지영'과 '하기훈'이라는 남녀 주인공을 중심으로 삶터인 시장과 이념의 공간인 전장을 대비시키면서 이야기를 전개한다. 이념에 충실했던 공산주의자 기훈은 인민군으로 활동하다가 빨치산이 되지만 결국 이념에 충실하지 못한 선택을 한다. 공산당에 입당 원서를 낸 지영의 남편은 전쟁통에 행방불명이 되고, 부역자 가족이자 전쟁미망인이라는 세상의 냉대 속에서도 지영은 가족을 지키기 위해 끈질기게 살아남는다.

반공 소설 일색이던 시대에 이러한 작품이 나올 수 있었던 것은 4.19혁명으로 인해 6.25전쟁을 소설의 재료로 삼아 다양한 시각을 담을 수 있는 시대적 분위기가 형성됐기 때문이다. 또한 작가 개인적으로도 전쟁의 상처와 남편의 부재를 객관적으로 바라볼 수 있는 시간을 가질 수 있었기 때문이다. 『시장과 전장』은 전쟁문학의 수작으로 평가받아 1965년에 제2회 한국여류문학상을 수상했다.

박경리는 『시장과 전장』을 끝낸 후 다음과 같이 말했다. "마지막 장을 끝낸 그날 밤 나는 이불을 뒤집어쓰고 가족들 몰래 울었어요." "이젠 안

웁니다. 허탈과 고생의 울분 같은 것이겠지만 역시 감정의 찌꺼기지요. 그때도 역시 제 자신이 작품 안에 들어갔지만 이제는 완전히 '쟁이'가 되어 객관적으로 쓰겠습니다. 잔인하고 무자비하게 자신을 다루어 아무 찌꺼기도 남기지 않겠어요." 이 작품을 끝내면서 박경리는 비로소 개인사를 극복하고 사회적인 문제를 냉철하게 다루는 사회파 작가로 거듭났다.

박경리는 『시장과 전장』을 통해 다져진 입지를 바탕으로 『토지』를 집필하는 데 몰두했다. 1969년부터 1994년까지 5부 16권으로 완간된 『토지』는 장장 25년, 사반세기의 작업이었다. 박경리는 원주로 이주하기 전인 1965년부터 1980년까지 거주한 이곳 정릉 집에서 한국문학사의 기념비적 대작인 『토지』 1, 2, 3부를 집필했다.

박경리는 『토지』에서 동학농민전쟁부터 일제 시기를 거쳐 해방에 이

박경리 가옥.

르는 시기까지 최참판댁을 중심으로 한 다양한 인간 군상이 식민과 이산, 민족과 계급 문제에 연루되며 그것을 자신의 삶 속에서 감당해 내는 과정을 역동적으로 그렸다.

박경리는 6.25전쟁 전부터 이 소설을 염두에 두고 있었다. 외할머니가 들려준 이야기가 선명하게 뇌리에 남았기 때문이다. 거제도 어느 곳에 끝도 없이 넓은 땅을 가진 지주 집안이 있었다. 호열자가 그 일가를 죽음으로 데려가고 그 집에는 딸 하나만이 덩그러니 남았다. 어느 날 한 사내가 나타나 딸을 데리고 갔는데 객줏집에서 설거지하며 지친 그 여자아이의 모습을 본 마을 사람들이 있었다고 했다. 삶을 상징하는 벼의 노란색과 죽음을 상징하는 핏빛을 기억해 뒀던 박경리는 그 이미지를 토지에 애착을 가진 수많은 사람들의 이야기로 펼쳐 냈다.

2013년 서울시는 『토지』의 산실이었던 박경리 가옥의 가치를 인정해 서울미래유산으로 지정했지만 예산 부족으로 매입을 하지 못했다. 얼마 전까지 서울 정릉 발도르프 대안학교가 운영되고 있었지만 그마저도 이사 가 버리고 빈집만 남았다. 곧 재개발로 이곳 역시 사라질 예정이다. 근처의 경로당에 물어 겨우 아랫집이 박경리 가옥이라는 걸 확인할 수 있을 뿐이다.

예전에는 담벼락에 "토지", "박경리"와 같은 글씨가 쓰여 있고 벽화도 그려져 있었지만 지금은 그 흔적마저 지워졌다. 박경리 가옥의 존재를 확인할 수 있는 그 어떤 표식도 없다. 대신 "보상 확인"이라는 페인트 글씨만 휘갈겨져 있다. 도시 개발의 위력이 문화재의 흔적을 지우는 데는 그리 오랜 시간이 걸리지 않는다는 것을 실감한다. 이제 우리가 이 집을 보고 느낄 수 있는 시간도 얼마 남지 않은 셈이다. 박경리에 의하면 토지는 단지 민족의 수난과 계급투쟁의 대상일 뿐 아니라 강인한 생명의 뿌리다. 그 땅이 지금은 오로지 개발의 대상이 되어 그가 『토지』를 집필한 자리까지 삼켜 버리려고 한다는 사실이 씁쓸하게 느껴질 따름이다.

이브에서 0으로: 최만린미술관

박경리 가옥에서 정릉천을 따라 내려오다가 솔샘사거리에서 우회전해서 걷다 보면 최만린미술관(성북구 솔샘로7길 23)을 만날 수 있다. 이곳은 최만린이 1988년부터 2018년까지 30년간 머물던 집을 구립미술관으로 재개관한 곳이다. 그는 50여 년간 정릉에 거주하면서 한국 추상 조각의 개척자로서 입지를 굳혔다.

성북구립 최만린미술관.

미술관 1층에는 「이브」와 함께 「일월」, 「천지」, 「태」, 「맥」, 「0」 시리즈 등 그를 대표하는 작품들이 전시돼 있다. 왼쪽에 있는 계단을 올라가면 2층에는 영상실과 아카이브실이 있다. 영상실에는 그가 시기별로 자신의 작품에 대해 설명하는 영상을 틀어 놓았고, 아카이브실에는 그의 작품의 궤적을 살펴볼 수 있도록 자료를 모아 놓은 파일들이 빼곡히 정리돼 있다.

미술관 입구에 들어서면 그의 대표작이자 문제작인 「이브」가 우리를 기다리고 있다. 「이브」가 보여 주는 모습은 성서에 나오는 이브의 모습과는 거리가 멀다. 허공을 응시하고 있는 텅 빈 눈, 고된 노동으로 툭툭

최만린, 「이브 58-1」, 1958,
석고, 42×29×133cm.
[ⓒ이정훈, 성북구립미술관 제공]

불거져 나온 뼈와 근육, 온통 헤집어진 상처투성이의 몸과 다산의 흔적인 듯 벌어진 엉덩이, 가시면류관과 같은 손에 든 바구니. 온몸으로 전쟁의 상처를 표현하고 있는 이브는 폐허 속에서도 삶은 계속된다는 명제를 온몸으로 표현하는 것 같다.

처음 조각을 시작하면서 최만린은 일본에서 유입된 근대 조각의 흐름을 따라 실증적으로 사람의 모습을 형상화해 봤지만 그것만으로는 자신의 갈증이 채워지지 않는다는 사실을 깨달았다. 전쟁으로 가족을 모두 잃은 그는 자신으로 돌아가서 직접 마음속에 떠오르는 상념을 표현하고자 했다. 그 속에서 탄생한 것이 「이브」였다.

그것은 성서에 나오는 이브가 아니었다. 나의 모습이자, 내 주변 사람들의 모습, 인간의 모습이었다. 전쟁이 끝난 후 사람들은 찢기고 다치고 부서지고 허덕이면서 겨우겨우 생존을 유지하고 있었다. 그런 부서진 것을 하나하나 주워 모아서 다시 회생할 수 있는 존재로 만들어 보여 주는 것이 그의 목표였다. 부서진 조각을 하나하나 그러모아 「이브」를 만들었다. 한마디로 폐허에서 탄생한 생명이었다.

이후 그의 작업은 「일월」, 「천지」 시리즈로 나아갔다. 무심히 보아 넘기던 해와 달, 하늘과 땅, 그곳에서 살아가는 벌레들과 새들의 날갯짓에서 그는 벅찬 생명의 의지를 찾을 수 있었다. 조형의 뿌리에 대한 보다 근원적인 물음에 대한 답도 찾을 수 있었다. 한층 더 근본적인 것을 찾는 과정에서 태아를 감싼 태반과 탯줄에서 생명성의 모티브를 얻은 「태(胎)」, 생명체들을 연결해서 만든 「맥(脈)」 시리즈도 탄생했다. 파괴된 모든 것을 되살릴 생명의 추상을 찾는 과정이었다.

그가 좀 더 근원적인 것을 찾아 헤매다 결국 찾아낸 것은 「0」이었다. 아무런 제목도 없이 '오'여도 좋고 '영'이어도 좋은 상태. 모든 것을 버리고 비운 상태. 그 상태가 되니 더욱 많은 상념이 자유롭게 오가는 것을 느

최만린, 「0 00-5」, 2000, 석고, 121×79×99cm. [ⓒ이정훈, 성북구립미술관 제공]

낄 수 있었다. 하지만 그는 버림에도 미학이 있다고 생각했다. 채워진 것은 버리기가 힘들기 때문이다. 그래서 그의 「0」은 채워지지 않은 동그라미의 형태를 갖고 있다.

2층 영상실에서 전쟁의 파국에서 빚어 올린 생명력, 그것을 통해 삶의 연속성을 얘기하는 작가의 이야기를 듣는다. 그의 이야기를 들으면서 우리가 전쟁의 트라우마에서 벗어나는 길이 결코 자연스러운 과정이 아니라는 생각을 한다. 전쟁 트라우마를 치유하고자 하는 예술가들의 고투와 그들의 작업이 곳곳에서 보이지 않게 존재하고 그 작품들이 우리를 치유의 세계로 이끌어 가고 있다는 사실을 깨닫는 데는 오랜 시간이 걸리지 않았다.

남북의 현주소를 진단하고 통일을 디자인하다

전영선

2025년으로 남북은 분단 80년을 맞이한다. "설마. 이대로 분단될까" 했던 시간이 켜켜이 쌓여 80년을 앞두고 있다. 한반도 분단의 시간은 고즈넉하게 지나가지 않았다. 전쟁과 이산의 시간이었다. 간헐적인 대화도 있었고 경제 협력도 있었지만 분단은 여전히 진행 중이다. 분단은 정치를 넘어 일상으로 스며들었다. 훗날 이 모든 과정이 역사의 평가를 받을 것이다. 분단 80년을 앞두고 남북을 잇고 통일을 준비하는 여덟 곳을 추려 봤다.

혐오 시설로 시작한 남북통합문화센터

(강서구 마곡동)

남북의 문화 차이를 확인하고, 남북 주민의 생애를 이야기로 나눌 수 있는 공간이 있다. 이름도 '남북통합문화센터'다. 남북통합문화센터는 강서구 마곡동 마곡역 1번 출구를 나와 5분 정도 거리에 있다. 오른편으로 서울남부출입국외무인사무소 왼편으로 강서세무서 사이에 있다. 지하 2층, 지상 7층으로 이뤄진 남북통합문화센터는 탈북민 3만 명 시대에 맞춰, 시민들이 일상 속에서 평화 문화를 이뤄 가고, 탈북민과 일반 주민이 상호 소통을 통해 우리 사회의 남북 통합을 촉진하기 위한 목적으로 설립한 통일부 시설이다. 지금은 아파트 주민과 어린이들이 즐겨 찾는 편안한 시설이지만 건립 계획이 발표될 때만 해도 혐오 시설이라는 낙인이 붙었던 곳이다.

남북통합문화센터의 건립을 처음 추진한 것은 2012년이었다. 북한이탈주민과 지역 주민 사이의 소통을 위한 첫 공간이라는 기대감으로 시작했다. 하지만 이런 기대와 달리 지역 주민들은 강하게 반발했다. 북한이탈주민 지원 시설을 혐오 시설이라고 반발하는 지역 주민을 설득하는 데 상당한 시간이 소요됐다. 지역 주민을 센터 운영위원으로 참여시켜 함께 운영을 논의하는 과정을 거쳐 8년이 지난 2020년 5월에야 문을 열 수 있었다.

북한이탈주민을 대상으로 상담도 하고 치유 프로그램을 운영하는 것이 기본 목적이지만 남북 주민이면 누구든 자유롭게 시설을 이용할 수 있다. 프로그램의 구성과 운영은 지역문화센터와 별반 다르지 않다. 지역문화센터에서 운영하는 요리 강좌나 노래 교실 등의 문화 체험을 북한이탈주민과 같이한다는 차이가 있을 뿐이다. 대한민국 국민이면 누구나

남북통합문화센터 이음상회와 통일 체험 전시장.

홈페이지를 통해 일반 회원으로 가입해 남북통합문화센터에서 운영하는 프로그램에 참여할 수 있다.

남북통합 문화행사 프로그램은 물론, 남북통합문화센터의 모든 시설은 개방돼 있다. 무심코 지나가다 궁금하면 누구나 둘러볼 수도 있다. 1층에는 강당(공연장), 카페, 이음상회가 있다. 북한이탈주민이 운영하는 1층 카페는 가성비 높은 커피와 간단한 다과를 편하게 즐길 수 있다. 지역 주민이 즐겨 찾는 쉼터가 되었다. 이음상회는 북한이탈주민 생산품 상설홍보관으로 북한이탈주민이 창업한 기업의 생산품을 전시하는 홍보관이다. 통일의 의미를 담은 상품, 북한이탈주민이 아니면 생각할 수 없는 아이디어를 담은 상품들이 전시돼 있다.

건물 2층부터 4층까지는 남북주민통합문화센터에서 진행하는 프로그램을 운영하는 관련 기관과 행정 사무 공간, 서고, 회의실 공간을 비롯해 남북 주민이 함께하는 문화 체험 공간인 음악실, 미술실, 육아교실, 세미나실, 다목적 체육실이 있다.

4층에는 상담센터 마음의 숲, 언어 교육실, 다목적 강의실, 요리 교실이 있다. 상담센터 마음의 숲은 북한이탈주민을 대상으로 한 상담과 심리 치료를 위한 공간이다. 요리 교실에서는 북한 음식 체험을 비롯한 요

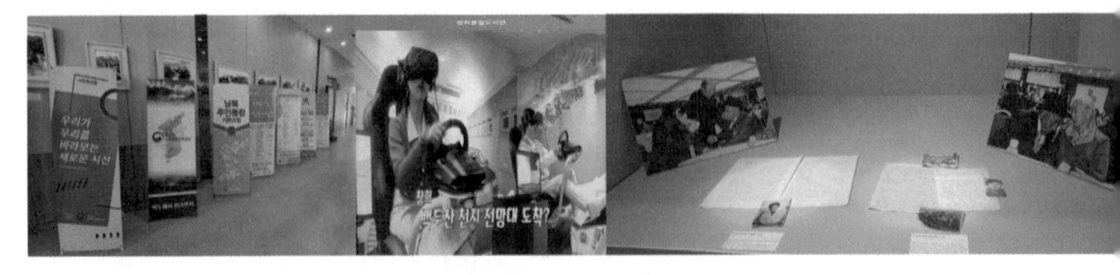

남북주민통합센터에서 운영 중인 가상체험과 전시를 비롯한 여러 프로그램들.

리 프로그램을 진행할 수 있는 공간이다.

5층과 6층은 남북 문화의 차이와 통합을 체험할 수 있도록 구성된 체험관이다. 5층에는 남북 문화와 관련한 기획 전시관, 영상 체험실과 평화통일 도서관(어린이자료실)이 있고 6층에는 통합문화 체험관, 평화통일 도서관(일반자료실)이 있다.

7층은 소망실과 옥상 정원인데, 소망실에서는 보고 싶은 사람에게 보내는 편지를 써서 디지털 풍등으로 보낼 수 있다. 북한에 가족을 둔 북한이탈주민들의 간절한 소원을 달래는 공간이다.

6층의 평화통일 도서관(일반자료실)과 어린이들을 위해 놀이기구도 대여할 수 있도록 특화된 5층의 평화통일 도서관이 지역 주민들에게 큰 인기다. 도서관은 홈페이지를 통해 가입한 다음 신분증을 가지고 방문하면 회원증을 발급받아 이용할 수 있다.

지금은 지역 주민들도 시설을 활발하게 이용하고 프로그램에 참여한다. 북한이탈주민을 위한 시설이라기보다는 오히려 지역 주민을 위한 시설이 아니냐는 목소리도 나온다. 불신과 우려 속에 시작했지만 다양한 문화 체험 프로그램 운영을 통해 남북 통합, 사회 통합의 모델로 자리 잡았다.

국내 최대의 북한 자료 소장처 통일부 북한자료센터

(서초동 국립중앙도서관 5층)

통일부 북한자료센터는 북한 자료를 전문으로 관리하는 통일부 부서다. 북한 자료는「국정원법」에 의거한 국정원 훈령인 '특수자료 취급지침'에 따라 관리되고 있다. 일반적으로 북한 자료라고 하면 북한에서 생산한 자료를 의미한다. 현행 지침에서 규정한 특수자료는 북한 및 반국가단체를 찬양, 선전하거나 대한민국의 정통성 및 자유민주주의 체제를 부인하는 것과 관련한 일체 자료로 '찬양 고무 행위', '이적 행위'와 관련된 자료, 북한 또는 반국가단체에서 제작, 발행한 정치적·이념적 내용의 자료를 포함하는 개념이다.

북한 자료와 관련한 지침이 국정원 훈령인 '특수자료 취급지침'이라는 것에서 확인할 수 있듯이 북한 자료에 대한 접근은 극히 제한적이었다. 그러다가 탈냉전 이후 남북 대화가 시도되면서, 북한에 대한 정보 차원에서 관리되기 시작했다.

'북한 자료를 어떻게 규정할 것인가'에 따라 범위도 달라지고 어떻게 활용할 것인가에 따라 활용도도 달라진다. 북한 자료는 문헌 자료, 영상 자료를 포함해 북한의 인적 정보, 주요 기관 정보, 산업 정보, 각종 통계, 문학예술 작품, 국제 기구의 통계, 생활용품 등의 현물 자료 등이 포함된다. 최근에는 국경 없이 이용할 수 있는 소셜미디어의 게시물, 북한을 방문했던 외국인들이 올리는 영상도 많다.

이런 현실을 반영해 북한 자료를 공개해야 한다는 주장과 북한에 대한 올바른 인식이 없는 상황에서 북한의 선전에 속을 수 있기에 신중해야 한다는 주장이 팽팽하다. 헌법에서 규정한 알권리를 제한한다는 입장과 정보가 공개됨으로 인해 위험이 발생할 수 있고, 필요한 정보에 대해서는 접근을 제한하지 않기 때문에 알권리를 제한하는 것이 아니라는 입장이 맞서고 있다. 2023년 권영세 통일부장관은 북한 방송을 비롯한 북한 자료의 개방을 추진하기도 했다.

통일부 북한자료센터는 서초구 반포동에 있는 국립중앙도서관 5층에 있다. 지하철 3호선과 7호선 그리고 9호선이 만나고 전라도, 경상도, 충청도, 강원도로 가는 버스들이 출발하는 곳인 고속버스터미널역 5번 출구를 나와 횡단보도를 건너 대검찰청 방향 언덕길을 따라 5분 정도 직진해야 한다.

7호선 고속터미널역 5번 출구로 나오면 바로 앞에 횡단보도가 나온다. 두 개의 횡단보도를 연이어 지나면 스치듯 서래공원이 나온다. 잠깐 쉬어 갈 수 있는 쌈지공원이다. 작은 기념 조각도 있다. 가수 이미자의 노래비다. 눈길을 거두고 서초동 언덕길을 올라 조달청 서울본부를 지나면 국립중앙도서관이 나온다.

국립중앙도서관은 대한민국 도서관 정책을 관장하는 명실공히 대한민국 최고 도서관이다. 참고로 북한에는 중앙도서관이 없다. 그 대신 1945년에 평양시립도서관이 있었는데, 1948년에 북한 정권이 출범하면서 국립중앙도서관이라고 개칭했다. 이후 1973년에 중앙도서관으로 바뀌었다가 1982년에 평양의 중심인 중구역 김일성 광장으로 이전하면서 인민대학습당으로 다시 바뀌었다. 북한에서 큰 행사가 벌어지는 김일성 광장 뒤편에 자리 잡은 기와식 건물이 바로 북한의 국립중앙도서관인 인민대학습당이다. 북한 최대의 건물이기도 하다.

북한자료센터는 국립중앙도서관에 있지만 통일부 시설이기 때문에 국립중앙도서관과는 별도의 체계로 운영된다. 일요일에는 문을 열지 않고 그 대신 국립중앙도서관이 문을 닫는 둘째, 넷째 월요일에도 이용할 수 있다. 목요일에는 야간까지 운영하고, 토요일에도 운영한다.

통일부 북한자료센터가 현재의 자리로 이전한 것은 2009년이었다. 1989년에 광화문우체국 6층에서 문을 연 이후로 북한 영화 상영 및 북한 실상 설명회 개최, 북한자료센터 서고 개가제 전면 실시, 통일 북한 자료에 대한 전산화 등의 사업을 진행했다. 국립중앙도서관으로 이전한 이후에는 디지털 아카이브 시스템을 구축했다. 주요 북한 신문 기사 목록을 홈페이지에 공개하고, 공공도서관 협력을 통한 통일 인식 개선 사업도 추진하고 있다.

통일부 북한자료센터의 위상은 초라하다. 정부 부처인 통일부에서 운영하는 시설임에도 불구하고 독자 건물도 아닌 셋방 신세다. 다행히도 통일정보자료센터 건립이 예정되어 있다. 북한 관련 자료도 꾸준히 증가했고 이에 따른 공간 부족, 이용자 불편을 개선하고 복합 문화 공간으로서 활용성을 높인 종합 정보관으로서 통일정보자료센터로 확장을 준비하고 있다.

통일부는 2022년 3월 고양시와 통일정보자료센터 건립을 위한 업무협약(MOU)을 체결했다. "통일 미래를 대비하고 디지털 환경 등 시대 변화에 맞게", "소장 자료들의 디지털화 비율을 높이고, 고도화된 디지털 아카이브 시스템 구축을 통해 국민들이 보다 쉽고, 편리하게 이용할 수 있도록 하겠다"는 취지로 진행한 통일정보자료센터 건립은 총사업비용이 445억 원으로 2023년 하반기에 착공해 2025년 완공할 계획이었다. 하지만 이런저런 이유로 착공이 늦어지면서 완공 시기도 늦춰진 상황이다.

소통과 불통 사이 남북 언어의 오작교, 겨레말큰사전 남북공동편찬사업회

(공덕동 지방재정회관 12층)

겨레말큰사전 남북공동편찬사업회로 가려면 공덕역 4번 출구를 나와 100미터 정도 직진하면 된다. 지방재정회관 12층에 위치하고 있다. 겨레말큰사전 남북공동편찬사업회는 남북 사이에 이뤄진 여러 사업 중에서도 가장 주목을 받았던 『겨레말큰사전』 남북공동 편찬사업을 담당하는 기구다.

『겨레말큰사전』 남북공동 편찬사업은 글자 그대로 남북의 언어학자들이 참여해 분단 이후 달라진 남북의 생활어를 조사한 후 『겨레말큰사전』을 공동으로 편찬하는 사업이다. 문익환 목사가 1989년 방북했을 때 김일성 주석과 합의했던 사업이다. 사회적 관심과 남북 당국의 적극적인 지원을 받았던 사업이다. 한반도가 남북으로 갈라지고, 제도가 달라진 상황에서도 민족 공통성을 유지하기 위한 언어 연구라는 점에서 사업의 상징성과 의미가 남다른 사업이라 할 수 있다.

남북의 언어학자들은 큰 관심 속에 2005년 2월 20일 금강산에서 한자리에 모여 '민족의 단합과 조국통일에 이바지하기 위하여 민족어 공동사전 편찬을 위한 공동편찬위원회 결성식'을 갖고 본격적으로 사업을 추진하기 시작했다. 처음 계획은 사전 편찬을 위해 남북의 국어학자들이 분기별로 남북공동 편찬회의를 개최해 사전의 올림말을 공동 선정하는 작업을 실시한 후 2013년까지 사전을 편찬하는 것이었다. 남북 합의에 따라 안정적인 사업으로 진행하기 위해 「겨레말큰사전남북공동편찬사업회법」도 제정했다.

『겨레말큰사전』 편찬은 남측 편찬위원회와 북측 편찬위원회에서 공

서울시청에서 진행됐던 『겨레말큰사전』 기획 전시.

동으로 진행했다. 겨레말큰사전 남북공동편찬사업회의 정확한 명칭은 겨레말큰사전 남북공동편찬사업회 남측편찬사업회다. 사전 편찬 실무를 담당하는 사전 편찬실이 있어 사전의 올림말 선정, 새어휘 채집 선정, 원고 집필 및 상대측 집필 원고 교차 검토, 사전 편찬에 필요한 각종 집필 프로그램 개발, 『겨레말큰사전』에만 적용하기 위한 남북 공동 어문규정 편람 작성 등의 사전 편찬 실무를 진행한다.

사전 편찬 실무 과정에서 나타난 논의 사항은 올림말분과, 집필분과, 새어휘분과, 정보화분과, 종합분과 등 분과별 남북공동회의 논제로 정리해 남북공동회의를 통해 합의했다. 그리고 남북이 합의한 사항에 맞춰 『겨레말큰사전』에 수록할 원고를 남과 북에서 분담해 집필한다. 집필한 원고는 남북이 상호 교환해 검토한 다음, 재논의가 필요하거나 보완이 필요한 원고는 다시 논의한다. 이러한 과정을 거쳐 최종 합의된 원고를 완성한다. 합의된 원고는 교열·교정 과정을 거쳐 종이 사전에 수록한다.

남북 관계가 경색되기 이전까지는 1년에도 몇 번씩 공동 편찬 회의를 개최하면서 상당한 진척을 보았다. 2005년 2월 제1차 남북공동회의(금강산)를 시작으로, 2015년 12월 제25차 남북공동회의(중국 다롄)까지 총 25회의 편찬회의를 개최했다. 이후로는 남북 경색이 길어지면서 사전 편찬에 필수적인 회담이 중단됐고, 사전 편찬에 필요한 막바지 작업을 마무리 짓지 못하고 있다.

남북 회의가 열리지 못하는 동안에도 편찬위원회에서는 그간의 남북 공동회의를 통해 남북이 합의한 내용을 중심으로 편찬 사업에 남은 작업을 진행했다. 남북이 공동으로 분담해 집필하기로 돼 있는 원고 집필을 완료했고 이미 남북이 분담 집필해 합의한 원고와 남측에서 집필한 남측분 원고 및 북측분 원고를 교열·교정해 2021년 3월에 임시 제본으로 제작한 『겨레말큰사전』으로 국회의사당에서 전시회를 갖기도 했다. 또한 남북 언어에 관해 학습할 수 있도록 남북 언어문화 학습자료를 제작해 활용할 수 있도록 했다. 남북 언어문화 학습자료는 홈페이지에서 무료로 자료를 다운받아 활용할 수 있다.

이 외에도 『겨레말큰사전』 공동편찬 사업을 진행하면서 얻은 노하우를 바탕으로 겨레말문화학교를 운영하고 있다. 겨레말문화학교 정규 강좌는 봄, 가을 두 개 학기로 운영하며 『겨레말큰사전』 편찬 성과를 중심으로 남북 언어와 교류 협력에 관한 내용을 교육한다. 별도로 운영하는 특별 강좌는 인문 교양 프로그램으로 남북 언어와 사회 문화 교류에 관계되는 주제로 진행한다. 관심 있는 사람이면 누구나 신청할 수 있다.

남북의 언어 차이는 어느 정도나 될까. 남북의 언어는 1966년부터 본격적으로 갈라지기 시작했다. 김일성은 1966년 5월 14일에 사회과학원 언어학연구소 일군들과 한 담화 「조선어의 민족적 특성을 옳게 살려 나갈데 대하여」를 발표했다. 담화의 핵심은 '남조선의 언어는 한자어, 일본어, 영어가 혼용된 잡탕말이 되었다. 이렇게 오염된 서울말로는 민족어를 발전시킬 수 없다. 혁명의 수도 평양의 말을 중심으로 민족어를 발전시켜야 한다'는 것이었다. 김일성은 민족어의 새로운 표준이 되는 말을 "(평양)문화어"라고 하였다.

김일성은 언어의 표준을 새로 정했지만 민족을 분리한 것은 아니었다. 김정일 시기까지의 언어 정책은 민족의 공통성을 이루는 핵심 요소였다. 민족어의 특성을 살리고 민족어를 발전시켜야 한다고 강조했다. 남북 분단 상황에서도 언어를 통해 민족 정체성을 유지하고자 했다. 비록 현실에선 국토가 분단됐고 정치와 경제 제도가 다른 상황 속에서 분단이 길어졌지만 같을 말을 쓰는 민족이라는 공통성을 놓지는 않았다.

북한에서는 언어를 민족을 구성하는 핵심 요소로 봤다. 김일성은 "언어는 민족적 공통성과 한민족과 다른 민족 간의 차이를 말하여 주는 가장 명백한 표식 중의 하나"•라는 스탈린의 언어관을 받아 민족 문제의 핵심으로서 언어를 강조했다. 또한 김정일은 민족을 이루는 구성 요소를 영토, 문화, 핏줄, 언어라고 밝혔다. 비록 영토가 다르고 제도가 달라도 핏줄과 언어가 같으면 같은 민족이라고 하면서 민족을 이루는 핵심 요소

• 북조선 로동당중앙본부 선전선동부 강연과, 『민족과 민족문제』, 로동당출판사, 1946, 10쪽.

로 핏줄과 언어를 강조했다.

북한에서 언어를 민족 구성의 핵심으로 보는 것은 우리말이 민족의 발생 단계부터 형성돼 단일성과 고유성을 유지했다는 입장에 근거한다. 북한에서 주장하는 우리말의 계통은 단군이 평양을 중심으로 한 고조선을 세웠던 때까지 거슬러 올라간다. 우리말은 단순한 종족어의 테두리를 벗어나 당당한 민족어로 발전했고 우리가 첫 민족 글자인 신지글자를 갖게 됨으로써 우리말과 우리글이 새로운 발전 단계에 들어서게 됐고 이후로는 단일성을 유지했다. 다시 말해 적어도 수만 년 전에 형성된 이후 다른 나라의 말들과 통합되거나 갈라진 적 없이 한 갈래로만 발전하면서 단일한 조선말을 사용했다는 것이다. 삼국시대에는 고구려어, 백제어, 신라어로 언어가 갈라져 있었지만, 이는 지역적인 방언 차이에 불과한 정도일 뿐 계통이 달라진 것은 아니라는 관점이다.

김정일은 언어와 민족 문제에 대해 떼려야 뗄 수 없는 관계로 봤다. "조선 민족은 각이한 기원을 가진 사람들의 그 어떤 혼혈 집단이 아니"라 "옛날부터 조선 땅에서 기원하여 하나의 피줄을 가지고 하나의 언어를 쓰면서 살아온 단일민족"이고 "우리들이 쓰는 말은 옛날부터 우리 선조들이 쓰던 고유한 말이며 그것은 단일민족의 유구한 력사와 함께 발전하고 풍부"화된 언어로 규정했다.•

이처럼 민족과 불가분의 관계로 봤던 언어에서도 분단의 그늘이 드리우고 있다. 2019년 북한은 우리국가제일주의를 선언하면서 언어를 국가 상징의 하나로 규정했다. 국가 상징은 국호나 국기와 같이 대외적으로 국가를 대표하는 상징물이다. 그런데 김정은 체제가 시작된 이후 국

• 김정일, 『언어와 민족문제: 김일성종합대학 학생들과 한 담화, 1964년 2월 20일』, 조선로동당출판사, 1999, 3~4쪽.

수(國樹) 소나무, 국조(國鳥) 까치(참매에서 까치로 2023년에 재설정), 국견(國犬) 풍산개, 국주(國酒) 평양소주와 함께 국어(國語)로 평양문화어를 지정했다.

평양문화어를 국가 상징인 국어로 지정한 것은 언어에서의 민족성보다 국가 정체성을 분명히 한 것이다. 대외적으로 조선 민족의 언어에서 조선 인민의 언어로서 조선민주주의인민공화국의 국어라는 점을 명시한 것이다.

2023년 1월에는 「평양문화어보호법」을 제정했다. 「평양문화어보호법」은 "비규범적인 언어요소를 배격하며 온 사회에 사회주의적 언어생활 기풍을 확립하여 평양문화어를 보호하고 적극 살려나가는 데 이바지"하기 위한 목적으로 제정한 법이다. 그런데 「평양문화어보호법」에서 규정한 비규범적 언어의 오염원은 '괴뢰'로 표현된 남한 말이다. 「평양문화어보호법」은 보호라는 표현을 쓰고 있지만 조항에서는 비규범적 언어의 유입·유포에 대한 엄중한 처벌을 규정했다. "어휘, 문법, 억양 등이 서양화, 일본화, 한자화되여 조선어의 근본을 완전히 상실한 잡탕말로서 세상에 없는 너절하고 역스러운 쓰레기말"(제2조 정의)로 규정한 "괴뢰 말투를 쓰는 현상을 근원적으로 없애"기 위한 처벌을 담고 있다.

남북이 공용으로 사용하는 호칭인 오빠도 괴뢰말의 영향으로 본다. 「평양문화어보호법」 제19조(괴뢰식부름말을 본따는 행위금지)에는 "소년단 시절까지는 '오빠'라는 부름말을 쓸 수 있으나 청년동맹원이 된 다음부터는 '동지', '동무'라는 부름말만을 써야 한다", "공민은 혈육관계가 아닌 청춘남녀들 사이에 '오빠'라고 부르거나 직무 뒤에 '님'을 붙여부르는 것과 같이 괴뢰식 부름말을 본따는 행위를 하지 말아야 한다"고 적시했다.

법 조항에서 구체적으로 특정한 언어를 규정해 사용을 금지하는 것은 매우 이례적인 일이다. 하지만 「평양문화어보호법」에는 일상생활에서 무심코 사용할 수 있는 언어까지도 각성하고 사용하라는 메시지를 담고 있다. 괴뢰 말투를 사용하는 공민은 물론, 괴뢰말이 유입될 수 있는 국경이나 강·하천 관리를 소홀히 하여 경내로 유입하도록 한 경우에도 "그가 누구이든 경중을 따지지 않고 극형에 이르기까지 엄한 법적제재를 가하도록 한다"고 밝히고 있다. 괴뢰 말투와 관련한 어떤 것이라도 유입과 유통을 근원적으로 없애기 위해 제정된 법이라는 것을 확인할 수 있다.

「평양문화어보호법」 제정과 관련해 주목되는 변화가 있다. 바로 국호의 사용이다. 북한에서 남한을 호칭하는 용어는 남조선이었다. 남북 사이에서는 남한이나 북한 또는 남조선이나 북조선을 사용하지 않았다. 통상 '우리 측', '귀측'이나 '남측', '북측'이라고 칭했다. 그런데 2024년부터는 대남 관련 기사나 담화에서는 남조선 대신 대한민국, 괴뢰한국이라고 표현하기 시작했다. 2024년 2월 27일 도쿄에서 열린 2024 파리올림픽 여자축구 최종예선 경기를 앞두고 열린 대표팀 기자회견장에서는 북한팀이라고 지칭한 남한 기자의 질문을 감독이 끊으면서 "국호를 제대로 불러라"고 항의하는 일도 있었다.

북한에서 민족을 이루는 공통 요인으로 규정한 네 가지는 영토, 문화, 핏줄, 언어다. 영토와 문화의 단절에 이어 언어의 단절을 선언한 셈이다. 북한은 이제 말도 섞지 말자고 헤어질 결심을 한 것일까?

폭파된 연락사무소, 해체된 개성공업지구지원재단

(공덕동 지방재정회관 9층)

우연의 일치였을까. 겨레말큰사전 남북공동편찬위원회가 입주한 지방재정회관에는 개성공단지원재단(정식 명칭은 개성공업지구지원재단)이 있다. 개성공업지구지원재단은 개성공업지구에 입주한 기업 지원을 목적으로

2022년 개성공단 전시회에 전시된 개성공단 직원들의 신분증.

2007년 12월에 출범한 재단이다. 주로 개성공업지구 입주기업의 인허가 업무, 출입경(남북을 오가는 출입 업무에 대해서는 대한민국 헌법에 따라 국가로 보지 않기 때문에 출입국이라고 하지 않고 경계를 넘나든다는 의미로 출입경이라고 한다) 업무, 노무 관리, 시설 관리 등을 지원했다.

개성공업지구는 한반도 평화와 공동 번영의 상징적인 공단으로 국내외의 주목을 받았다. 한때 120여 기업이 입주했고 북한 근로자 5만 5천 명이 근무할 정도로 활기를 띠었다. 하지만 북한의 연이은 핵실험과 장거리 로켓 발사에 대한 대응으로 2016년 2월에 가동을 전면 중단했고 이후 개점휴업 상태로 있었다. 그러던 중 2020년 6월 북한이 개성공업지구에 있던 남북공동연락사무소 건물을 폭파하면서 개성공단 재개에 대한 기대도 사라졌다.

이후 윤석열 정부가 들어서면서 남북 관계는 더욱 경색됐고 개성공업지구지원재단의 규모도 축소됐다. 마침내 2024년 3월 20일 정기이사회에서 해산을 의결했다. 이로써 개성공업지구지원재단은 개성공단 가동 중단 8년 만이자 재단 창립 16년 만에 역사 속으로 사라졌다.

남북교류협력지원협회

(중구 퇴계로 대연각 타워 601호)

남북교류협력지원협회는 통일부 산하의 사단법인으로 남북 교류 협력과 관련해 정부 위탁 업무 수행, 조사·연구 및 분석, 대정부 정책 건의 등을 통한 남북 교류 협력 활성화 지원을 목적으로 설립한 기관이다.

2006년 남북 당국은 남북 경공업 및 지하자원개발 협력사업에 합의했다. 당시 남한은 북한에 경공업 원자재를 제공하고, 북한은 남한과 함경남도 단천시의 3개 광산(검덕광산, 룡량광산, 대흥광산)을 공동으로 개발하기로 했다. 구체적으로는 남한에서 제공한 경공업 원자재를 광산에서 나오는 광물자원으로 상환하기로 했다. 2007년 남북은 합의를 이행하기 위한 기구를 각각 지정해 운영하기로 했고 동 사업을 위탁 수행할 비영리 전담 기구로서 남북교류협력지원협회가 생겼다.

남북교류협력지원협회는 2007년 5월에 설립된 이후 2007년 6자 회담 대북 에너지 설비·자재 제공사업 수행, 2008년 남북 군사당국 간 통신체계 개선사업 개시, 2009년 남북교역·경협 관리 사업 개시를 통한 남북교류협력 지원 업무를 진행했다. 2012년에 기타 공공 기관으로 지정돼 직제와 조직을 정비한 후 현재의 건물로 이전했다. 2015년에는 대북지원사업 통합관리체계 구축·운영 사업을 개시했고, 2018년에는 남북공동 유해발굴 자재·장비 지원사업, 남북 산림협력사업, 한강하구 공동조사 사업을 수행했고, 2019년에 남북교류협력 종합지원센터를 개소했다. 이후에도 한강하구 민간선박 시범항행, 남북 및 국제사회 대북협력 온라인 소통채널 구축, 인도협력 민간 역량강화 등의 사업을 진행했다.

남북교류협력지원협회가 위치한 대연각 타워는 대한민국 최악의 화재 사고이자 세계 최대 화재 사고의 하나였던 대연각 호텔 화재 사건이

났던 바로 그 건물이다. 1971년 12월 25일 성탄절 전야에 수많은 인파가 몰린 상황에서 발생한 화재 사건으로 엄청난 사망자가 발생했다. 대연각 호텔은 1969년 완공될 당시 지상 21층에 지하 2층 건물로 222개의 객실과 8대의 엘리베이터를 보유한 최고 호텔로 손꼽혔다. 서울 중심지인 명동에 위치해 있어 중요한 국가 행사를 비롯해 각종 행사가 열리는 연회장, 회의장으로 사용됐고 결혼식장으로 인기가 많았던 호텔이었다.

사업이나 자손이 불길처럼 번창하라는 의미에서 호텔 이름을 '대연각'이라고 지었는데 초대형 화재를 겪었다. 대연각 호텔 화재 이후 건물 주인도 바뀌었고 전면적일 리모델링을 거쳤지만 대연각이라는 이름은 여전히 유지되고 있다. 남북교류협력지원협회도 2014년에 대연각 타워로 옮기면서 남북협력사업이 불처럼 번창하기를 기대했던 것은 아닐까 싶다.

남북관계관리단(통일부 남북회담본부)과 북한대학원대학교

(종로구 삼청동)

지하철 3호선 안국역 2번 출구를 나오면 곧바로 종로02번 마을버스 정류장을 마주한다. 버스를 타고 재동초등학교, 가회동주민센터, 사우디대사관을 지나면 감사원이 나온다. 감사원을 끼고 성균관대학교 후문, 와룡공원 방향으로 꺾으면 통일부라는 정류장이 나온다. 통일부라는 정류장 이름이 뜻밖이다. 아는 사람도 별로 없고, 내리는 사람도 거의 없다.

버스에서 내리면 두터운 철문으로 가로막힌 담장 옆으로 하얀색 5층 높이의 건물이 보인다. 2023년까지 '남북회담본부'로 불리던 '남북관계관리단' 건물이다. 지금은 통일부의 기관이지만 출발은 중앙정보부 기관이었다. 탈냉전의 기류를 타고 남북 대화가 시작된 1971년 8월 20일

판문점에서 개최된 남북적십자회담 제1차 접촉 이후 1971년 9월 1일 대한적십자사에 남북적십자회담사무국이 설치됐다. 그리고 이듬해인 1972년 7월 4일 분단 이후 처음으로 남북이 통일과 관련해 합의한 공동 성명을 발표했다. 이를 계기로 중앙정보부에 남북조절위원회 남측사무국이 설치됐다. 중앙정보부 남북조절위원회 남측사무국은 1973년에 대한적십자사의 남북적십자회담 사무국을 통합하여 남북 대화를 위한 기구로 운영됐다. 1980년에 명칭을 남북대화사무국으로 변경하고 운영 기관도 통일부의 전신인 국토통일원으로 이관했다. 1992년에 남북회담사무국으로, 2006년에 남북회담본부로 변경했다가 2023년 9월에 남북회담본부에서 한 단계 낮춘 남북관계관리단으로 바꾸었다.

남북관계관리단은 일반인의 출입이 제한되는 곳이다. 일반인이 찾지 않는 위치에다 두툼한 담벼락과 육중한 철문 그리고 정문의 관리 초소는 영화에서 본 듯한 익숙한 풍경이다. 입구 왼편으로 난 에스(S) 자 모양의 길을 따라가면 회색의 건물이 나온다. 실제로 남북 사이의 은밀한 회담이 이뤄졌던 곳이다.

남북관계관리단에서 삼청동 방향으로 바라보면 감사원이 있다. 감사원 옆으로 신축한 베트남대사관이 있다. 베트남대사관 옆에는 청기와를 얹은 범상치 않은 건물이 보인다. 국내 유일의 북한 전문 대학원 과정을 운영하는 북한대학원대학교다. 1989년 경남대학교 행정대학원 북한학과를 시작으로 2004년에 별도의 대학원으로 승인받아 2005년에 문을 연 북한 전문 대학원이다. 이 학교에서는 정치통일전공, 법행정전공, 군사안보전공, 경제IT전공, 사회문화언론전공, 통일교육전공 등 여섯 개 하위 전공의 석박사 과정을 운영한다.

국립통일교육원

(강북구 수유동)

국립통일교육원은 서울 강북구 수유동에 있다. 지하철 4호선 수유역에서 내려 버스나 택시를 이용해 갈 수 있다. 4번 출구를 나와 마을버스 강북01번을 타면 20분 정도 소요된다. 수유역 6번 출구로 나와 지선버스 1119번을 타도 된다. 약 10분 정도 가면 종점인 강북청소년수련관이 나오고 그곳에서 내려 다시 10분 정도 걸어야 한다. 언덕길이기는 하지만 북한산 자락이 펼쳐 내는 풍경이 일품이다.

국립통일교육원은 북한산둘레길 3구간인 흰구름길(북한산생태숲에서 국립통일교육원)의 종착점이자 시작점이다. 도심에서 벗어나 산자락에 올라 있는 국립통일교육원이 그림 같은 풍경으로 다가온다. 국립이라는 명칭이 무색하게 피라미드 모양의 지붕을 얹은 본관이며, 사선으로 깎인 생활관 건물들은 숲속에 세워진 박물관이나 미술관 같은 풍경을 연출한다. 산을 깎아 땅을 평평하게 만들지 않고 지형을 최대한 이용해 건물의 높낮이 차이를 만들었기 때문이다.

국립통일교육원은 통일부 기관으로 통일 교육과 관련된 정책 연구, 교

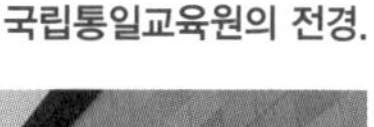
국립통일교육원의 전경.

육 활동을 수행하는 기관이다. 남북 대화가 시작된 1972년 통일연수소로 개소한 이래 조직을 확대하고 개편했다. 1986년에 통일연수원으로, 1996년에 통일교육원으로, 2021년에 국립통일교육원으로 명칭을 변경했다.

국립통일교육원에서는 통일에 관한 국민의 인식을 높이고 통일에 대한 이해 증진을 목적으로 통일 교육, 연구, 국제 협력 프로그램을 운영한다. 남북 교류가 한창일 때는 북한 방문 안내 교육을 주관하기도 했다. 핵심은 통일 교육이다. 학교, 기업, 지자체, 시민단체, 전문가를 대상으로 통일 교육 프로그램을 운영한다.

『논어(論語)』「안연(顔淵)」편에서 자공은 공자에게 정치의 핵심이 무엇인지 물었다. 그러자 공자는 "먹을 것을 넉넉히 하고, 국방을 튼튼히 하고, 국민의 믿음을 얻는 것이다"라고 말했다. 다시 자공이 세 가지 중에서 하나를 버려야 한다면 무엇을 버리고, 또 하나를 버려야 한다면 무엇을 버려야 하는지 묻자 공자는 마지막까지 지켜야 할 것은 신(信)이라고 했다. 병사를 버리고 식량을 버려도 신뢰를 버리면 안 된다고 했다.

정책은 신뢰가 기본이다. 신뢰가 없으면 정책을 입안할 수 없다. 통일 정책도 다르지 않다. 신뢰가 있어야 한다. 통일 정책도 국민에게 신뢰를 얻어야 한다. 통일 노래를 부르고 통일 포스터를 그린다고 통일을 준비하는 것이 아니다.

대한민국의 통일 정책은 신뢰도가 매우 낮다. 통일 정책은 일관성이 없고 통일을 위한 준비에 투자하는 예산 규모는 다른 정책과 비교조차 할 수 없는 수준이다. 의지를 보여 주고 목소리를 높인다고 통일 의지가 결집되는 것이 아니다. 조용하면서도 실속 있는 추진으로 국민의 신뢰를 얻는 것이 출발이다.

기억의 전승, 공간의 정치: 서울의 기념관·박물관

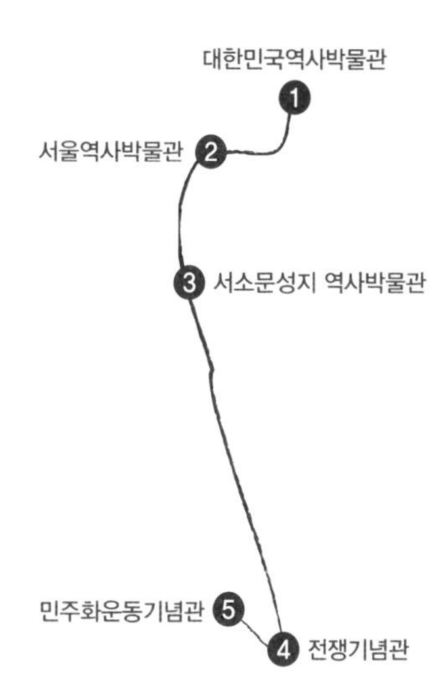

박솔지

기념관 혹은 박물관과 같은 역사적 사건과 유물, 기억 등을 전시하는 공간은 근대 국민국가의 등장 및 성장 과정과 궤를 같이한다. 왕정을 무너뜨리고 공화정을 세운 18세기 프랑스의 대혁명은 새로운 시대에 새로운 형태로 새 역사를 만들어 갈 영광스러운 조국이 지나온 길을 기념관, 박물관, 백과사전, 기념물, 기념일과 같은 것을 통해 관리하는 체계를 만들었다. 그렇게 탄생한 것이 바로 관리된 집단적 기억의 매체, 기념관과 박물관이다.

그런데 국가에 의한 역사의 전시장이자 국가의 전유물이나 다름없었던 이 공간들은 1990년대 이후 큰 변화를 맞이했다. 그것은 기념박물관(Memorial Museum)의 등장이다. 기념박물관은 구조적인 폭력이 낳은 한 사회의 고통, 희생, 아픔과 연결된 특정한 역사적 사건을 상기함은 물론, 사회적 애도와 성찰을 위한 역할을 자처하는 전시 공간이다. 이러한 성격의 박물관은 국가의 입장에서 요구된 방식으로만 역사를 기억하고 기념하는 기존 체제에 대해 문제를 제기하며 조성됐다. 또 한편에서는 국가의 역사를 위해 얼굴을 드러낼 수 없었고 목소리를 낼 수 없었던 사람들의 일상, 그 일상의 공간으로서 로컬의 특성과 역사를 조명하는 전시 공간도 조성되고 있다. 이러한 곳은 도시박물관이라고 부르기도 한다.

이런 사회적 변화는 왜 일어나고 있는 것일까? 바로 집단의 사회적 기억을 어떤 방식으로 전승하는가에 따라 그 사회의 미래가 달라지기 때문이다. 국가는 국가의 방식으로, 시민은 시민의 방식으로 집단이 만들어 갈 미래의 사회적 합의를 구성하는 토대로서, 집단의 기억 쓰기를 향한 공간의 정치가 발생하는 것이다. 그리고 기념관과 박물관은 그와 같은 공간의 정치가 작동하는 핵심적인 공간이다.

그래서 서울의 기념관과 박물관을 통해 기억의 전승을 둘러싼 공간의 정치가 어떻게 전개되고 있는지, 다섯 곳의 공간을 그 터의 역사적 켜 속에서 돌아보기로 했다. 광화문의 대한민국역사박물관부터 용산의 민주화운동기념관까지. 이들 공간은 기념관 혹은 박물관이라는 공통점으로 묶이지만 그곳에서 기억을 재현하는 방식은 각각 다르다. 그것은 바로 그곳이 서 있는 자리와 거기에 박물관으로서 세워지기까지 과정이 다르기 때문이다.

대한민국역사박물관: '우리'의 현대사, '대한민국'의 역사

첫 방문지인 대한민국역사박물관은 대한민국의 역사를 함축하는 국가 상징거리 광화문광장을 바라보는 곳, 세종로에 자리하고 있다. 건립 논의가 시작됐을 때부터 번번이 이념 논쟁의 중심축에 놓여 있는 대한민국

역사박물관은 대한민국 건국 60주년을 기념해 현대사박물관을 조성하겠다는 취지에서 추진돼 2012년 12월에 개관했다.

박물관으로 들어가기 전, 광화문광장에서 차도 너머에 있는 대한민국역사박물관을 바라본다. 그러면 박물관이 바로 옆에 있는 주한미국대사관 건물과 비슷한 윤곽을 갖고 있다는 것을 알 수 있다. 두 건물이 비슷한 시기에 같은 건축회사에서 지은 것이기 때문이다. 지금은 용도가 달라지면서 약간의 외형적 차이를 갖게 됐지만, 이전에는 쌍둥이 빌딩으로 불렸을 만큼 두 건물은 유사했다.

광화문광장에서
바라본
대한민국역사박물관과
주한미국대사관.

지금의 박물관 건물은 애초 정부 청사 용도로 짓기 시작했지만 5.16군사정변 이후인 1961년 9월 15일에 공사가 마무리되면서 국가재건최고회의에서 이곳을 사용했다. 그리고 1963년 12월에 국가재건최고회의가 해체된 후에야 경제기획원과 재무부 청사가 들어와 정부 청사의 일종으로 사용됐다. 그러다 1985년에 과천 정부 제2청사가 지어지고 경제기획원이 과천으로 옮겨가면서 1986년부터는 문화공보부 청사로 사용됐다. 그 후 줄곧 문화체육관광부 건물로 사용됐던 건물은 2010년 11월에 리모델링 공사를 거쳐 대한민국역사박물관이라는 새 얼굴을 갖게 됐다.

나란히 서 있는 주한미국대사관 건물 역시 처음부터 미 대사관을 목적으로 지어진 것은 아니었다. 1960년 2월에 정부 청사 옆으로 주한미국경제협조처, 즉 미국의 원조 업무 관장 기관인 유솜(United States Operation Mission to Republic of Korea, USOM)이 사용할 청사를 신축한다는 계획이 결정됐고, 그 후 1970년 12월까지 유솜이 이 건물을 청사로 썼다. 대한민국의 정부 청사 목적으로 쓰인 건물이 미국의 원조 업무 관장 기관 건물과 나란히 지어져 현대사를 주제로 하는 국립박물관과 주한미국대사관으로 나란히 서울 중심부에 자리하고 있다는 것만으로도 한국 현대사의 한 단면을 상징적으로 보여 주는 듯하다.

박물관이라는 공간 자체가 국가의 기억을 주조하는 거푸집으로 출발한 공간이라는 역사를 갖기는 하지만 그곳에서 재현되는 역사는 사회의 성격이 달라지고 국가의 운영 방식에 변화가 생겨나면 내용적인 변화를 필연적으로 수반하기 마련이다. 즉, 일방적으로 권력을 대변하거나 역사적으로 정당화하는 곳이 아니라 그동안 보이지 않았던 역사 속의 보통 사람들의 일상을 이해하거나 비극적인 과거를 반복하지 않도록 성찰하는 메시지를 던지는 곳으로 변모하기도 하는 것이다. 그렇지만 국립박물관은 여전히 사회적 인식의 변화보다 정부의 입장을 발 빠르게 공공의 기억의 차원으로 받아들이도록 하기 위한 기억의 정치가 민감하게 작동하는 공간이다. 대한민국역사박물관은 바로 그런 대표적인 곳이라고 할 수 있다.

개관 직후 박물관이 처음으로 마주한 평가는 "정책홍보관에 지나지 않는다"라는 것이었다. 대한민국의 성공 신화를 반공 국가주의적인 관점에서 초점을 맞춰 국가의 이미지와 성장 지표만 나열했다는 이유였다. 이곳은 현대사를 단독 주제로 삼아 조성되는 국립박물관답게 절차상에서 소통의 부재와 비민주성, 비전문성에 대한 문제 제기를 줄기차게 받았다. 그리고 동시에 설립·운영 주체·전시 기획에 이르는 구체적인 정책 대안 역시 계속해서 제시됐다.

계속된 피드백과 더불어 정권이 교체되면서 2020년, 박물관은 새로운 상설 전시로 대대적인 개편을 했다. 이전과 달리 새로운 전시는 정부의 실적을 홍보하기보다 현재의 이곳을 만들어 온 사람들이 누구였는지, 어떤 사건이 있었는지를 담는 데 주력했다. 특히 대한민국 정부 수립을 제주 4.3, 여순사건과 함께 배치하고 정부 수립 과정을 북의 정부 수립 과정과 나란히 보여 주는 방식은 이전의 상설 전시와는 대조적인 것으로 평가됐다.

2020년에 새롭게 선보인 전시에서는 국가의 기억만으로 줄곧 왜곡되거나 누락됐던 것을 국민의 기억으로 가져오려는 듯한 인상을 주었다. 그래서 그것은 한편으로 대한민국의 역사가 모두가 만든 결과물이라는, 과거와는 얼굴을 달리한 애국주의를 다소 미지근한 태도로 보여 주고 싶어 하는 것 같기도 했다. 특정 입장을 선명하게, 감정적인 효과를 동반하는 방식으로 전시를 구성하기보다 단조로운 벽장형 패널 전시와 터치스크린을 중점적으로 활용하면서 그동안은 제시되지 않았던 것을 동시에 보여 주는 방식을 택했기 때문이다. 하지만 새 정부가 들어서면서 다시 개

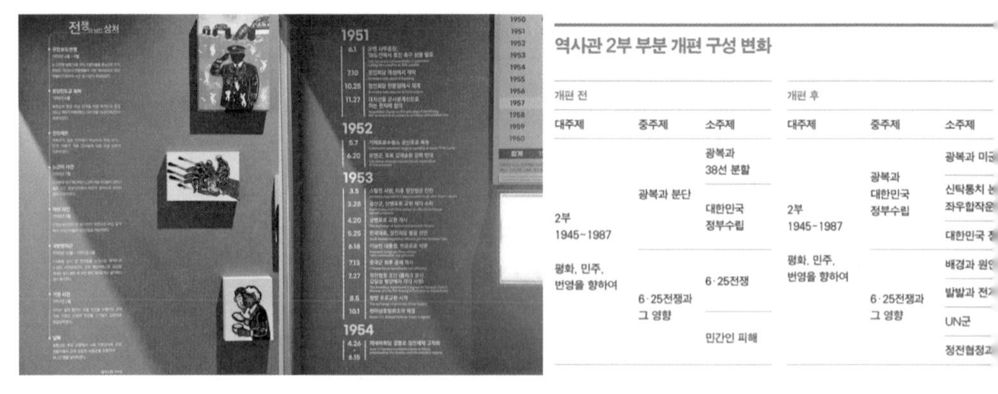

역사관 2부 부분 개편 구성 변화

개편 전

대주제	중주제	소주제
2부 1945~1987 평화, 민주, 번영을 향하여	광복과 분단	광복과 38선 분할
		대한민국 정부수립
	6·25전쟁과 그 영향	6·25전쟁
		민간인 피해

개편 후

대주제	중주제	소주제
2부 1945~1987 평화, 민주, 번영을 향하여	광복과 대한민국 정부수립	광복과 미
		신탁통치 좌우합작운
		대한민국
	6·25전쟁과 그 영향	배경과 원
		발발과 전
		UN군
		정전협정

2020년 개편 당시와 2022년 개편 후 같은 자리의 전시 그리고 개편 전후의 내용.

편된 상설 전시를 보니 그때의 그 아쉬움마저 그리워지고 말았다.

2020년 개편된 전시에서 한국전쟁을 다루던 부분은 비교적 간략하게 다뤄졌다. 그래서 마치 민감한 논쟁을 최대한 조용히, 자극적이지 않은 방식으로 드러내고 싶은 것 같은 인상을 받았다. 짧은 전쟁 파트의 한쪽 모퉁이에는 「전쟁이 남긴 상처」라는 주제 연표가 전쟁 기간 벌어진 민간인 학살 일러스트들과 함께 배치돼 있었다. 연표에 포함됐던 국민보도연맹 학살, 한강 인도교 폭파, 거창 사건처럼 대한민국의 권력에 의해 벌어진 범죄는 이전에 이 공간에서 보여 주고 싶었던 국가의 얼굴과는 전혀 다른 국가의 민낯을 드러내는 의도로 선택된 것이었다.

연표에 기재된 사안은 이미 2000년대 이후 진실·화해를 위한 과거사위원회 활동을 통해 진실 규명이 이뤄진 것이었지만 한국 현대사를 주제로 삼은 이 박물관에 자리를 잡기까지 오랜 시간이 걸렸다. 그러나 긴 시간이 흘러 겨우 한 구석에 자리한 우리 현대사의 한 장면은 새로 개편된 전시에서는 모두 자취를 감추고 말았다. 이상하리만큼 짧게 다뤄졌던 전쟁 파트는 "학계 및 사회 각계의 의견을 수렴해 국민 눈높이에 보편타당한 역사 인식을 반영"해 대대적으로 개편됐다. 2022년 7월과 12월, 분단과 전쟁을 다루는 전시 파트는 긴 세월 우리에게 익숙했던, 남북의 적대적 대결과 유엔-중국 사이의 편 가르기를 자극하는 냉전적이고 국가주의적인 내용으로 전면 교체·확대됐다.

새 정권의 기조에 충실하게 교체된 전시는 대한민국역사박물관이 지금 우리 사회에서 이데올로기의 전시장이자 문화적 프로파간다의 주요 장치의 하나로 기능하고 있다는 것을 보여 준다. 냉전적이고 분단국가주의적인 독재 권력의 폭력을 걷어 내고 보다 평화적이고 민주적인 사회를 만들려고 했던 고민의 산물은 새 도배지로 뒤덮이고 말았다.

한편 박물관 곳곳에서는 한미동맹 70주년을 기념해 한미동맹과 한국전쟁의 영웅을 칭송하는 특별 전시가 진행되고 있었다. 그 덕에 버젓이 국가 폭력을 자행하다 단죄된 옛 대통령들이 자랑스러운 역사의 한 장면 속으로 소환되고 있었다. 독립군을 토벌한 간도특설대의 경력을 가진 인물 역시 전쟁의 영웅으로 추앙되며 대대적으로 그 얼굴과 업적이 전시를 통해 치하되고 있기도 했다. 이 박물관이 여러 연령대의 관람객이 활발히 방문하는 곳이긴 하지만 곳곳에서 마주치는 열성적인 어린이 관람자들을 보며 유독 착잡한 마음이 들었다.

이처럼 가장 쟁점적인 주제와 관련된 상설 전시는 빠르게 교체되고 박물관 안팎의 기획 전시 역시 모두 같은 기조의 다른 버전으로 진행되고 있었다. 하지만 같은 시기 박물관에서 진행하는 여러 교육 프로그램

한미동맹 관련 특별전시.

냉전과 전쟁 문제를 고민하는 프로그램.

만큼은 그러한 변화에 온전히 따라가지 않는 것처럼 보이기도 했다. 냉전과 분단이 남긴 상처와 국가주의를 성찰해 볼 수 있는 주제로 짜여 있었기 때문이다. 비록 전시라는 박물관의 핵심적인 측면에서는 주도권을 상실한 것처럼 보이지만 교육과 연구라는 박물관의 또 다른 기능 측면에서는 퇴행적인 방식에 휩쓸리지 않기 위한 분투가 나름대로 진행 중인 것이다.

대한민국역사박물관에서 우리는 집단이 어떻게 역사를 기억하고 후대에 전승하려고 하는가, 대중이 수용할 수 있는 기억의 테두리를 어디까지 형성하려고 하는가가 국가의 정치적 앞날에 결정적인 요소가 된다는 것을 새삼 확인한다. 그들의 향방 또는 우리의 향방을 둘러싼 힘겨루기가 지금 박물관에서 벌어지고 있다. 국가의 기억, 국민의 기억을 넘어 시민의 기억으로 미래를 만들어 갈 장소가 되도록 하려면 그 힘겨루기의 장에 우리는 어떻게 개입해야 할까? 명확한 것이 없는 와중에 확실한 한 가지는 지속적인 개입과 관심이 꼭 필요하다는 것이다.

광화문광장을 지나 서대문 방향으로 다시 걸음을 옮긴다. 세종대로사거리에서 새문안교회 쪽으로 5분 정도 걸으면 경희궁지 자리에 터를 잡은 서울역사박물관을 만난다. 옛 서울고등학교의 부지였던 이곳은 1985년에 경희궁지가 사적으로 지정되면서 공공재산이 됐다. 그 후 여러 논의를 거쳐 이 자리에 서울시립박물관을 건립하자는 결론이 났다. 그렇게 이곳이 지금의 박물관으로 정식 개관한 것은 2002년이다. 처음 논의가 시작된 1980년대 중반부로부터 꽤 오랜 시간이 지난 때였다.

1993년 기공식을 시작한 박물관 건물은 1997년 말에 준공됐는데, 전시 시설 공사는 2002년까지 이어졌다. 경희궁이라는 장소성과 사적 복원 이유로 인해 건축 설계안도 여러 차례 변경됐지만 기공식 시점부터 17년의 세월이 지나는 동안 무엇보다 박물관 내부 전시 골격에 대해 많은 논의가 있었다. 긴 과정을 거치면서 전시의 기본 계획안은 최초 박물관 건립 논의가 제기됐던 1980년대의 관점에서 벗어나 서울이라는 도시가 가진 개성을 강조하자는 방향으로 변경됐다.

그렇게 서울역사박물관은 도시박물관을 표방하며 개관에 이르렀다.

옛 경희궁지에 자리한 서울역사박물관.

일반적으로 도시박물관의 건립은 도시 개발이 대대적으로 진행되는 시점에 도시 유산의 보존 문제를 둘러싼 갈등이 오고 가며 만들어진다는 특징을 갖는다. 파리역사박물관이나 암스테르담박물관이 대표적으로 이런 사례에 들어간다. 그런데 서울의 경우, 처음에는 도시의 물리적인 개발 자체보다는 86서울아시안게임이나 88서울올림픽과 같은 국제대회 개최를 위한 도시의 위상을 제고하자는 목적에서 박물관 건립 논의가 제기됐다. 그래서 건립 논의 당시 이 박물관의 기본 방향은 서울을 한양과 대한민국의 상징성을 부각하는 장소라는 관점에서 재현하는 것이었다.

이렇게 서울의 역사를 주제로 삼아야 할 서울역사박물관이 대한민국의 역사를 대변하는 공간이어야 한다는 사고의 경향은 우리가 오랜 세월 서울 중심의 중앙집권적인 체제에서 살았기 때문에 생긴 것이다. 그동안 서울은 서울이라는 특수성보다 국가의 얼굴이자 상징이라는 차원에서만 주목됐다. 그렇기 때문에 역설적으로 서울과 서울을 살아가는 사람들의 역사는 제대로 보이지 않았다. 국가의 역사를 보여 주는 방식으로는 권력자들이 살아온 공간과 사건 이상을 조명하기 어려웠기 때문이다.

이렇게 중앙집권적 상징적 공간으로서만 서울을 바라보는 방식은 서울이라는 공간의 특수성, 서울을 살아가고 있는 수많은 사람의 삶과 기억을 제대로 드러내지 못할 뿐 아니라 서울과 그 외의 도시들을 위계화하고 서열화함으로써 다른 도시들의 모습 역시 제대로 드러낼 기회를 가려 버리고 만다. 서울이 국가의 무엇이 아니라 하나의 도시로, 다른 도시들과 평등한 관점에서 기억될 수 있어야 이와 같은 문제점이 해소될 수 있다.

다행히 민주화가 진행되면서 지배 권력의 유산을 중심으로 권력자 중심의 거대 서사와 국가를 강조하는 방식의 관점이 오히려 서울이라는 도시를 보여 주기에 한계가 있다는 생각이 주를 이루게 됐다. 이에 따라 서울이라는 도시가 갖는 환경과 역사, 그 안에서 살아가는 사람들의 일상과 문화와 같은 것이 서울역사박물관의 기본적인 전시 골격으로 자리를 잡게 됐다. 조선의 수도, 대한민국의 수도 서울이라는 틀을 넘어 서울이라는 도시 공간의 로컬리티(locality)를 담은 역사박물관으로서의 성격을 세울 수 있게 된 것이다.

이런 관점에서 초기 상설 전시의 구성에서는 선사시대부터 현대에 이르는 서울의 역사를 모두 포괄하려고 했지만, 최종적으로는 조선시대 이후부터 현대까지의 역사가 상설 전시의 주제로 다뤄지게 됐다. 전시는

서울의 역사적 변천을 도시 공간의 형태와 함께 이해할 수 있도록 구성된 전시.

조선시대에서 시작해 개항 및 대한제국기, 일제강점기, 해방 이후의 시대순을 따라 짜여 있다. 시대의 변천에 따라 서울의 핵심 공간과 골격, 경관과 쓰임이 어떤 변화를 겪었는지를 구체적인 형태를 통해서 이해하기에 좋다는 것이 바로 이 박물관의 특징이자 장점이다. 한 사회의 성격이 변하면 도시의 성격이 달라진다는 것, 나아가 그곳을 살아가는 사람들의 삶의 형태와 풍경 역시 달라질 수밖에 없다는 도시학의 아이디어를 관람을 통해 느껴 볼 수 있다.

또한 서울이 단지 통치자들의 공간이 아니라 사람들이 살아가는 일상의 공간이었다는 것을 다양한 전시를 통해 재현하고 있다. 조선시대 한양의 중심지 운종가 시전의 모습을 보여 주는 전시, 소설 『천변풍경』의 장면으로 일제강점기 서울 사람들의 생활공간을 보여 주는 전시, 소설 『목마른 계절』을 애니메이션화해서 해방부터 한국전쟁기까지 서울에 살았던 사람들이 겪었던 격동과 아픔을 보여 주는 전시 등이 대표적이다.

2010년에는 박물관 내부에 도시모형전시관이 추가로 개관했다. 이곳에서는 1/1,500로 축소된 서울 모형을 내려다보면서 서울의 역사적 변천과 그곳에서 살아가는 사람들의 일상을 담은 영상을 시청할 수 있다. 이처럼 이곳이 서울이라는 공간의 역사를 잘 이해할 수 있는 장소기도

도시모형전시관에서는 서울의 공간을 시간적 변천과 함께 이해할 수 있다.

하고 광화문과 가까운 서울 도심부에 있다 보니 평일과 주말을 가리지 않고 많은 외국인 관람객이나 어린이 관람객이 찾는다. 그런데 그것보다 흥미로웠던 것은 박물관 인근의 직장인들이 점심 식사 후 짧은 휴식을 즐기는 산책 장소로 이곳을 이용한다는 점이었다. 수다 반, 관람 반으로 전시관을 돌아보는 사람들을 보면서 지금 이 순간의 서울은 어떤 일상으로 채워지고 그려져 훗날 이 박물관의 전시 속 한 장면으로 들어오게 될지 궁금해졌다.

서소문성지 역사박물관: 잊힌 곳에서 애도와 성찰의 메시지를 전하는 공간으로

이제 서울역사박물관에서 서소문성지 역사박물관으로 이동한다. 걷기에는 거리가 좀 있는 편이라 버스를 탔다. 박물관 앞 정류장에서 버스를 타면 15분 안에 박물관이 있는 서소문역사공원에 도착한다. 공원과 박물관은 서소문 건널목 쪽에서 들어갈 수도 있고 염천교 수제화 거리 쪽에서 들어가는 방법도 있다.

염천교 수제화 거리 쪽으로 가면 곧장 박물관 건물로 가는 진입로를 먼저 만나고, 서소문 건널목 쪽에서 들어가면 야외 공원의 여러 전시물을 지나 지하로 걸어 내려가는 별도의 진입로를 만난다. 서소문역사공원은 사실상 박물관과 하나의 서사로 함께 조성된 공간이다. 빌딩 숲 사이에서 만난 너른 잔디의 공원에는 망나니들이 처형을 집행하기 전에 칼을 씻었다는 우물인 뚜께우물 터, 얇은 담요를 얼굴까지 덮어쓰고 잠을 자는 모습의 노숙자 예수상, 신유박해(1801)·기해박해(1839)·병인박해기(1866~1873)를 거치며 이곳에서 처형당한 천주교인을 기리는 순교자 현양

서소문 건널목 쪽 입구(왼쪽)와 염천교 수제화 거리 쪽 입구(오른쪽).

탑을 비롯한 다양한 기념물들이 곳곳에 자리하고 있다.

기념물들을 통해 짐작할 수 있는 것처럼 공원과 박물관이 자리 잡은 이곳 서소문 밖 네거리는 당고개, 새남터, 절두산과 더불어 조선시대 당시 공식적인 참형장에 해당하는 곳이었다. 서소문은 소의문(昭義門)이라고도 불렸던 문으로 남대문과 서대문 사이에 있는 간문(間門)이었다. 그리고 서소문 밖은 사직단 서쪽에 처형장을 두어야 한다는 『예기』의 뜻을 따라서 둔 처형장이기도 했다. 특히나 1800년 이후부터 이곳은 성리학적 사회질서를 위협하는 이들로 여겨졌던 천주교도들의 처형이 주로 이뤄진 장소였다. 이곳은 해당 자치구인 중구청이 청소차 차고지로 사용하려던 것을 2011년 천주교 서울대교구에서 서소문 밖 역사 유적지를 관광자원으로 조성하는 사업을 제안하고 이것이 받아들여지면서 2019년 6월, 박물관과 역사공원으로 개관하게 됐다.

이렇듯 공간은 천주교라는 종교와 깊은 연관이 있기는 하지만, 단지 특정 종교의 내용만을 담아 조성된 것은 아니다. 공원과 박물관은 서소문 밖 네거리라는 공간이 갖는 역사와 다른 사상을 가졌다는 이유로 죽음에 이르게 됐던 이들을 애도하고 추모하는 메시지를 함께 고민할 수 있는 곳으로 만들어졌다. 그런 의도에 맞게 박물관 지하 3층에 있는 두 개의 상설전시실은 각각 조선 후기 사상계의 전환기적 특성과 서소문 밖 역사 유적지라는 주제로 짜여 있다. 이를 통해 18세기를 전후한 조선 후기에 주류였던 성리학은 물론, 양명학·실학·서학·동학·그 외 여러 종교 신앙 등 다양한 사상이 성행하고 있었다는 것을 보여 주고, 조선시대부터 일제강점기, 해방 이후에 서소문 밖 네거리가 어떤 역사적 변천을 겪었는지를 보여 준다.

조선시대 당시, 서소문 밖 네거리 일대는 강화를 거쳐 양화진·마포·용산 나루터로 들어오는 삼남 지방(충청·전라·경상)의 물류가 집결해 도성으로 반입되는 통로였다. 또한 도성의 안과 밖을 잇는 길이 교차하는 번화한 곳이었다. 그래서 17세기 후반 이후, 이 지역은 칠패시장과 서소문 밖 시장이 서로 이어지면서 크게 번성할 수 있었다. 게다가 중국으로 향하는 의주로와 맞닿은 곳이었기에 서소문 밖 네거리는 점차 한양도성 바깥의 대표적인 상업 활동의 공간으로 발전했다.

이곳이 그처럼 번화했기에 기득권의 입장에서는 많은 사람에게 경각심과 공포심을 불러일으키기에 보다 적합한 곳이라고 여겨졌을 것이다. 그래서 서소문 밖 네거리에는 천주교인 이외에도 근대의 굵직한 사건과 관련된, 권력에 대항하다 실패한 반란자들의 머리가 걸려 있었다. 신식 군대 개편 이후 신식 군대와 구식 군대 사이의 차별 대우에 불만을 품은 구식 군인들이 반기를 들며 발생한 임오군란의 주동자 원갑식은 바로 이곳에 효수됐다. 동학농민운동을 이끌었던 인물 중 한 명인 김개남 또한 전주에서 처형된 후 이곳에 사흘간 효수됐다.

그렇게 해서라도 조선의 기득권 세력이 아득바득 지켜 내려 했던 권력은 제국주의 열강들에 치여 휘청거렸고, 무력하고 환멸스러운 모습을 보이기도 했다. 반면 최후의 승자 일본에 의해 빠르게 갉아먹히는 와중에서도 사람들은 쉽게 포기하지 않았다. 이곳은 그런 역사 역시 간직하고 있다. 1907년, 일제는 군대 해산령을 내렸고 이에 저항하는 대한제국 군인들이 정미의병을 일으켰다. 그중 중앙군이 남대문에서 서소문에 걸친 지역에서 일본군과 시가전을 벌였다. 이는 도성 안에서 일본에 대항해 싸운 유일한 전투였다.

이후 일제 침략이 본격화되는 과정에서 서소문 밖 네거리 옆으로는 경의선 철로가 놓였다. 이에 따라 이 지역은 철도 시설 용지가 되면서 점차 주변으로부터 고립되기 시작했다. 1914년에는 일제의 도시계획에 따라 인근 성곽과 함께 서소문이 철거됐고, 1927년에는 철로 안쪽으로 수산물 시장이 개설되면서 조선시대 당시 처형장의 흔적은 사라졌다. 지금은 사라진 만초천이 그때만 해도 이곳까지 흘렀기 때문에 수산물 시장의 존재를 통해 우리는 한강에서 용산을 지나 이곳에 이르는 배가 만초천으로 오가며 어물을 거래했을 것이라 짐작할 수 있다.

해방과 분단 후, 산업화 시기에 이르러 서소문은 또 한 번 변화를 겪었다. 1966년, 서울에 고가차도가 건설되면서 이 지역은 통과 지대로 변화했다. 그러면서 점차 서소문 밖 네거리가 갖는 역사성은 잊히기 시작했다. 1973년에 지하 공영주차장과 쓰레기 재활용 집하장 등의 시설이 서소문 근린공원과 함께 조성됐지만 철로와 고가차도로 인해 사람의 접근이 쉽지 않은 이곳은 이전과 같은 활발함을 찾을 수 없는 곳으로 변해 갔다.

그렇지만 공간의 역사는 우리가 공평도시유적전시관에서 이미 확인한 것처럼 완전히 사라지지 않는다. 오랜 세월 이미 지워져 버렸다고 생각했던 과거의 시간과 기억은 오늘날 공원과 박물관이라는 문화적 기억 공간으로 다시 불려 와서 이전에는 주어지지 않았던 의미와 함께 우리와 마주하게 된다. 서소문역사공원과 박물관이 단지 종교적인 의미만 담아 조성된 장소였다면 이곳에서 사라질 뻔한 역사 속의 상흔들이 종교와 무관한 사람으로서는 감흥 없는 옛일 정도로 여겨졌을 것이다.

하지만 지금 이곳은 이 자리에 잠겨 있던 역사의 층을 불러내고 그중에서도 새로운 시대적 변화 앞에 등장했던 다양한 목소리 중 하나로 순교자들을 바라보며 그 후로도 이어진 우리라는 역사에서 탄압됐던 아픔의 정념을 떠올리게 한다. 그리고 그런 그들의 의지와 기개에 대해 한번 생각하게 하고, 또 그들의 죽음을 애도하고 추모하도록 이끌며, 그렇게 서소문 밖 네거리라는 자리에서 반복하지 말아야 할 잘못된 역사가 무엇인지를 이야기한다.

지하 1층, 진입 광장에 들어서면 청동으로 만든 조형물인 「순교자의 칼」과 박물관 입구 바로 옆, 시멘트로 만든 「수난자의 머리」가 보인다. 「순교자의 칼」은 조선시대 죄인들의 목에 씌웠던 칼을 형상화해 중첩 배열한 설치물이다. 그것은 천주교인뿐만 아니라 서소문 밖 네거리에서 목

「순교자의 칼」과 「수난자의 머리」.

숨을 잃었던 의로운 이들의 희생을 기억하려는 의도를 가진 작품이다. 땅을 뚫고 나와 하늘로 치솟는 형태는 의로운 이들의 기개를 상징한다. 한편 「수난자의 머리」는 식민의 유산을 떠안은 채로 다시 분단과 한국전쟁이라는 고통을 겪어야 했던, 그 시대를 살아온 우리 민족의 자화상을 의미하는 조형물이다. 박물관으로 들어가는 가장 앞에 있는 이 두 조형물은 서소문성지 역사박물관이 단지 종교적인 희생에 무게를 두고 있지 않다는 것을 대변하는 듯하다.

박물관으로 진입하는 공간은 물론 지하 1층부터 지하 3층에 해당하는 내부 공간 전체가 들어서는 순간부터 독특하다는 인상을 준다. 막 들어선 지하 1층에는 종교적인 내용을 담은 예술품이 전시된 곳과 세미나 공간, 뮤지엄 숍이 있다. 이곳은 널찍한 공간 전체가 높은 천장과 아래층이 트여 있으면서도 연결되는 곳이다. 그래서인지 지상인 공원에서 지하로 내려와 탁 트인 하늘이 넓게 보이는 진입 광장을 지나 실내로 들어섰음에도 여전히 완전히 막히지 않은 넓은 곳으로 들어섰다는 생각을 갖게 한다. 상층에는 천장에서 떨어진 채 트인 공간을 가로지르며 교차하는 선들이 구조물로 이뤄져 있어 더욱 넓고 열린 공간이라는 느낌을 준다.

지하 1층에서 지하 2층의 성 정하상 기념경당을 지나 지하 3층의 콘솔레이션홀로 가는 길은 계단이 없이 길고 완만한 내리막으로 이뤄져 있다. 그래서 넓고 트인 공간이라는 느낌을 줬던 지하 1층의 느낌과 대비적인 공간감이 그 길로 들어서는 순간 느껴졌다. 길의 옆으로 스테인드글라스가 있기는 하지만 전체적으로 붉은 벽돌과 검은 타일로 이뤄진 내리막길은 트여 있는 곳이라기보다는 어딘가로 향하는 정해진 길을 가는 것 같은 느낌을 줬다. 계속 걸음을 옮겨 지하 3층으로 내려서면 전혀 다른 느낌이 공간 자체로부터 전해진다. 하늘공원으로부터 들이치는 오른편의 햇살과 왼편의 어두운 콘솔레이션홀에서 움직이는 미디어아트가 동시에

수평적인 선들이 교차하거나 곡선과 어우러지는 높고 긴 공간 구조가 독특한 인상을 준다.

시야로 들어오면서 마치 새로운 곳에 도달한 듯한 기분이 들게 한다.

왼쪽의 콘솔레이션홀은 위로와 위안을 상징하는 공간으로 기해박해와 병인박해 당시 순교한 다섯 성인의 유해함이 있는 야트막한 단과 넓은 공간의 상단부를 둘러싼 4면의 벽으로 이뤄져 있다. 이곳은 고구려 무용총의 내부 구조에 모티브를 두고 만들었는데, 4면의 벽에서는 세 개의 주제로 이뤄진 영상이 총 36분 정도 이어진다. 그중 14분 분량의 「레

콘솔레이션홀의 높고 어두운 공간 안으로 하늘광장으로부터 들어오는 햇빛이 인상적이다.

퀴엠을 위한 영상」은 견고한 시멘트에 물방울이 한 방울씩 떨어지며 스며드는 장면에서 시작된다. 그것은 다양성이 수용되지 않았던 조선 후기 사회의 경직성, 그럼에도 싹텄던 새로운 사회를 향한 희망을 의미한다. 이어서 달려오는 파도는 마치 그 물살이 바위를 결국 모래알로 만들어내는 것처럼, 짙은 어둠 후에 새벽이 오는 것처럼 결국 견고해 보였던 조선이라는 나라의 통치 질서가 무너지고 새로운 사회를 꿈꾸었던 이들의 희망이 변화의 시작이었다는 것을 말해 준다.

잠시 앉아 영상을 감상하고 빛이 들이치는 유리문 너머 하늘광장으로 나갔다. 날씨에 따라 다르겠지만 지하 3층부터 지상 공원을 넘어 너른 하늘까지 열린 공간을 보면 어둠을 지나 빛을 만난 것 같은 기운이 돈다. 광장 양쪽에는 「영웅」이라는 이름의 설치물과 그를 마주 서서 바라보는 듯한 「서 있는 사람들」이라는 이름의 설치물이 있다.

「영웅」은 한 사람을 수직으로 아주 길게 늘여 놓은 형상으로 스테인리스 스틸과 우레탄을 왜상기법을 써서 만든 작품이다. 이것은 사람을 향한 왜곡된 시선을 뜻하는데, 삶을 살며 누구나 타인의 선입견 가득한

지하 3층부터 지상의 공원 너머 하늘까지 열려 있는 하늘광장과 설치물 「서 있는 사람들」.

왜곡된 시선을 느낀다는 의미를 담고 있다. 「영웅」이라는 작품명은 그럼에도 불구하고 우리 모두가 각자의 삶의 주인이고 영웅이라는 메시지를 담고 있다고 말한다. 한편 「서 있는 사람들」은 서소문 형장에서 종교 박해로 순교한 44인을 형상화한 작품이다. 이것은 엄청난 중량의 기차가 수천 번 위로 지나갔던 기찻길의 침목(枕木)으로 만든 것이다.

홀로 선 「영웅」과 함께 선 「서 있는 사람들」을 보며 어떤 고귀한 뜻도 혼자 품으면 외로운 영웅일 수밖에 없지만, 다른 이들과 함께 품으면 수천 번 짓밟혀도 다시 땅을 딛고 굳게 일어나서 나란히 선 사람들이 되는 것이 아닐까 하는 생각을 했다.

두 개의 상설전시관 사이에는 "한 사회에는 다양한 사상과 신념이 존재합니다"라는 메시지 전시물이 놓여 있다. 「순교자의 칼」과 「수난자의 머리」가 박물관의 여는 말이었다면 이 메시지 전시물은 박물관의 닫는 말과 같은 것이다. 거기에서는 "다양한 사상이 존재하는 사회에는 필연적으로 대립과 갈등이 발생하며, 때로는 마찰과 충돌"이 일어난다고 이야기한다. 그러면서 "타인의 다른 생각은 우리를 두렵게 만들지만 그 다

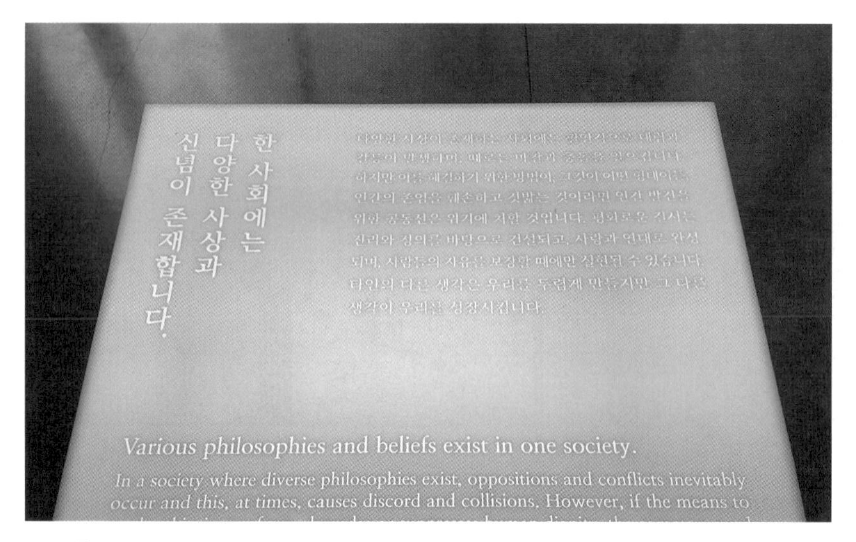

지하 3층, 양쪽으로 나눠진 상설전시관 사이에 있는 메시지 전시물.

른 생각이 우리를 성장"시킨다는 말로 마무리를 짓고 있다. 서소문성지 역사박물관이 앞서 둘러본 전시 공간과 다른 점은 바로 여기에 있다.

공간은 종교적 의미를 넘어 과거의 역사로부터 우리가 성찰해야 할 지점을 던진다. 그래서 이곳을 방문한 이들이 애도와 추모를 넘어 우리 사회에 필요한 보편적 가치가 어떤 것이어야 하는지 고민할 기회를 열어 준다. 그리고 그 메시지가 텍스트와 더불어 공원을 비롯한 전시 공간 전체의 건축, 내부 설계와 인테리어를 비롯한 전체 관람 동선, 다양한 설치 미술품 등을 통해서 방문자에게 전해진다. 특히 이곳은 빛의 조도와 높이, 폭을 활용한 공간감 등을 통해서 관람 동선 자체에서 체험적으로 박물관의 메시지를 느끼도록 여러 공간 언어를 활용하고 있다는 점이 돋보인다.

그래서 성경에 대해 아는 바가 거의 없는 나조차도 이곳이 전하려는 메시지가 다른 것을 꿈꾸고 스러져 간 어떤 이들을 애도하고, 또 그런 이들이 그 당시 더 나은 사회를 만들기 위해 분투했던 것처럼 지금의 우리는 무엇을 하고 하지 않으면 좋을 것인가를 생각할 수 있었다. 이곳의 공간 언어는 그렇게 어떤 것을 연결하려는 울림을 준다. 서소문 밖 네거리라는 공간의 과거와 현재를, 가톨릭 성자와 교인이 아닌 사람들을, 역사와 종교, 그리고 사람을.

전쟁기념관: 국가의 전유물이 된 한국전쟁의 기억들

서소문에서 다시 버스를 타고 용산으로 이동한다. 삼각지 정류장에 내려서 조금 걸으면 국방부 건물과 마주 보는 곳에 정문이 있는 기념관에 도착한다. 광대한 부지에서 압도적인 스케일로 한국전쟁의 단면을 재현하고 그것을 통해 우리에게 적대적 분단을 끊임없이 상기하도록 하는 공간, 전쟁기념관이다. 건립 계획 수립 당시부터 말이 많았을 뿐 아니라 그 후로도 계속 학자와 전문가들의 비판과 혹평을 받아 온 전쟁기념관은 여전히 그 위용을 자랑하며 수많은 관람자를 한국전쟁의 세계로 인도하고 있다.

용산 전쟁기념관은 1994년에 개관했다. 탈냉전과 민주화를 거치며 맞은 1990년대, 이제 우리에게는 전쟁기념관이 아니라 평화기념관이 필요하다는 주장이 빗발쳤지만 결국 최초의 계획은 변경되지 않았다. 전쟁기념관이 세워진 자리는 전쟁 그리고 군대의 역사와 깊은 연을 맺고 있다. 그것도 특히 이 땅의 바깥에서 한반도로 들어온 군대와 맺은 연이다. 현재 우리가 흔히 용산 미군기지로 알고 있는 용산 삼각지 일대, 즉 지금의 전쟁기념관 자리는 꽤 오랜 세월 동안 사람들이 일본군 기지라고 알고 있던 자리였다.

1882년, 신식 군대인 별기군(別技軍)과의 차별 대우를 참다못한 구식 군대 무위영(武衛營)과 장어영(壯禦營)의 군인들이 폭동을 일으켰다. 열세 달 동안이나 봉급 미를 받지 못했던 이들은 그나마 받은 한 달 치 급료가 중간 착복으로 턱없이 부족했을 뿐만 아니라 모래가 반이 넘게 섞인 것을 받자 이에 격분해 관련자를 때리거나 그의 집을 부쉈다. 이들의 불만은 개항 이후 정국의 주도권을 민 씨들에게 빼앗긴 흥선대원군의 정치적 수와 연결됐고, 민 씨 일파와 일본 세력에 대한 배척 운동으로 확대됐다. 그렇게 대원군의 수중으로 다시 권력이 넘어가는 듯했던 상황은 민 씨 일파의 청원으로 빠르게 들어온 청나라 군대에 의해 제압되면서 다시 민 씨들에게 주도권이 되돌아갔다. 이것이 바로 임오군란이다.

그렇게 들어온 청의 군대가 주둔한 자리가 바로 지금의 전쟁기념관 자리였다. 지금의 이태원, 옛 이름으로는 만리창(萬里倉)이라 불리던 이곳은 고려시대 원 간섭기에는 원의 병참기지가, 임진왜란 시기에는 일본군의 보급기지가 들어섰던 곳이다. 그만큼 그 자리가 군사 전략상으로는 요충지에 해당하는 터였던 것이다. 하지만 임오군란 진압을 빌미로 서울에 군대를 끌고 들어왔을 뿐 아니라 내정간섭을 본격화했던 청의 군대도 오래되지 않아 다음 타자에게 자리를 내주지 않을 수 없었다. 일본군은 1884년 갑신정변 시기에 잠시 그 자리에 들어왔는데, 일본이 1895년 청일전쟁과 1905년 러일전쟁에서 승리하면서 본격적으로 그 땅을 자신의 주둔 기지로 삼았다.

1894년 만리창에 상륙한 일본군(왼쪽), 용산 일본군(조선주차군) 사령부(오른쪽). [출처: 서울역사아카이브]

용산이 주둔지를 넘어 본격적인 군사기지로 조성되기 시작한 것은 1906년부터였다. 그 후로 1945년 9월 9일, 미국이 한반도 이남으로 들어와 항복문서에 서명하기 전까지 이 자리는 일본 제국주의의 조선 주둔군 본부가 있던 곳이었다. 일본군이 나간 자리를 다시 미군이 접수하면서 용산기지는 미군기지가 되어 오늘에 이르렀다. 전쟁기념관이 세워진 자리에는 대한민국 육군본부가 있었는데, 1988년 육군본부가 대전 계룡산으로 이전하면서 지금의 기념관으로 변모하는 역사를 거쳤다.

지금 이 터의 얼굴이 된 전쟁기념관은 지나간 역사의 층 중에서도 한국전쟁을 축으로 세워 그것을 기념하고 있다. '전쟁은 기념돼야 하는가, 아니면 기억돼야 하는가?', '전쟁에서 기념해야 할 것은 대체 무엇인가?', '휴전한 날이 아닌 전면전이 발발한 날을 기념하며 그것을 기준으로 전쟁의 성격을 규정하는 이유는 무엇인가?'라는 비판적인 질문이 숱하게 이곳을 향해 날아들었다. 나아가 이 기념관의 건축 구조에 대한 비판도 지속적으로 제기됐다. 중심축을 기준으로 좌우대칭이 되는 방식의 구조는 보통 경건함과 장엄함을 강조하기 위해 활용된다. 이곳의 구조 자체가 갖는 권위주의적인 방식이 역사적인 내용을 전달하는 전시 공간으로 적합하지 않다는 차원에서였다. 그런데도 전쟁기념관에는 그 후로도 수직적인 형태의 조형물이나 호전성을 강조하는 참전군인들의 군상 등이 들어섰다. 그래서 전쟁기념관은 정치 이데올로기화된 건축, 권위주의적인 형태라는 비판에서 줄곧 자유롭지 못했다.

지금 전쟁기념관 입구에 서면 31.5미터 높이의 거대한 청동검 조형물이 제일 먼저 보인다. 그리고 그것은 기념관 전체를 시각적으로 대칭시키는 첫 번째 중심축 역할을 하고 있다. 그 옆으로는 호전성을 강조한 참전군인의 군상이 좌우대칭의 형태로 자리한다. 거대한 그 조형물을 지나서 안쪽으로 걸음을 옮기면 커다란 기념관 건물과 입구가 직선 축으로

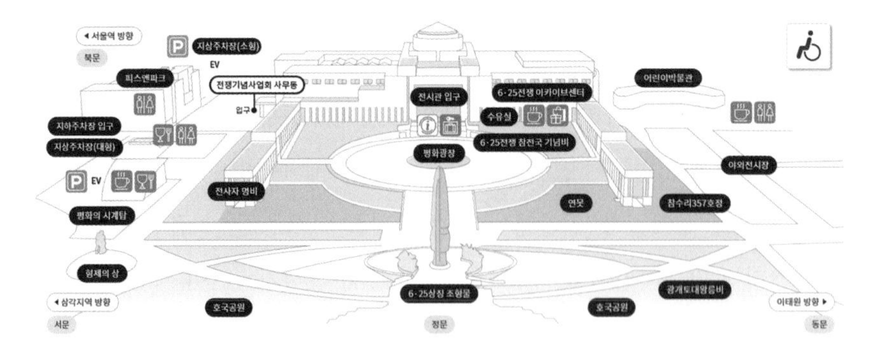

중심축을 따라 좌우대칭의 형태를 띤 전쟁기념관. [출처: 전쟁기념관 홈페이지]

시야에 들어온다. 기념관 안까지 닿기 위해서는 연합군의 기가 펄럭이는 넓은 광장을 지나 높은 계단을 올라가야 한다. 그렇게 쭉 걸어 건물 안으로 들어서면 계속해서 직선으로 뻗은 듯한 경로를 따라 높은 천장의 중앙홀을 지나게 된다. 그 동선을 따라 관람객이 가장 첫 번째로 들어서는 곳은 바로 호국추모실이다.

추모실 안에는 「창조」라는 이름의 반구형 조형물이 있다. 생명을 의미하는 검은 돌과 물을 활용한 이 조형물은 선열들의 희생으로 오늘의 대한민국이 있게 되었으며, 앞으로도 영원히 존속할 것이라는 의미를 담고 있다. 이렇게 호국추모실에서 관람자는 한국전쟁의 비극과 아픔을 전쟁터에 섰던 군인들의 기억으로 초점화하고 그들의 죽음과 희생을 중심으로 전쟁을 떠올리면서 선별된 추모를 수행하도록 이끌린다. 그런 다음 한국전쟁을 선과 악, 적과 아의 극단적인 이분법 속에서 전선의 오르내림을 화려하게 설명하는 전시 공간으로 이동한다.

전쟁기념관의 상설 전시나 내부 기획 전시 등은 몇 차례 변화를 거치며 달라졌지만 기본적인 이 틀은 줄곧 유지되고 있다. 이 틀은 관람자가 공간에 들어선 순간부터 한국전쟁을 기억하는 방식을 강제하고 전쟁이

기념관 입구의 청동검 조형물, 그 옆에 있는 호전적 군인 군상, 호국추모실 내부.

남긴 죽음을 위계화하고 서열화하며 군인이 아닌 다른 사람들의 죽음, 특히 적이 아닌 자에 의해 전쟁 기간 죽어야 했던 이들의 비극은 개입될 여지를 주지 않으려는 의도를 갖고 있다. 이런 방식의 추모는 앞서 방문한 서소문성지 역사박물관의 방식과는 아주 대비적이다. 이곳에서 추모는 상실에 대한 애도와 공감보다 숭고화된 특정 죽음을 향한 추앙의 정서를 불러일으키는 제례와 같다. 그리고 그와 같은 제례는 우리가 이곳에서 떠올려야 할 평화가 전쟁의 비극을 반복하지 않는 방식으로서가 아니라 더 강하게 무장하고 철저한 안보 의식으로 무장함으로써만 가져올 수 있다는 서사의 토대를 만들어 준다.

전쟁기념관 곳곳의 전시에서 우리는 한국전쟁의 기억을 제법 세세하게 마주한다. 그렇지만 관람자는 전시를 보며 전선이 위아래로 오르내리는 1년 동안, 그 이후 2년에 달하는 시간 동안 지금의 DMZ 라인 부근에 정체하며 고지전이 벌어지고 있을 때 그 외의 공간에 살고 있던 사람들이 어떻게 시간을 보냈을지는 떠올리지 못한다. 또한 3년이 넘는 동안 지속된 전쟁이 왜 결국 분단으로 끝을 맺었는지, 그것도 38선 분할 당시에서 크게 벗어나지 않은 영역에서 멈춘 채 종전(終戰)이 아닌 정전(停戰)의 상태로 70여 년이 넘는 지금까지 이어지고 있는지, 그래서 남과 북이라는 적대적 분단국가의 시스템을 유지하는 결론으로 났는지에 대해 생각해 볼 여지도 주어지지 않는다.

그렇기에 분단과 전쟁 과정에서 발생한 우리로서의 신성한 국가가 국민을 향해 자행한 폭력은 당연히 은폐된다. "우리 군은 승리하고 있으니 안심하고 일상생활을 하라"는 라디오 메시지를 녹음한 후 남쪽으로 도주하던 건국 대통령 이승만이 한강 인도교를 폭파한 한국전쟁의 핵심적 사건도, 그래서 1950년 9월 28일 서울 수복 이후, 강을 건너지 않고 남은 잔류파 중 부역자를 색출하러 다녔다는 것도, 낙동강까지 전선이 밀려 내려가고 다시 올라가는 7월에서 9월까지 실제로 좌익과 무관한 대다수의 국민을 좌익 활동 의심자로 지목해 면밀한 조사 없이 집단학살을 국군이 실행했다는 것도. 전쟁 기간에 벌어졌던 전선 밖의 비극을 이 공간은 말하지 않는다.

일반적으로, 집단적으로 경험한 흥분 또는 트라우마는 당면한 집단들로부터 쉽게 기억될 수도 없고 쉽게 망각되지도 않는다. 그러나 분명히 그것은 집단의 무의식 속에 자리를 잡는다. 그리고 변화하는 역사적 상황에서 다시 활성화되는 사회적 기억으로 떠오르는 기억의 토대를 형성한다. 한반도 대부분 지역이 전선의 오르내림에서 벗어나 있지 않았기 때문에 한국전쟁의 기억은 그 자체로 강렬한 감정과 함께 집단적인 무의식의 영역에 자리를 잡았다. 전쟁기념관은 전쟁이 남긴 그 트라우마적 정념을 자극하면서 비극을 낳은 상황을 반복하지 않도록 성찰하는 공간으로 역할을 하는 것이 아니라 거꾸로 전선에 마주 섰던 상대를 향한 적대감과 복수심을 자극하고 있다. 정권은 여러 번 교체됐지만, 전쟁기념관은 이처럼 견고하게 우리 대한민국의 탄생 설화를 전승하는 곳으로 작동하고 있다. 사람들은 일상에서 분단을 체감하지 못하지만 전쟁기념관에서는 여실하게 느낀다. 우리가 적대적인 분단국가에 살아가고 있는 대한민국의 국민이라는 것을.

그런데 놀랍게도 전쟁기념관이 이런 방식만을 밀어붙였던 것은 아니었다. 1999년 6.25전쟁 상징 조형물 건립 사업이 추진된 적이 있다. 이 사업은 애초 국가보훈처의 주관으로 시작되다가 국방부로 주관 부서가 바뀌었다. 그런데 이 과정에서 '양민희생자 관련 내용을 포함한 전쟁의 참상과 자유 평화의 소중함을 일깨우는 조형물을 세우자'는 국가보훈처의 계획이 삭제됐다. 또한 수직성보다 수평성을 지향하는 조각이 가미된 공원 형태로 조형물을 건립하려고 했던 계획 역시 폐지되고 지금의 정문에 자리한 31.5미터의 청동검 조형물이 세워졌다.

국가보훈처가 그와 같은 계획을 애초에 냈던 것은 전쟁을 기억하고 재현하는 방식이 변화한 시류를 반영한 것이었다. 참고 사례로 삼았던 미국 워싱턴 한국전참전기념공원과 호주 한국전 참전기념비가 수평성을 지향하는 시설이었고 전문가 자문 의견을 받은 내용이 "수직 구조물보다는 평면 형태의 '공원'이 바람직"하다는 것이었기 때문이다. 그 외에도 전쟁기념관의 전시 내용을 지속적으로 리뷰하며 적대적으로 왜곡된 전시 내용의 규정을 변경하길 요구하는 열린군대를위한시민연대의 활동으로 전시 패널의 내용 일부가 변경되기도 했다. 그렇지만 여전히 전쟁기념관은 시류를 역행하고 사회적 변화를 퇴행시키는 문화적 공간으로 남아 있다. 대한민국역사박물관과 마찬가지로 이곳은 가장 국가적인 기억 방식을 충실하게 재현하는 공간이다. 그것도 더욱 세련된 전시 기술을 활용해 전쟁의 비극을 온전히 전선 너머의 북으로 떠넘기는 서사를 관람자들에게 선보이는 중이다.

변화가 틀어막힌 이 공간에서 작은 분노와 무력감이 느껴지기도 한다. 하지만 그토록 견고해 보이는 곳에서도 변화를 향한 시도들이 있었다는 것은 우리 사회가 늘 최악으로만 돌진하지만은 않았다는 사실을 보여 주는 것이기도 하다. 그 변화를 만들 힘이 아직은 좀 부족할 뿐인 것일지 모른다. 용산의 또 다른 공간, 마지막 장소인 민주화운동기념관은 우리가 그런 변화의 과정에 있음을 보여 주는 곳이다.

민주화운동기념관: 다시 기억의 정치로, 성찰하고 나아가는 공간을 만들다

전쟁기념관에서 나와 버스를 타고 다시 조금 북쪽으로 이동한다. 몇 정거장 지나지 않아 숙대입구 정거장에 내린다. 버스정류장에서 남영역까지는 도보로 5분도 안 되는 거리다. 남영역을 낀 바로 첫 골목으로 들어가면 마지막 방문지, 민주화운동기념관에 도착한다. 지금은 민주화운동기념관이 된 이곳은 남영동이라는 악명으로, 혹은 대공분실이라는 이름으로 기억되던 곳이다. 이곳은 분단국가의 국가 폭력이 자행되던 장소였던 남영동 치안본부 대공분실이다.

이곳, 남영동 대공분실이 들어선 자리는 서측으로는 철도가 지나가고 남측으로는 미군기지 캠프킴(Camp KIM)이 있어 주변 환경에 의해 사람들의 생활공간과는 단절된 곳이다. 하지만 그러면서도 이곳은 한강대로에서부터 진입하기가 비교적 쉽다는 특징을 가졌다. 대공분실이라는 용도를 염두에 두었다는 전제로 이곳의 특징을 보면 꽤 적합한 장소 선택이라는 생각이 든다. 대공분실은 전체적으로 대공 용의자 조사를 담당하는 분실동과 통신정보 분석업무를 담당하는 AMD동, 식당과 기계 보일러실이 있는 부속동으로 구성돼 있었고, 각 건물은 기능에 따라 독립적으로 나뉘어 있었다.

건물은 치안본부 대공분실에서 경찰청 보안분실, 경찰청 인권센터를 거쳐 민주인권기념관(2019~2020)으로 변모해 왔다. 공간은 현재 전시 공간, 교육과 연대 활동을 위한 장소로 활용하기 위한 리뉴얼을 진행 중으로, 2024년 민주화운동기념관의 이름으로 재개관을 앞두고 있다. 긴 세월 공권력의 고문 시설이었던 이곳은 2019년, 국가 폭력의 역사를 기억하고 민주화 운동의 기록을 수집하고 보존하는 공간인 민주인권기념관으로 활용되기로 결정됐다. 민주화 운동을 기념하는 공간을 만들자는 취지로 남영동 대공분실이 제기된 것이 2008년이었으니 최종적으로 그렇게 되기까지는 10년의 세월이 필요했던 것이다.

1976년, 지상 5층 규모로 신축돼 치안본부 대공분실이자 위장명인 국제해양연구소로 운영됐던 건물은 1977년에 이 공간의 첫 번째 고문 피해자 리영희를 시작으로 수많은 사람을 잡아다 가두고 고문하며 국가권력에 반하는 움직임과 목소리와 생각을 탄압했다. 그러다 1985년 고 김근태 고문 사건으로 이곳의 비밀고문실이 세상 밖에 알려지고, 1987년 고 박종철의 고문치사 사건이 발생하면서 남영동 대공분실은 그 후 이어지는 민주항쟁에 불을 지피는 기폭제의 한 역할을 했다.

항쟁의 결과로 군부독재 정권을 끝내고 대통령 직선제를 비롯한

재개관 준비 작업 전, 기획전시를 진행 중인 기념관.

민주화가 우리 사회 곳곳에서 진행되기 시작됐다. 그러나 대공분실은 1991년 경찰청 보안분실로 이름을 바꾼 채 2000년대 초반까지도 줄곧 조사실로서 역할을 충실하게 수행했다. 국가권력에 대항하는 이들은 공안 사건의 피의자가 되어 이곳으로 왔고 조사를 받아야 했다. 그러다 2005년 보안3과가 이전하면서 이곳에는 경찰청 인권보호센터와 과거사위원회가 입주했다. 그제야 이곳은 조사실의 역할을 마쳤다.

이런 변화에는 2000년대 초반부터 활발히 진행된 과거사 조사와 진상 규명의 사회적 분위기가 영향을 미쳤다. 진실·화해를 위한 과거사위원회의 핵심 조사 사안 중 하나가 고문을 비롯한 국가 폭력에 의한 인권 침해였기 때문이다. 남영동 대공분실은 그 사안들의 중심 무대가 되는 공간이었으니 역으로 이곳을 민주화의 지속적인 활동을 위한 공간으로 삼아야 한다는 의견이 제기됐던 것이다.

민주인권기념관으로 건물과 부지의 이용이 확정된 후에 민주화기념사업회는 경찰청으로부터 여러 자료를 넘겨받고자 했다. 이곳이 국가 폭력을 수행하던 핵심 기관이자 교묘하고 치밀하게 고문과 감시를 위해 만들어진 건축물이었다는 것을 새로 조성할 기념관에서 충분히 담아내기 위해서였다. 그러나 남영동 대공분실에 관한 오래된 기록은 전혀 이관되지 않았다.

그런데 놀랍게도 부속동 보일러실에서 버려지다시피 방치됐던 도면과 건축 관련 자료들이 2019년 초에 발견됐다. 누가 일부러 남겨 둔 것인지, 아니면 그냥 잊힌 채 방치돼 있던 것인지 확인되지는 않았지만 그렇게 발견된 도면은 기념관에서 국가 폭력의 역사를 증언하고 재현하는 데 중요한 역할을 할 기초 자료가 됐다. 그를 통해 도면과 현재 건물 사이의 차이가 드러나고 경찰청이 건물을 넘기면서 많은 부분을 개조했다는 것, 그로써 국가권력이 치부를 은폐하려고 했다는 것을 증명할 수 있었다.

이곳처럼 국가 폭력과 역사적 상처를 기념하고 기억하며 교육과 연대의 가치를 실현하려는 기념박물관의 설립은 많은 나라에서 추진되고 있다. 이런 공간을 만드는 데 가장 중요한 것은 바로 다방면의 사회적 상호 작용과 연대 활동이다. 기념박물관은 국가 폭력과 국가가 지속하는 기억의 정치에 대항하면서 사회적 트라우마를 기억하고 성찰하는 다른 기억의 정치를 해 나가는, 문화적 작업을 수행한다는 목표를 가진 곳이어야 하기 때문이다.

민주화운동기념관 역시 그런 과정을 거치고 있다. 건물을 넘겨받은 후 일단 운영은 시작했지만, 그런 와중에 지속해서 관계 기관과 시민사회 단체, 전문가와 학자 등과 연계한 토론회와 공동위원회를 진행했다. 거기에 연계해서 기념관 부지 활용 방안에 대한 공론화와 토론회를 시민단체와 함께 진행하고, 이를 바탕으로 민주화운동기념관 설계 공모와 전시 공간 조성 기본 계획 수립을 위한 연구 용역을 진행했다. 긴 세월 어려운 과정을 통해 시민의 공간으로 가져온 곳이기에 다른 어떤 곳보다도 더 열린 방식으로 의견 수렴과 검토의 과정을 거쳐 한 발 한 발 나아가고 있다. 동시에 기념관 운영위원회에서는 옛 남영동 대공분실의 시설물 기초 조사를 하면서 고문 피해자들의 구술을 수집하는 활동을 지속했다. 그 작업을 통해 경찰이 변형시키고 넘긴 공간에서 지워진 층을 발굴하는 작업을 이어가고 있다.

남영동 대공분실은 무너지지 않을 것처럼 강고하고 폭압적이었던 독재 정권의 국가 폭력을 상징하는 장소였고 민주항쟁으로 군부독재가 막을 내린 이후로도 오랜 세월 동안 경찰의 공안기관으로 역할하며 우리 사회의 치안을 유지하는 곳으로 기능했다. 그러나 결국 이곳은 시민의 공간으로, 그것도 국가가 지속하려는 기억의 정치에 대항하기 위한 또 다른 기억의 정치를 위한 공간으로 탈환됐다.

발걸음을 옮겨 오며 살펴봤듯이 공간에는 그 공간이 지나온 역사가 퇴적돼 있다. 하지만 퇴적된 층 중 어떤 것을 통해서 그 공간이 인지되고 기억되게 할 것인가는 그곳에 묻히고 쌓인 사실들 그 자체를 통해 결정되는 것이 아니다. 기억은 개별적인 사실들이 퇴적되어 보존된 결과물을 의미하지 않는다. 기억은 항상 현재와의 관계 속에서 새롭게 태어나고 변화한다. 그렇기에 장소에 층층이 쌓여 있는 그 시간의 겹 중에서 어떤 기억을 불러와 어떤 방식으로 드러내면서 지금의 우리와 관계를 맺도록 짤 것인가가 중요하다.

옛 남영동 대공분실을 민주와 인권이라는 가치를 재생산하는 시민의 기억 공간으로 재전유한 것처럼 전쟁기념관도 평화기념관으로 재전유할 가능성은 분명히 남아 있다. 그렇기에 우리가 서울을 걸으며 생각해 봐야 할 한 가지는 지금 우리의 눈으로 볼 수 있는 그 표면 안쪽 어딘가에 있는, 억압되거나 왜곡됐던 시간의 층을 어떻게 빼내 와서 또 어떻게 기억할 것인가다.

본문에서 미처 다루지 못한 '모던 서울'의 장소들

(4~5쪽 지도 위에서 아래로, 왼쪽에서 오른쪽으로)

● 유진상가

1970년 서대문구 홍은동에 지어진 상가아파트 유진상가는 도봉 평화문화진지와 마찬가지로 대전차방어 목적을 겸해 지어진 곳이다. 전차의 기동을 저지하기 위한 시설이기 때문에 기둥, 외벽, 상판 등이 다른 건물에 비해 월등히 많은 철근과 콘크리트를 투입해 건설됐으며 전투 발발 시 기갑차량의 엄폐 또는 가동을 중지시킬 수 있도록 1층 일부는 기둥만 서 있고 2층부터 짓는 필로티 방식으로 건축됐다.

● 국립 대한민국임시정부기념관

국립 대한민국임시정부기념관은 임시정부를 중심으로 한 독립운동가와 그 역사에 대한 전시와 체험 프로그램을 운영하는 곳이다. 2022년 3월에 서대문형무소가 내려다보이는 언덕에 개관했다.

● 서대문형무소역사관

1908년 경성감옥으로 시작한 근대식 감옥으로 1987년까지 서울구치소로 사용됐다. 팬옵티콘 구조로 만들어진 옥사에는 일제강점기에는 항일독립운동가, 해방 후에는 독재 정권과 군사정권에 맞선 민주화운동가들이 갇혔던 현장으로 현재 역사관으로 운영되고 있다.

● 독립문

1894년 갑오개혁 이후 중국 사신을 영접하는 장소였던 영은문을 헐고 그 자리에 건립한 기념물이다. 1897년 11월에 완공됐으며 건축 양식은 서재필의 구상에 따라 프랑스 파리의 개선문을 본땄다.

● 전쟁과여성인권박물관

전쟁과여성인권박물관은 일본군 '위안부'피해생존자들이 겪었던 역사를 기억하고 교육하며 일본군 성노예제 문제 해결을 위해 활동하는 기념박물관이다. '여성, 인권, 평화'를 향한 일본군 '위안부'피해생존자들의 염원을 이어받아 국내외 시민들의 사회적 활동과 모금을 통해 2012년에 개관했다.

●이한열기념관

1987년 6월 9일 전경이 쏜 최루탄에 맞고 세상을 떠난 이한열을 기리기 위해 '고(故) 이한열 열사 추모사업회'에서 만든 기념관이다. 여기서 세운 이한열 추모비는 연세대학교 학생회관 옆 동산에 있다.

●구로공단 노동자생활 체험관(순이의 집)

'순이의 집'은 1960년대 후반부터 1980년대까지 구로공단에서 일했던 여성 노동자들의 주거 시설 '벌집'을 복원하고 그들의 생활상을 살펴볼 수 있도록 조성된 전시 공간이다.

●박종철센터

1987년 1월 14일 남영동 치안본부 대공분실에서 고문으로 세상을 떠난 박종철을 기리기 위해 만든 기념관이다. 주변에는 '박종철 거리'가 조성돼 있으며 '박종철 벤치'에는 그의 동상이 있다.

●10.28민주항쟁 기림상

건국 이래 최대 규모의 구속자를 낳은 사건을 기린 상이다. 1986년 10월 28일 건국대학교에서는 '전국반외세반독재애국학생투쟁연합(애학투)' 결성식이 열렸다. 전두환 정권은 전경을 투입해 학생들을 건물에 가두고 10월 31일에는 헬리콥터까지 동원해 1,525명을 강제 연행하고 그중에서 1,289명을 구속 송치했다. 그 와중에도 10월 30일 그들은 희대의 사기극, 북한의 금강산댐 건설 추진 계획을 발표하면서 친북-좌경-용공 몰이를 했다.

이 책의 집필진

이의진 **(건국대학교 대학원 통일인문학과 박사수료)**
영어영문학과 다문화소통교육을 전공하고 현재는 건국대학교 통일인문학 박사 논문을 준비 중이다. 코리언의 삶과 한반도 공간이 주 관심 주제이며 『기억과 장소』, 『DMZ 접경지역 기행』 등에 공동 저자로 참여했다.

박종경 **(건국대학교 대학원 통일인문학과 석사졸업)**
건국대학교 일반대학원 통일인문학과 석사과정을 졸업하고 현재 신학대학원에서 공부를 이어가고 있다. 한국 기독교 내에서 통일 전문 사역자가 되기를 꿈꾸고 있다. 통일은 이데올로기의 문제가 아닌 관계의 문제이며, 복음 통일은 결국 사랑으로 완성된다고 믿는다.

도지인 **(건국대학교 대학원 통일인문학과 교수)**
국회에서 보좌진으로 일하면서 북한 문제에 관심을 가지게 됐다. 북중소관계를 주제로 박사 학위를 받고 현재는 건국대학교 통일인문학연구단에서 인문학의 렌즈를 통해 북한의 사회현상을 다해석하고 문화와 외교를 접목하는 연구에 관심을 갖고 있다.

박영균 **(건국대학교 대학원 통일인문학과 교수)**
정치-사회철학을 전공했다. 논문으로 「분단의 아비투스에 관한 철학적 성찰」, 「역사적 트라우마의 치유론 정립을 위한 모색: 역사적 트라우마의 치유에 관한 속류화와 혼란들을 넘어」 등이, 공저로 『코리언의 역사적 트라우마』, 『DMZ 다크투어리즘과 통일인문학의 공간치유』, 『DMZ 접경지역 기행』 등이 있다.

김형선 **(건국대학교 대학원 통일인문학과 박사과정)**
실향민 가정에서 태어난 바람에 분단 문제에 눈을 뜨게 됐다. 학부에서 중어중문학을 공부했고 현재는 통일인문학 박사 과정에 재학 중이다. 코리언의 이동과 순환, 고향을 상실하고 떠도는 디아스포라 문제에 관심이 많다.

유일하 **(건국대학교 통일인문연계전공 졸업)**
학부에서 통일인문학과 미디어커뮤니케이션학을 전공했다. 분단이 만들었고 재생산하는 역사적 트라우마와 그 치유에 관심이 있다. 현재 충청권 독립 언론에서 취재기자로 일하고 있다. 지역적 관점에서 국민보도연맹 학살사건, 우키시마호 폭발사건 등을 재조명하며 지역공동체가 기림 사업, 과거사 진실 규명에 앞장서야 한다는 보도를 이어 오고 있다.

김종곤 **(건국대학교 통일인문학연구단 HK연구교수)**
분단과 전쟁이 남긴 상처로 인한 각종 사회적 문제를 포착하고 이를 해결하기 위한 방안으로서 사회적 치유에 관심을 갖고 연구하고 있다. 주요 논저로는 「5.18 사후노출자의 트라우마와 이행기 정의로서 사회적 치유」, 「분단폭력 트라우마의 치유와 '불일치'의 정치」, 공저로 『비판적 4.3 연구』, 『사회적 재난의 인문학적 이해』, 『5.18 다시 쓰기』 등이 있다.

이태준 **(건국대학교 대학원 통일인문학과 박사과정)**
한국 사회에 존재하는 다양한 서발턴 주체에 관심을 가지며 건국대학교 통일인문학과에서 포스트식민 페미니즘을 공부하고 있다. 식민과 분단의 역사로부터 새겨진 상처를 극복하고 존엄을 실현하는 데 주체가 되고자 했던 사람들에게 무한한 애정을 가진다. '평화로운 삶을 살아갈 권리'를 학문적 고민으로 삼으며 평화로운 세상을 모색하는 데 연대하고자 한다.

전은주 **(연세대학교 학부대학 강사)**
연변대학교와 숭실대학교 석사과정을 거쳐 연세대학교에서 국문학 박사 학위를 받았다. 재한조선족문학에 나타난 인식의 문제에 관심을 갖고 시문학을 통한 정신 치유에 대한 연구를 진행 중이다. 논문으로 「재한조선족 시문학의 형성과 인식의 변모 연구」, 「재한조선족을 위한 시치유 방안 설계에 관한 시론」 등이, 공저로 『한중수교 30년의 조선족』, 『조선족 차세대 학자의 연구 동향과 전망』 등이 있다.

이병수 (前 건국대학교 대학원 통일인문학과 교수)
학부와 대학원에서 철학을 전공한 후 20세기에 전개된 이 땅의 사상과 철학에 관심을 두고 지성사를 연구해 왔다. 2023년까지 통일인문학연구단에서 통일에 대한 인문학적 연구를 하며 후학을 양성하다 현재는 퇴직 후 개인 연구를 진행 중이다. 주요 논문으로는 「한국 근현대 철학 사상의 사상사적 이해」, 「한반도 통일과 인권의 층위」 등이, 저서로는 『철학의 철학사적 이해』, 『통일담론의 지성사』, 옮긴 책으로는 『인간의 사고를 어떻게 이해할 것인가? 변증법적 논리학의 역사와 이론』이 있다.

김종군 (건국대학교 대학원 통일인문학과 교수)
고전문학 전공으로, 남북의 고전문학 연구 성과와 문학사를 비교해 통합 문학사 서술 방안을 모색하고 남북 및 코리언 디아스포라의 민속을 비교 분석해 코리언의 문화 통합에 주목하고 있다. 또한 코리언의 분단 트라우마의 실상을 파악하기 위해 구술 조사를 광범위하게 진행해 구술 치유 방안을 제안했다. 『고전문학을 바라보는 북한의 시각』, 『북한의 민속』, 『고난의 행군시기 탈북자 이야기』 등을 기획해 공동 출판했고 다수의 연구 논문을 제출했다.

박솔지 (건국대학교 통일인문학 박사)
학부에서 정치외교학을 전공한 후 석·박사 과정으로 통일인문학을 전공했다. 분단이 빚어내는 정치 문화, 사회 문화에 주된 관심을 갖고 있으며 코리언의 역사적 트라우마와 공간 치유에 대한 연구를 진행 중이다. 주요 논문으로 「포스트 통일담론의 이념형, 민주주의」, 「분단국가의 국가주의와 기억의 국가이념적 영토화: 독립기념관 분석을 중심으로」가 있으며, 『영화 속 통일인문학』, 『기억과 장소』 등에 공동 저자로 참여했다.

유진아 (건국대학교 통일인문학 박사)
학부에서 국어교육학, 석사 과정에서 북한·통일정책학, 박사 과정에서 통일인문학을 전공했다. 남북 출신 주민, 코리언 디아스포라 간의 소통에 관심이 있다. 주요 논문으로 「남북 출신 청년들의 동반 여행 경험 내러티브 탐구」, 「한국 이주 재일조선인 3세의 생애사 연구」가 있으며, 『영화 속 통일인문학』, 『기억과 장소』 에 공동 저자로 참여했다.

박민철 (건국대학교 대학원 통일인문학과 교수)
학부와 대학원에서 철학을 전공했다. 가려지거나 희미해져 버린 한국현대철학의 다양한 사상적 흐름으로 주로 연구하면서 한국 근현대 사상사, 통일인문학과 통합적 코리아학의 방법론 등으로 연구주제를 확장하고 있다. 주요 논문으로는 「한국현대철학사 방법론의 확장」, 「식민지 조선의 역사철학 테제: 박치우의 '운명론'」이 있으며 저서 『영화 속 통일인문학』, 『기억과 장소』 등에 공동 저자로 참여했다.

정진아 (건국대학교 대학원 통일인문학과 교수)
한국현대사 전공자로서 해방 이후 남북의 주민들이 만들어 가고자 한 국가, 사회, 개인의 역동적인 모습에 관심이 많다. 최근에는 국가 담론과 생활 세계를 통해 남북 주민의 삶과 문화를 이해하고자 한다. 저서로 『한국 경제의 설계자들』, 공저로 『시민의 한국사 2: 근현대편』, 『간첩, 밀사, 특사의 시대』, 『통일담론의 지성사』 등이 있다.

전영선 (건국대학교 통일인문학연구단 HK연구교수)
학부에서 국어국문학을 전공했다. 분단 이후 달라진 남북 문화의 지형을 연구하고 남북 문화의 소통과 통합을 위한 디자인을 고민하고 있다. 주요 저서로는 『북한 아파트의 정치문화사』, 『공화국의 립스틱』, 『한(조선)반도 개념의 분단사: 문학예술편』, 『어서와 북한 영화는 처음이지』 등이 있다.